全国高等院校工程造价专业本科教材

钢筋工程识图与工程量计算

刘海山　主编

中国电力出版社
CHINA ELECTRIC POWER PRESS

内 容 提 要

本书依据国家现行《混凝土结构施工图平面整体表示方法制图规则和构造详图（现浇混凝土框架、剪力墙、梁、板）》（11G101-1）、《混凝土结构施工图平面整体表示方法制图规则和构造详图（现浇混凝土板式楼梯）》（11G101-2）、《混凝土结构施工图平面整体表示方法制图规则和构造详图（独立基础、条形基础、筏形基础及桩基承台）》（11G101-3）和《混凝土结构设计规范》（GB 50010—2010）等最新规范进行编写。主要内容包括钢筋算量的基本知识，钢筋工程识图，独立基础、条形基础、筏形基础和桩基承台等基础构件，梁、板、柱和剪力墙构件等主要构件的平法识图、构造特点和钢筋算量，楼梯平法识图、构造特点和钢筋算量。本书内容系统、实用性强，便于理解，图文并茂，注重理论与实践相结合，并附有实例，能够满足教学和自学的需要。

本书可作为高等院校工程造价、工程管理、土木工程等相关专业的教材或参考书，也可作为上述专业工程计量与计价、工程定额与概预算等实践课程参考书，还可供其他从事工程造价人员、工程技术人员以及自学者参考使用。

图书在版编目（CIP）数据

钢筋工程识图与工程量计算／刘海山主编. —北京：中国电力出版社，2015.6
全国高等院校工程造价专业本科教材
ISBN 978-7-5123-7106-4

Ⅰ.①钢… Ⅱ.①刘… Ⅲ.①配筋工程-工程制图-识别-高等学校-教材 ②配筋工程-工程造价-高等学校-教材 Ⅳ.①TU755.3②TU723.3

中国版本图书馆 CIP 数据核字（2015）第 017105 号

中国电力出版社出版发行

北京市东城区北京站西街 19 号　100005　http://www.cepp.sgcc.com.cn
责任编辑：关 童　电话：010-63412603
责任印制：蔺义舟　责任校对：王小鹏
北京丰源印刷厂印刷·各地新华书店经售
2015 年 6 月第 1 版·第 1 次印刷
880mm×1230mm　1/16·13.25 印张·415 千字
定价：36.00 元

前　言

为适应市场经济发展和工程造价管理改革的要求，响应国家"卓越工程师教育培养计划"，培养创新能力强、适应经济社会发展需要的高质量造价类工程技术人员，本书编者结合多年的教学和实践经验，以11G101国家建筑设计标准图集和《混凝土结构设计规范》（GB 50010—2010）等为依据，并收集钢筋工程量计算等有关规定资料，写成《钢筋工程识图与工程量计算》一书。

为了满足工程建设领域和高等院校工程管理、工程造价专业、土木工程等相关专业培养目标的需要，在编写过程中编者们始终坚持以下指导思想：

（1）根据工程管理专业和工程造价专业学生的就业特点，力求做到理论性和实践性相结合。

（2）在内容上反映了我国工程结构方面的新思想、新要求和新规范。本书以国家建筑设计标准图集11G101 1～3和《混凝土结构设计规范》（GB 50010—2010）等为依据，介绍了梁、板、柱、剪力墙、楼梯、独立基础、条形基础、筏形基础和桩基承台构件平法识图、构造特点和钢筋计算。

（3）教材编写采用图文并茂，贯彻案例教学理念，以一个具体项目贯穿始终，展现每一类构件钢筋计算过程，为学生提供工程项目钢筋工程量计算全过程指导，使学生快速上手完成钢筋工程量计算工作，最后附有工程平法施工图，便于学生学习和巩固所学知识。

本书主要面向工程造价、工程管理、土木工程等相关专业的学生，同时兼顾土木工程专业等造价人员对相关知识的需求，因此具有较广泛的适用性。

本书共9章，其中第1～8章由刘海山编写，第9章和附录由郝鹏编写。全书由刘海山负责统稿。在编写过程中，参考了大量同类专著和教材，书中直接或间接引用了参考文献所列书目中的内容，在此对参考文献的作者一并表示感谢。

由于编者水平有限，书中若有不当和错误之处，恳请读者批评指止。编者联系邮箱：project04@126.com。

编　者

目　　录

第1章 钢筋工程量计算概述

1.1 钢筋基本知识

1.1.1 钢筋的类别

钢筋的材质包括：碳素结构钢，低合金高强度结构钢。工程中常用热轧钢筋，冷加工钢筋，热处理钢筋，预应力混凝土用钢丝和钢绞线等。

（1）热轧钢筋（表 1-1）。

表 1-1

热 轧 钢 筋

分 类	热轧钢筋光圆钢筋	HPB235、HPB300
	普通热轧钢筋	HRB335、HRB400、HRB500
	细晶粒热轧钢筋	HRBF335、HRBF400、HRBF500
外观	HPB235、HPB300 钢筋由碳素结构钢轧制而成，表面光圆	
	除了 HPB235、HPB300 的其余钢筋均由低合金高强度结构钢轧制而成，外表带肋	
强度/塑性	随钢筋级别的提高，其屈服强度和极限强度逐渐增加，而其塑性则逐步下降	
应用	非预应力钢筋混凝土可选用 HPB235、HRB335 和 HRB400 钢筋	
	预应力钢筋混凝土则宜选用 HRB500、HRB335 和 HRB400 钢筋	

注：H—热轧；R—带肋；B—钢筋。

（2）冷加工钢筋（表 1-2）。

表 1-2

冷 加 工 钢 筋

常见品种	冷拉热轧钢筋	冷轧带肋钢筋	冷拉低碳钢丝
概念	在常温下将热轧钢筋拉伸至超过屈服点小于抗拉强度的某一应力，然后卸载，即制成了冷拉热轧钢筋	用低碳钢热轧盘条直接冷轧或冷拔后再冷轧，形成三面或两面带肋的钢筋 根据现行国家标准分为 CRB550、CRB650、CRB800、CRB970 四个牌号	将直径 6.5～8mm 的 Q235 或 Q215 盘圆条通过小直径的拔丝孔逐步拔拔而成，直径 3～5mm 根据国家现行标准冷拔低碳钢丝分为甲乙两级
特点	冷拉可使屈服点提高，材料变脆、屈服阶段缩短，塑性、韧性降低	冷轧带肋钢筋克服了冷拉、冷拔钢筋握裹力低的缺点，而具有强度高、握裹力强、节约钢材、质量稳定等优点	冷拔后屈服强度可提高，同时失去了低碳钢的良好塑性，变得硬脆
应用	实践中，可将冷拉、除锈、调直、切断合并为一道工序，这样可简化流程，提高效率	1. CRB550 为普通钢筋混凝土用钢筋（受力主筋、架立筋、箍筋和构造筋） 2. 其他牌号为中、小型预应力混凝土钢筋（受力主筋）	1. 甲级用于预应力混凝土结构构件中 2. 乙级用于非预应力混凝土结构构件中

注：热轧钢筋若卸荷后不立即重新拉伸，而是保持一定时间后重新拉伸，钢筋的屈服强度、抗拉强度进一步提高，而塑性、韧性将会继续降低，这种现象称为冷拉时效。

（3）热处理钢筋（表1-3）。

表1-3 热 处 理 钢 筋

概　念	热处理钢筋将热轧的带肋钢筋（中碳低合金钢）经淬火和高温回火调制处理而成，即以热处理状态交货，成盘供应，200m/盘
特点	热处理钢筋强度高，用材省，锚固性好，预应力稳定
应用	主要用作预应力钢筋混凝土轨枕，也可以用于预应力混凝土板、吊车梁等构件

（4）碳素钢丝、刻痕钢丝和钢绞线（表1-4）。

表1-4 碳素钢丝、刻痕钢丝和钢绞线

常见品种	预应力混凝土用钢丝	预应力混凝土用钢绞线
概念	按加工状态分为冷拉钢丝和消除应力钢丝两类 消除应力钢丝按松弛性能又分为低松弛钢丝（WLR）和普通松弛钢丝（WNR）两种 消除应力钢丝按外形分为光面钢丝（P）、螺旋类钢丝（H）和刻痕钢丝三种	钢绞线是将碳素钢丝若干根，经绞捻及消除内应力的热处理后制成
特点	有很高的强度，柔性好	强度高，柔性好，与混凝土粘结性能好
应用	适用于大跨度屋架、薄腹梁、吊车梁等大型构件的预应力结构	主要用于大型屋架、薄腹梁、大跨度桥梁等大负荷的预应力混凝土结构

注：预应力混凝土用钢丝分为碳素钢丝（矫直回火钢丝，代号J）、冷拉钢丝（代号L）及矫直回火刻痕钢丝（代号JK）三种。

1.1.2　工程上常见钢筋标识

钢筋混凝土结构用钢主要品种有热轧钢筋、预应力混凝土用热处理钢筋、预应力混凝土用钢丝和钢绞线等。热轧钢筋是建筑工程中用量最大的钢材品种之一，主要用于钢筋混凝土结构和预应力混凝土结构的配筋。目前我国常用的热轧钢筋品种、强度标准见表1-5。

表1-5 我国常用的热轧钢筋品种、强度标准

表面形状	牌　号	符　号	公称直径 d（mm）	屈服强度标准值 f_{yk}（MPa）	极限抗拉强度标准值 f_{syk}（MPa）
光圆	HPB235	A	6~22	235	370
	HPB300	A	6~22	300	420
带肋	HRB335	B	6~50	335	455
	HRBF335	B^F			
	HRB400	C	6~50	400	540
	HRBF400	C^F			
	RRB400	C^R			
	HRB500	D	6~50	500	630
	HRBF500	D^F			

注：热轧带肋钢筋牌号中，HRB属于普通热轧钢筋；HRBF属于细晶颗粒热轧钢筋。另外，HRB400E表示抗震热轧带肋钢筋。

热轧光圆钢筋强度较低，与混凝土的粘结强度也较低，主要用作板的受力钢筋、箍筋以及构造钢筋。热轧带肋钢筋与混凝土之间的握裹力大，共同工作性较好，其中的HRB335和HRB400级钢筋是钢筋混凝土用的主要受力钢筋。HRB400又常称新Ⅲ级钢，是我国规范提倡使用的钢筋品种。

1.1.3　钢筋在结构中的作用

按钢筋在结构中的作用，混凝土构件内的钢筋分为受力筋、箍筋、架立筋、分布筋与附加钢筋等。

（1）受力筋是指承受拉应力、压应力的钢筋，用于梁、板、柱等各种钢筋混凝土构件。梁板的受力筋还

分为直钢筋和弯起钢筋两种。

（2）箍筋是指承受一部分斜拉应力，并固定受力筋的位置，多用于梁和柱内。

（3）架立筋是指用于固定梁内箍筋位置，构成梁的钢筋骨架。

（4）分布筋是指用于屋面板和楼板内，与板的受力筋垂直分布，将承受的重量均匀地传给受力筋，并起着固定受力筋的位置作用，以及能抵抗热胀冷缩所引起的温度变形。

（5）附加钢筋是指因构件的几何形状或受力情况变化而增加的钢筋。

1.2　钢筋工程量计算依据

1.2.1　钢筋工程量计算依据

（1）11G101 国家建设设计标准图集系列（主要依据）：

11G101－1《混凝土结构施工图平面整体表示方法制图规则和构造详图（现浇混凝土框架、剪力墙、梁、板）》。

11G101－2《混凝土结构施工图平面整体表示方法制图规则和构造详图（现浇混凝土板式楼梯）》。

11G101－3《混凝土结构施工图平面整体表示方法制图规则和构造详图（独立基础、条形基础、筏形基础及桩基承台）》。

（2）GB 50010—2010《混凝土结构设计规范》（主要依据）。

（3）GB 50011—2010《建筑抗震设计规范》。

（4）JGJ 3—2010《高层技术混凝土结构技术规程》。

（5）GB/T 50105—2010《建筑结构制图标准》。

（6）GJD－101—1995《全国统一建筑工程预算工程量计算规则》。

（7）GB 50500—2013《建设工程工程量清单计价规范》。

（8）GB 5024—2002《混凝土结构施工质量验收规范》（2011 年版）。

（9）11G329－1《建筑物抗震构造详图（多层和高层钢筋混凝土房屋）》。

（10）11G329－2《建筑物抗震构造详图（多层砌体房屋和底部框架砌体房屋）》。

（11）11G329－3《建筑物抗震构造详图（单层工业厂房）》。

（12）03G363《多层砖房钢筋混凝土构造柱抗震节点详图》。

1.2.2　钢筋工程量计算规则

1. 全国统一规则

GJD－101－1995《全国统一建筑工程预算工程量计算规则》规定，钢筋工程量按以下规则计算：

（1）钢筋工程应区别现浇、预制构件、不同钢种和规格，分别按设计长度乘以单位重量，以吨计算。

（2）计算钢筋工程量时，设计已规定搭接长度的，按规定搭接长度计算；设计未规定搭接长度的，已包括在钢筋的损耗率之内，不另计算搭接长度。钢筋电渣压力焊接、套筒挤压等接头以个计算。

（3）先张法预应力钢筋，按构件外形尺寸计算长度，后张法预应力钢筋按设计图规定的预应力钢筋预留孔道长度，并区别不同锚具类型，分别按下列规定计算：

1）低合金钢筋两端采用螺杆锚具时，预应力的钢筋按预留孔道长减 0.35m，螺杆另行计算。

2）低合金钢筋一端采用墩头插片时，另一端螺杆锚具时，预应力钢筋长度按预留孔道长度计算，螺杆另行计算。

3）低合金钢筋一端采用墩头插片，另一端采用帮条锚具时，预应力钢筋增加 0.15m，两端均采用帮条锚具时预应力钢筋共增加 0.3m 计算。

4）低合金钢筋一端采用后张混凝土自锚时，预应力钢筋长度增加 0.35m 计算。

5）低合金钢筋或钢绞线采用 JM、XM、QM 型锚具，孔道长度在 20m 以内时，预应力钢筋长度增加 1m；

孔道长度在 20m 以上时预应力钢筋长度增加 1.8m 计算。

6）碳素钢丝采用锥形锚具，孔道长在 20m 以内时，预应力钢筋长度增加 1m；孔道长度在 20m 以上时预应力钢筋长度增加 1.8m 计算。

7）碳素钢丝两端采用镦粗头时，预应力钢丝长度增加 0.35m 计算。

2. 清单规则

GB 50500—2013《建设工程工程量清单计价规范》规定：

（1）现浇混凝土钢筋、钢筋网片、钢筋笼按设计图示钢筋（网）长度（面积）乘以单位理论质量计算。

（2）先张法预应力钢筋按设计图示钢筋长度乘以单位理论质量计算。

（3）后张法预应力钢筋、预应力钢丝、预应力钢绞线按设计图示钢筋（丝束、绞线）长度乘以单位理论质量计算：

1）低合金钢筋两端均采用螺杆锚具时，钢筋长度按孔道长度减 0.35m 计算，螺杆另行计算。

2）低合金钢筋一端采用镦头插片，另一端采用螺杆锚具时，钢筋长度按孔道长度计算，螺杆另行计算。

3）低合金钢筋一端采用镦头插片，另一端采用帮条锚具时，钢筋增加 0.15m 计算；两端均采用帮条锚具时，钢筋长度按孔道长度增加 0.3m 计算。

4）低合金钢筋采用后张混凝土自锚时，钢筋长度按孔道长度增加 0.35m 计算。

5）低合金钢筋（钢绞线）采用 JM、XM、QM 型锚具，孔道长度在 20m 以内时，钢筋长度增加 1m 计算；孔道长度 20m 以外时，钢筋（钢绞线）长度按孔道长度增加 1.8m 计算。

6）碳素钢丝采用锥形锚具，孔道长度在 20m 以内时，钢丝束长度按孔道长度增加 1m 计算；孔道长在 20m 以外时，钢丝束长度按孔道长度增加 1.8m 计算。

7）碳素钢丝束采用镦头锚具时，钢丝束长度按孔道长度增加 0.35m 计算。

（4）支撑钢筋（铁马）按钢筋长度乘单位理论质量计算。

（5）声测管按设计图示尺寸质量计算。

在计算钢筋用量时，还要注意设计图纸未画出以及未明确表示的钢筋，如楼板中双层钢筋的上部负弯矩钢筋的附加分布筋、满堂基础底板的双层钢筋在施工时支撑所用的马凳及钢筋砼墙施工时所用的拉筋等。这些都应按规范要求计算，并入其钢筋用量中。

1.3 钢筋工程量计算原理

计算钢筋工程量的原理就是就算钢筋的重量和长度（图 1-1）。

1.3.1 钢筋的理论质量

单位工程的钢筋预算用量应包括图示用量及规定的损耗量两部分。图示用量（清单量）应等于钢筋混凝土工程中各种构件的图纸用量及其结构中的构造钢筋、连系钢筋等用量之和。各种结构及构件的钢筋由若干不同规格，不同形状的单根钢筋组成，因此单位工程的钢筋预算用量分别应按不同品种、规格分别计算及汇总。单位长度上钢筋的质量称钢筋的理论质量，钢筋理论质量见表 1-6，也可根据钢筋直径计算理论质量，钢筋的容重可按 7850kg/m³ 计算。

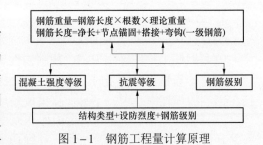

图 1-1 钢筋工程量计算原理

表 1-6			常见钢筋理论质量表		
品　种	圆　钢　筋			螺　纹　钢　筋	
直径（mm）	截面（cm²）	质量（kg/m）		截面（cm²）	质量（kg/m）
4	0.126	0.099		—	—
5	0.196	0.154		—	—

品　种	圆　钢　筋		螺　纹　钢　筋	
直径（mm）	截面（cm²）	质量（kg/m）	截面（cm²）	质量（kg/m）
6	0.283	0.222	—	—
6.5	0.332	0.260	—	—
8	0.503	0.395	0.503	0.395
10	0.785	0.617	0.785	0.617
12	1.131	0.888	1.131	0.888
14	1.539	1.208	1.539	1.208
16	2.011	1.587	2.011	1.587
18	2.545	1.998	2.545	1.998
20	3.142	2.466	3.142	2.466
22	3.800	2.984	3.800	2.984
25	4.909	3.850	4.909	3.850
28	6.158	4.830	6.158	4.830
30	7.069	5.550	7.069	5.550
32	8.043	6.310	8.043	6.310
40	12.566	9.865	12.566	9.865

1.3.2　钢筋混凝土保护层

在钢筋混凝土中，要有一定厚度的混凝土包住钢筋，以保护钢筋防腐蚀，加强钢筋与混凝土的粘结力。根据 GB 50010—2010《混凝土结构设计规范》规定，结构中最外层钢筋的混凝土保护层厚度（钢筋外边缘至混凝土表面的距离）应不小于钢筋的公称直径。GB 50010—2010《混凝土结构设计规范》适当调整了钢筋的保护厚度规定，明确结构以最外层钢筋计算钢筋混凝土的保护层厚度，一般环境下保护层厚度略有增加，恶劣环境下保护层厚度增加幅度很大，环境类别见表1-7。从混凝土碳化和钢筋锈蚀的耐久性角度考虑，不再以纵向受力钢筋，而以最外层钢筋（包括箍筋、构造筋、钢筋网片等）计算保护层厚度，为简化计，按平面构件（板、墙、壳）和杆系构件（梁、柱、杆）两类确定保护层厚度；简化混凝土强度的影响，强度等级 C30 以上统一取值。当设计无具体要求时，保护层厚度应符合表1-8的要求。

表 1-7　　　混凝土耐久性设计的环境类别 GB 50010—2010《混凝土结构设计规范》

环境类别		条　　　　件
一		室内干燥环境；无侵蚀性静水浸没环境
二	a	室内潮湿环境；非严寒和非寒冷地区的露天环境；非严寒和非寒冷地区与无侵蚀性的水或土直接接触的环境；寒冷和寒冷地区的冰冻线以下与无侵蚀性的水或土直接接触的环境
	b	干湿交替环境；水位频繁变动区环境；严寒和寒冷地区的露天环境；寒冷和寒冷地区冰冻线以上与无侵蚀性的水或土直接接触的环境
三	a	严寒和寒冷地区冬季水位变动区环境；受除冰盐影响环境；海风环境
	b	盐渍土环境；受除冰盐作用环境；海岸环境
四		海洋环境
五		受人为或自然的侵蚀性物质影响的环境

注：1. 室内潮湿环境是指构件表面经常处于结露或湿润状态的环境。

　　2. 严寒和寒冷地区的划分应符合现行国家标准 GB 50176—1993《民用建筑热工设计规范》的有关规定。

　　3. 海岸环境和海风环境宜根据当地情况，考虑主导风向及结构所处迎风、背风部位等因素的影响，由调查研究和工程经验确定。

　　4. 受除冰盐影响环境是指受到除冰盐雾影响的环境；受除冰盐作用环境是指被除冰盐溶液溅射的环境以及使用除冰盐地区的洗车房、停车楼等建筑。

　　5. 暴露的环境是指混凝土结构表面所处的环境。

表 1-8　　　　　　　　　　　　钢筋的混凝土保护层最小厚度　　　　　　　　　（单位：mm）

环 境 等 级		板 墙 壳	梁 柱
一		15	20
二	a	20	25
	b	25	35
三	a	30	40
	b	40	50

注：1. 表中混凝土保护层厚度指最外层钢筋外边缘至混凝土表面的距离，适用于设计使用年限为 50 年的混凝土结构。

2. 构件中受力钢筋的保护层厚度不应小于钢筋的公称直径。

3. 设计使用年限为 100 年的混凝土结构，一类环境中，最外层钢筋的保护层厚度不应小于表中数值的 1.4 倍；二、三类环境应采取专门的有效措施。

4. 混凝土强度等级不大于 C25 时，表中保护层厚度数值应增加 5mm。

5. 基础底面钢筋的保护层厚度，有垫层时应从垫层顶面算起，且不小于 40mm。参考《混凝土结构设计规范》（GB 50010—2010）。

1.3.3 钢筋锚固长度

1. 受拉钢筋锚固长度

钢筋的锚固长度是指不同构件交接处彼此的钢筋相互锚入的长度。如梁与柱、圈梁与现浇板、主梁与次梁、梁与板等交接处，钢筋均应相互锚入，以增加结构的整体性。

施工图对钢筋的锚固长度有明确规定时应按图计算。如没有明确标出的，按 GB 50010—2010《混凝土结构设计规范》规定执行。

规范规定钢筋基本锚固长度 l_{ab} 按下式计算：

$$l_{ab} = \alpha \frac{f_y}{f_t} d \qquad\qquad (1-1)$$

式中　α ——钢筋的外形系数（光面钢筋取 0.16，带肋钢筋取 0.14）；

f_y ——普通钢筋抗拉强度设计值；

f_t ——混凝土轴心抗拉强度设计值；

d ——钢筋直径。

普通结构受拉钢筋锚固长度，根据 GB 50010—2010《混凝土结构设计规范》，受拉钢筋的锚固长度 $l_a = \xi_a l_{ab}$，修正系数 ξ_a 根据锚固条件取用。经修正的锚固长度不应小于 $0.6 l_{ab}$ 且不小于 200mm。

ξ_a 为锚固长度修正系数，按下面规定取用，当多于一项时，可以连乘计算：

（1）当 HRB335、HRB400 级钢筋直径大于 25mm 时，其锚固长度应乘以修正系数 1.1。

（2）当 HRB335、HRB400 级为环氧树脂涂层钢筋时，其锚固长度应乘以修正系数 1.25。

（3）施工过程中易受扰动的钢筋取 1.10；锚固区保护层厚度为 $3d$ 时修正系数可取 0.80，保护层厚度为 $5d$ 时修正系数可取 0.70，中间按内插取值。

若不需要修正，则 $\xi_a = 1$，$l_a = l_{ab}$。

受拉钢筋锚固长度 l_a、抗震锚固长度 l_{aE} 计算具体如下：

受拉钢筋锚固长度 l_a、抗震锚固长度 l_{aE}

（1）非抗震　　　　　　　　　　$l_a = \xi_a l_{ab}$　　　　　　　　　　　（1-2）

（2）抗震　　　　　　　　　　　$l_{aE} = \xi_{aE} l_a$　　　　　　　　　　（1-3）

式（1-2）、式（1-3）中：

（1）l_a 不应小于 200mm。

（2）锚固长度修正系数 ξ_a 按表 1-9 取用，当多于一项时，可以连乘计算，但不应小于 0.6。

（3）ξ_{aE} 为抗震锚固长度修正系数，对一、二级抗震等级取 1.15，对三级抗震等级取 1.05，对四级抗震等级取 1.00。

（4）HPB300 级钢筋末端应做 180°弯钩，弯后平直段长度不应小于 3d，但作受压钢筋时可不做弯钩。

（5）当锚固钢筋的保护层厚度不大于 5d 时，锚固钢筋长度范围内应设置横向构造钢筋，其直径不应小于 d/4（d 为锚固钢筋的最大直径）；梁、柱等构件间距不应大于 5d，板、墙等构件间距不应大于 10d，且均不应大于 100mm（d 为锚固钢筋的最小直径）。

表 1-9　　　　　　　　　　　受拉钢筋锚固长度修正系数 ξ_a

锚 固 条 件		ξ_a	备 注
带肋钢筋的公称直径大于 25		1.10	
环氧树脂涂层带肋钢筋		1.25	—
施工过程中易受扰动的钢筋		1.10	
锚固区保护层厚度	3d	0.80	中间时按内插值
	5d	0.70	d 为锚固钢筋直径

2. 纵向钢筋弯钩与机械锚固形式

纵向钢筋弯钩与机械锚固形式如图 1-2 所示。其中图 1-2（a）和图 1-2（b）为末端弯钩锚固，末端 90°弯钩锚固直段长为 12d，末端 135°弯钩锚固直段长为 5d。机械锚固的形式有：图 1-2（c）末端一侧贴焊锚筋；图 1-2（d）末端两侧贴焊锚筋；图 1-2（e）末端与锚板穿孔塞焊；图 1-2（f）末端带螺栓锚头等。

当纵向受拉普通钢筋末端采用钢筋弯钩或机械锚固措施时，包括弯钩或锚固端头在内的锚固长度（投影长度）可取为基本锚固长度 l_{ab} 的 0.6 倍。

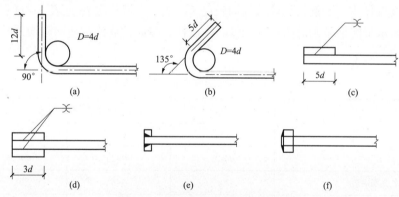

图 1-2　纵向钢筋弯钩和机械锚固

（a）90°弯钩；（b）135°弯钩；（c）一侧贴焊锚筋；（d）两侧贴焊锚筋；（e）穿孔塞焊锚板；（f）螺栓锚头

对于抗震结构，规范规定纵向受拉钢筋的抗震锚固长度 $l_{aE} = \xi_{aE} l_a$，ξ_{aE} 为抗震锚固长度修正系数，对一、二级抗震等级取 1.15，对三级抗震等级取 1.05，对四级抗震等级取 1.0。

由于 $l_{aE} = \xi_{aE} l_a$，而 $l_a = \xi_a l_{ab}$，$l_{abE} = \xi_{aE} l_{ab}$，$l_{aE} = \xi_a l_{abE}$；当 $\xi_a = 1$ 时，即若 ξ_a 不需要修正，$l_{aE} = l_{abE}$。

现在已有按此公式计算好的表格供查用（参考国家标准图集 11G101-1），见表 1-10。

表 1-10　　　　　　　　　　　受拉钢筋的基本锚固长度 l_{ab}、l_{abE}

钢筋种类	抗震等级	混凝土强度等级								
		C20	C25	C30	C35	C40	C45	C50	C55	≥C60
HPB300	一、二级（l_{abE}）	45d	39d	35d	32d	29d	28d	26d	25d	24d
	三级（l_{abE}）	41d	36d	32d	29d	26d	25d	24d	23d	22d
	四级（l_{abE}） 非抗震（l_{ab}）	39d	34d	30d	28d	25d	24d	23d	22d	21d

钢筋种类	抗震等级	混凝土强度等级								
		C20	C25	C30	C35	C40	C45	C50	C55	≥C60
HRB335 HRBF335	一、二级（l_{abE}）	44d	38d	33d	31d	29d	26d	25d	24d	24d
	三级（l_{abE}）	40d	35d	31d	28d	26d	24d	23d	22d	22d
	四级（l_{abE}） 非抗震（l_{ab}）	38d	33d	29d	27d	25d	23d	22d	21d	21d
HRB400 HRBF400 RRB400	一、二级（l_{abE}）	—	46d	40d	37d	33d	32d	31d	30d	29d
	三级（l_{abE}）	—	42d	37d	34d	30d	29d	28d	27d	26d
	四级（l_{abE}） 非抗震（l_{ab}）	—	40d	35d	32d	29d	28d	27d	26d	25d
HRB500 HRBF500	一、二级（l_{abE}）	—	55d	49d	45d	41d	39d	37d	36d	35d
	三级（l_{abE}）	—	50d	45d	41d	38d	36d	34d	33d	32d
	四级（l_{abE}） 非抗震（l_{ab}）	—	48d	43d	39d	36d	34d	32d	31d	30d

注：$l_{abE}=\xi_{aE}l_{ab}$，ξ_{aE}为抗震锚固长度修正系数，对一、二级抗震等级取1.15，对三级抗震等级取1.05，对四级抗震等级取1.0。

3. 圈梁、构造柱钢筋抗震锚固长度

对于多层混合结构中圈梁、构造柱钢筋锚固长度应按11G329《建筑抗震结构详图》和03G363《多层砖房钢筋混凝土构造柱抗震节点详图》确定。根据03G363《多层砖房钢筋混凝土构造柱抗震节点详图》规定，构造柱、圈梁内纵筋及墙体水平配筋带钢筋的锚固长度$l_{aE}=l_a$，搭接长度l_{lE}见表1-11的注3，表1-11为圈梁、构造柱及砌体墙水平配筋带钢筋的锚固长度。构造柱、圈梁箍筋的构造同普通梁柱箍筋，平直段长度为Max（10d，75）。

表1-11　　　　　　　　圈梁、构造柱及砌体墙水平配筋带钢筋的锚固长度 l_{ab}

钢筋种类	混凝土强度等级			
	C20	C25	C30	C35
	$d≤25$	$d≤25$	$d≤25$	$d≤25$
HPB300 热轧光圆钢筋	39d	34d	30d	28d
HRB335 热轧带肋钢筋	38d	33d	29d	27d
HRB400 热轧带肋钢筋	—	40d	35d	32d

注：1. 表中 d 为受力钢筋的公称直径；

2. 在任何情况下，受拉钢筋的锚固长度不应小于200mm；

3. 构造柱纵筋可在同一截面搭接，搭接长度l_{lE}可取1.2l_a。

1.3.4 钢筋的连接

钢筋连接可采用绑扎搭接（简称搭接）、机械连接或焊接。

1. 绑扎搭接

（1）绑扎搭接一般规定。

1）轴心受拉及小偏心受拉构件的纵向受力钢筋不得采用绑扎搭接；其他构件中的钢筋采用绑扎搭接时，受拉钢筋直径不宜大于25mm，受压钢筋直径不宜大于28mm。

2）同一构件中相邻纵向受力钢筋的绑扎搭接接头宜相互错开。钢筋绑扎搭接接头连接区段的长度为1.3

倍搭接长度（1.3l_l），凡搭接接头中点位于该连接区段长度内的搭接接头均属于同一连接区段，此区段纵向受力的受拉钢筋绑扎搭接接头见图 1-3。同一连接区段内纵向受力钢筋搭接接头面积百分率为该区段内有搭接接头的纵向受力钢筋与全部纵向受力钢筋截面面积的比值，当直径不同的钢筋搭接时，按直径较小的钢筋计算。

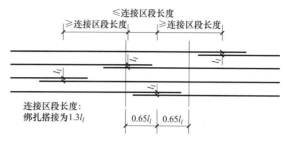

图 1-3　同一连接区段内纵向受力受拉钢筋绑扎搭接接头

3）位于同一连接区段内的受拉钢筋搭接接头面积百分率：对梁类、板类及墙类构件，不宜大于 25%；对于柱类构件，不宜大于 50%。当工程中确有必要增大受拉钢筋搭接接头面积百分率时，对梁类构件，不宜大于 50%；对板、墙、柱及预制构件的拼接处，可根据实际情况放宽。

（2）纵向受压钢筋搭接长度计算详见表 1-12 纵向纵向受拉钢筋绑扎搭接长度 l_l、l_{lE}。

表 1-12　　　　　　　　　　　　　纵向受拉钢筋绑扎搭接长度 l_l、l_{lE}

纵向受拉钢筋绑扎搭接长度 l_l、l_{lE}				备　注
抗震	非抗震			
$l_{lE} = \xi_l l_{aE}$	$l_l = \xi_l l_a$			1. 当直径不同的钢筋搭接时，l_l、l_{lE} 按直径较小的钢筋计算
纵向受拉钢筋搭接接头长度修正系数 ξ_l				2. 任何情况下不应小于 300mm
纵向钢筋搭接接头面积百分率（%）	≤25	50	100	3. 式中 ξ_l 为纵向受拉钢筋搭接长度修正系数。当纵向钢筋搭接接头百分率为表中的中间值时，可按内插取值
ξ_l	1.2	1.4	1.6	

构件中的纵向受压钢筋采用搭接连接时，其受压搭接长度不应小于表 1-12 中计算纵向受拉钢筋搭接长度的 70%，且不应小于 200mm。当受压钢筋直径大于 25mm 时，尚应在搭接接头两个端面外 100mm 的范围内各设置两道箍筋。

（3）机械连接和焊接接头。同一连接区段内纵向受拉钢筋机械连接、焊接接头要求，详见图 1-4，连接区段长度：机械连接为 35d；焊接为 35d 且不小于 500mm，d 为连接钢筋较小直径。凡接头中点位于该连接区段长度内的机械连接接头均属于同一连接区段。位于同一连接区段内的纵向受拉钢筋接头面积百分率不宜大于 50%；纵向受压钢筋的接头百分率可不受限制。

（4）梁柱类构件搭接区箍筋要求。对于梁柱类构件搭接区箍筋设置要求如图 1-5 所示，搭接区内箍筋直径不小于 d/4（d 为搭接钢筋最大直径）间距不应大于 100mm 及 5d（d 为搭接钢筋最小直径）。当受压钢筋直径大于 25mm 时，尚应在搭接接头两个端面外 100mm 的范围内各设置两道箍筋。

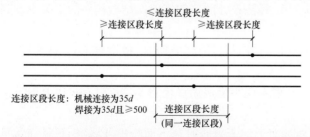

图 1-4　同一连接区段内纵向受拉钢筋机械连接、焊接接头

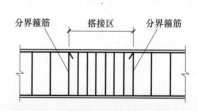

图 1-5　纵向受力钢筋搭接区箍筋构造

1.3.5　钢筋长度计算

1. 普通钢筋计算

$$钢筋长度 = 构件尺寸 - 保护层厚度 + 增加长度 \tag{1-4}$$

式中　增加长度——弯钩增加长度、弯起钢筋增加长度、搭接和锚固等增加的长度。

（1）弯钩增加长度。一般螺纹钢筋（HRB335、HRB400 级）、焊接网片及焊接骨架可不必弯钩。对于光圆钢筋（HPB300 级），为了提高钢筋与混凝土的粘结力，两端要弯钩。其弯钩形式有三种：180°、135° 和 90° 弯钩。其中 HPB300 级钢筋受拉时，末端应做 180° 弯钩，其圆弧弯曲直径 D 不应小于钢筋直径 d 的 2.5 倍，平直部分长度不应小于钢筋直径 d 的 3 倍，但作为受压钢筋时可不弯钩，如图 1−6 所示。

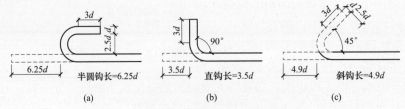

图 1−6　钢筋弯钩示意图

(a) 180° 半圆弯钩；(b) 90° 直弯钩图；(c) 135° 斜弯钩

图 1−6 中可看出：180° 弯钩增加长度 6.25d；90° 弯钩增加长度 3.5d；135° 弯钩增加长度 4.9d。

当计算一级钢筋弯钩增加长度（圆弧以外增加长度）时，一端为 180° 弯钩的直段增加长度 3d，弯曲段增加长度 3.25d，则一端 180° 弯钩的增加长度为 6.25d，两端 180° 弯钩增加 12.5d。90° 弯钩直段长度 3d，弯曲增加长度为（3.5d−3d）=0.5d，计算钢筋长度一端有 90° 弯钩时为直段长加上 3.5d，两端都有 90° 弯钩时为直段长加 7d。135° 弯钩除了直段长度 3d 以外，由于弯曲增加长度为（4.9d−3d）=1.9d，且 135° 弯钩常常用于箍筋和拉筋，其直段长度多为 10d(抗震)或 5d(非抗震)，所以箍筋和拉筋 135° 弯钩增加长度加在一起为 11.9d（6.9d）。

对其他级别钢筋进行 90° 弯折锚固时，只计算弯折长度，一般不考虑弯曲增加长度。

（2）钢筋弯起增加长度。在钢筋混凝土梁中，因受力需要有时将钢筋弯起，其弯起角度一般有 30°、45° 和 60° 三种，弯起增加长度是指斜长 S 与水平投影长度 L 之间的差值（图 1−7），即

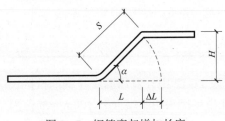

图 1−7　钢筋弯起增加长度

$$\Delta L = S - L = \tan\frac{\alpha}{2} H$$

式中　H——弯起钢筋的高度，等于构件截面高度减去两边保护层的厚度；

　　　α——钢筋弯起角度。

当弯起角度为 30° 时，增加长度为 0.268H；当弯起角度为 45° 时，增加长度为 0.414H；当弯起角度为 60° 时，增加长度为 0.573H。

（3）钢筋保护层厚度根据设计的要求，按本章 1.3.2 规定设定。

（4）钢筋锚固长度，根据设计或规范要求以及 11G101 标注设计图集的规定，结合构件的混凝土的强度及构件的抗震等级按本章 1.3.3 规定设定。

（5）钢筋搭接长度，根据设计或规范要求以及 11G101 标注设计图集的规定，按本章 1.3.4 规定设定。

2. 箍筋计算

箍筋末端应作 135° 弯钩，弯钩平直部分的长度，一般不应小于箍筋直径的 5 倍；对有抗震要求的结构不应小于箍筋直径的 10 倍。

（1）长度计算。矩形梁、柱的箍筋长度应按图纸规定计算。无规定时，下面给出 135° 矩形箍筋常见的四种计算方法：

1）按外边线长度计算（忽略 4 个 90° 弯钩增加长度 4×0.5=2d）：

当平直部分为 5d 时　　　箍筋长度 = (b+h)×2−8c+6.9d×2　　　　　　　　（1−5）

当平直部分为 10d 时　　箍筋长度 = (b+h)×2−8c+1.9d×2+Max (10d,75mm)×2　　（1−6）

式中　Max (10d,75mm)——按标准图集 11G101−1 规定取值；

　　　b、h——构件截面尺寸；

c ——保护层厚度；

d ——箍筋直径。

2）按中心线长度计算（忽略 4 个 90° 弯钩增加长度 $4 \times 0.5 = 2d$）：

当平直部分为 $5d$ 时　　　箍筋长度 $= (b+h) \times 2 - 8c - 4d + 6.9d \times 2$ 　　　　　　（1-7）

当平直部分为 $10d$ 时　箍筋长度 $= (b+h) \times 2 - 8c - 4d + 1.9d \times 2 + \text{Max}\,(10d, 75\text{mm}) \times 2$ 　　（1-8）

3）按中心线长度计算（考虑 4 个 90° 弯钩增加长度 $4 \times 0.5 = 2d$）：

当平直部分为 $5d$ 时　　　箍筋长度 $= (b+h) \times 2 - 8c - 2d + 6.9d \times 2$ 　　　　　　（1-9）

当平直部分为 $10d$ 时　箍筋长度 $= (b+h) \times 2 - 8c - 2d + 1.9d \times 2 + \text{Max}\,(10d, 75\text{mm}) \times 2$ 　（1-10）

4）按外边线长度计算（考虑 4 个 90° 弯钩增加长度 $4 \times 0.5 = 2d$）：

当平直部分为 $5d$ 时　　　箍筋长度 $= (b+h) \times 2 - 8c + 2d + 6.9d \times 2$ 　　　　　　（1-11）

当平直部分为 $10d$ 时　箍筋长度 $= (b+h) \times 2 - 8c + 2d + 1.9d \times 2 + \text{Max}\,(10d, 75\text{mm}) \times 2$ 　（1-12）

（2）根数计算。箍筋（或其他分布钢筋）的根数，应按下式计算：

箍筋根数 $=$（箍筋分布长度）$/$箍筋间距 $+ 1$ 　　　　　　　　　　　　（1-13）

注：式中在计算根数时向上取整加 1，箍筋分布长度一般为构件长度减去两端保护层厚度。

抗震结构中，框架梁箍筋在支座边 1.5 倍（二～四级抗震等级）或 2 倍（一级抗震等级）梁高范围内加密（图 1-8），从支座边 50mm 处开始布筋，主梁上有次梁通过的区域梁箍筋照常设置。抗震框架梁中箍筋根数计算方法如下：

加密区箍筋根数 $=$（加密区长度 -50）$/$加密区箍筋间距 $+ 1$ 　　　　　　（1-14）

非加密区箍筋根数 $=$ 非加密区长度 $/$ 非加密区箍筋间距 $- 1$ 　　　　　　（1-15）

注：（加密区长度 -50）$/$加密区箍筋间距、非加密区长度 $/$非加密区箍筋间距，得数向上取整。

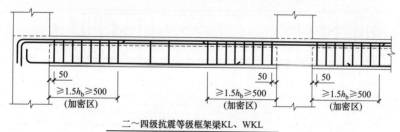

二～四级抗震等级框架梁 KL、WKL

注：弧形梁沿梁中心线展开，箍筋间距沿凸面线量度。h_b 为梁截面高度。

图 1-8　规范规定的框架梁箍筋加密区范围（二～四级抗震等级）

3. 拉筋计算

当梁宽 $\leqslant 350\text{mm}$ 时，拉筋直径为 6mm；梁宽 $> 350\text{mm}$ 时，拉筋直径为 8mm。拉筋间距为非加密区箍筋间距的 2 倍。当设有多排拉筋时，上下两排拉筋竖向错开布置，其弯钩构造见图 1-9。

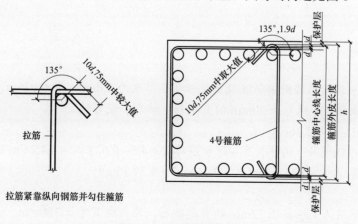

拉筋紧靠纵向钢筋并勾住箍筋

图 1-9　拉筋弯钩构造

$$拉筋长度 = 构件宽 - 2c + 1.9d \times 2 + Max（10d, 75mm）\times 2 \tag{1-16}$$

$$拉筋根数 = （梁净跨 - 50 \times 2）/箍筋非加密区间距的 2 倍 + 1 \tag{1-17}$$

式中　c——保护层厚度；

　　　d——拉筋直径。

4. 圆柱（或桩）螺旋箍筋计算

螺旋箍筋的近似计算公式为（图 1-10）（按中心线计算）：

$$L = N\sqrt{\pi^2（D-2a-d）^2 + P^2} \tag{1-18}$$

式中　N——螺旋箍筋圈数，$N = \dfrac{H}{P}$；

　　　D——圆形桩（柱）直径（mm）；

　　　P——螺距（mm）；

　　　d——箍筋直径（mm）；

　　　a——混凝土保护层厚度（mm）。

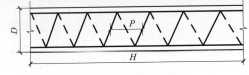

图 1-10　螺旋筋示意图

注：螺旋箍筋末端部分，应有 135° 弯钩，弯钩增加长度加在一起为 11.9d（非抗震 6.9d）。11G101-1 规范要求开始与结束位置应有水平段长度不小于一圈半，所以应增加 3 圈水平段箍筋长度。

[例 1-1] 有 100 根预制钢筋混凝土梁，混凝土强度等级 C25，梁尺寸及配筋如图 1-11 所示，试计算该梁钢筋工程量（不考虑抗震要求）。

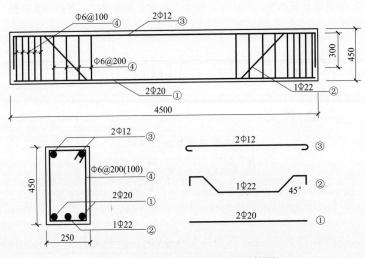

图 1-11　预制钢筋混凝土梁配筋图

[解]

（1）钢筋工程量计算

①号钢筋用量：

查表 1-8，取二类 a 环境的预制钢筋混凝土梁保护层厚度为 25mm，即 0.025m。

由图 1-11 知①号钢筋为 2 根直径 20mm 的直钢筋，端部不设弯钩。

查钢筋理论重量表 1-6 得 2.466kg/m。

　　　　　单根钢筋长 = 构件长度 - 保护层厚度 = 4.5 - 0.025 × 2 = 4.45（m）

　　　　　钢筋总重 = 4.45 × 2 × 100 × 2.466 = 2194.74（kg）

②号钢筋用量：

由图 1-11 知②号钢筋为 1 根直径 22mm 的弯起钢筋，端部向下弯折 300mm。

查钢筋理论重量表 1-6 得 2.98kg/m。

$$钢筋长=构件长度-保护层厚度+弯起增加长度+向下弯折长度$$
$$=4.5-0.025\times2+0.414\times H\times2+0.3\times2$$
$$=4.5-0.025\times2+0.414\times(0.45-0.025\times2)\times2+0.3\times2$$
$$=5.38（m）$$
$$钢筋总重=5.38\times100\times2.98=1603.2（kg）$$

③号钢筋用量：

由图 1-11 知③号钢筋为 2 根直径 12mm 的架立筋，光圆钢筋端部应设 180° 弯钩。每个 180° 弯钩增加长度为 6.25d。

查钢筋理论重量表 1-6 得 0.888kg/m。

$$单根钢筋长=构件长度-保护层厚度+弯钩增加长度$$
$$=4.5-0.025\times2+6.25d\times2$$
$$=4.5-0.025\times2+6.25\times0.012\times2$$
$$=4.6（m）$$
$$钢筋总重=4.6\times2\times100\times0.888=817.0（kg）$$

④号钢筋用量（箍筋长度按外边线计算）：

由图 1-11 知④号钢筋为直径 6mm，间距为 200mm 的箍筋，两端各加 5 根加密筋间距变为 100mm。

$$单根箍筋长度=(b+h)\times2-8c+6.9d\times2$$
$$=(0.25+0.45)\times2-8\times0.025+6.9\times0.006\times2$$
$$=1.283（m）$$
$$每根梁箍筋根数=配筋范围/箍筋间距+2\times5+1$$
$$=(4.5-0.025\times2)\div0.2+10+1$$
$$=33.25 根，取 34 根$$
$$钢筋总重=1.283\times34\times100\times0.222=968.408（kg）$$

[例 1-2] 某现浇混凝土框架结构楼层框架梁，抗震等级为二级，混凝土等级为 C25，梁上部和下部各设一排拉筋，其平法配筋图如图 1-12 所示，试计算 KL1 的钢筋量。

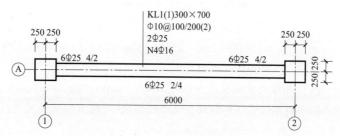

图 1-12 KL1 平法配筋图

[解]

（1）判断支座处锚固情况

查表 1-10，二级抗震，C25 混凝土，HRB335 级钢筋锚固长度 $l_{aE}=38d=38\times25=950（mm）$，查表 1-8，取二类 a 环境柱中钢筋保护层厚 c 取 25mm。

由梁的支座宽 $h_c=500mm$，$h_c-c=500-25=475（mm）<l_{aE}=950（mm）$

知：梁中钢筋在支座处必须弯锚。根据规范，弯锚弯折部分长度为 15d。如果算得的（h_c-c）大于 l_{aE}，则可直锚，直锚长度取 Max（l_{aE}，0.5h_c+5d），见图 1-13。

（2）纵筋长度计算

由于端部纵筋伸至柱外边（柱纵筋内侧），而本题中没给柱的外侧纵筋信息，所以在端支座直锚长度为：

$$端支座直锚长度=支座宽-保护层（实际值为：支座宽-保护层-柱外侧纵筋直径）$$

锚固长度＝直锚长度（支座宽－保护层）＋弯锚长度（15d）

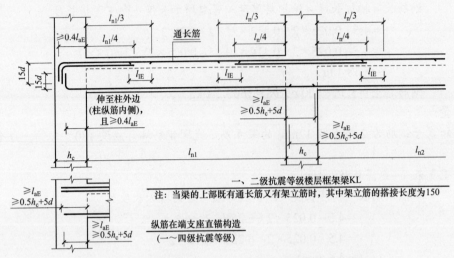

图1-13 图集11G101-1中框架梁支座处锚固构造要求

1）上部2Φ25通长筋的单根长度 ＝净跨长＋左支座锚固长度＋右支座锚固长度

$$=(6000-250-250)+（支座宽-保护层+15d）+（支座宽-保护层+15d）$$

$$=(6000-250-250)+(500-25+15×25)+(500-25+15×25)$$

$$=7200（mm）$$

2）下部6Φ25通常筋的单根长度计算方法与上部2Φ25通长筋计算完全一样，长度为7200mm。

3）2根左支座第一排直径25负筋的单根长度＝左支座锚固长度＋净跨÷3

$$=(500-25+15×25)+(6000-250-250)÷3=2683（mm）$$

4）2根左支座第二排直径25负筋的单根长度＝左支座锚固长度＋净跨÷4

$$=(500-25+15×25)+(6000-250-250)÷4$$

$$=2225（mm）$$

5）同样，2根右支座第一排直径25负筋的单根长度＝2683（mm）

6）2根右支座第二排直径25负筋的单根长度＝2225（mm）

7）直径16的受扭纵筋单根长度＝净跨长＋左支座锚固长度l_{aE}＋右支座锚固长度l_{aE}

$$=(6000-250-250)+(500-25+15×16)+(500-25+15×16)$$

$$=6930（mm）$$

其中：$l_{aE}=38×16=608（mm）$，而最大直锚长度$500-25=475（mm）<l_{aE}$，此时根据11G101-1（11G101-1 规范第87页）要求，4根抗扭钢筋锚固同框架梁下部钢筋在端部的锚固（弯锚），锚固长度为：$(500-25+15×16)（mm）$。

（3）箍筋及拉筋计算（箍筋长度按外边线计算）

1）箍筋长度＝$(b+h)×2-8c+1.9d×2+Max(10d,75mm)×2$

$$=(b+h)×2-8c+23.8d（其中梁中箍筋保护层厚度c取25mm）$$

$$=(300+700)×2-8×25+23.8×10$$

$$=2038（mm）$$

箍筋根数，一定要分段计算，否则引起误差。

1轴右侧箍筋根数＝（加密区长度－50）÷加密区箍筋间距＋1

$$=(1.5h_b-50)÷100+1$$

$$=(1.5×700-50)÷100+1$$

$$=11（根）$$

2轴左侧侧箍筋根数＝（加密区长度－50）÷加密区箍筋间距＋1

$$=(1.5h_b-50)÷100+1$$

$$= (1.5 \times 700 - 50) \div 100 + 1$$
$$= 11（根）$$

1 轴和 2 轴之间非加密区段箍筋根数 =（非加密区长度 - 50）÷ 非密区箍筋间距 - 1

（注：此时不要加 1，要减 1，因为两端均有箍筋）

$$= (6000 - 250 \times 2 - 1.5 \times 700 \times 2) \div 200 - 1$$
$$= 16（根）$$

框架梁箍筋总数合计：$11 + 11 + 16 = 38$（根）

2）拉筋计算

梁宽 $b = 300$（mm）$\leqslant 350$（mm）时，则拉筋直径为 6mm

$$拉筋长度 = 梁宽 - 2c + 1.9d \times 2 + \text{Max}(10d, 75\text{mm}) \times 2$$
$$= 300 - 2 \times 25 + 1.9 \times 6 \times 2 + 75 \times 2$$
$$= 422（\text{mm}）$$

$$拉筋根数 = [（梁净跨 - 50 \times 2）÷ 箍筋非加密区间距的 2 倍 + 1] \times 2（上下各一排）$$
$$= [(6000 - 250 \times 2 - 50 \times 2) \div (200 \times 2) + 1] \times 2$$
$$= 15 \times 2$$
$$= 30（根）$$

（4）合计

直径 25 的钢筋总长 $= 7200 \times 8 + 2683 \times 2 \times 2 + 2225 \times 2 \times 2 = 77\,232$（mm）$= 77.232$（m）

总重 $= 77.232 \times 3.85 = 297.343$（kg）（3.85 为每延米钢筋质量单位为 kg）

直径 16 的钢筋总重 $= 6930 \times 4 \times 1.58 = 43\,798$（g）$= 43.798$（kg）

直径 10 的钢筋总重 $= 2038 \times 38 \times 0.617 = 47\,783$（g）$= 47.783$（kg）

直径 6 的钢筋总重 $= 422 \times 30 \times 0.222 = 2811$（g）$= 2.811$（kg）

钢筋总重 $= 297.343 + 43.798 + 47.783 + 2.811 = 391.735$（kg）

1.4　抗震配筋要求

1.4.1　设防烈度与抗震等级

抗震设防烈度是指按国家规定的权限批准作为一个地区抗震设防依据的地震烈度。一般情况，取 50 年内超越概率 10% 的地震烈度。

抗震等级是设计部门依据国家有关规定，按"建筑物重要性分类与设防标准"，根据烈度、结构类型和房屋高度等采用不同抗震等级进行的具体设计。以钢筋混凝土框架结构为例，抗震等级划分为一、二、三、四级。设防类别的划分可参见 GB 50223—2010《建筑抗震设防分类标准》，设防烈度属于国家规定。

GB 50011—2010《建筑抗震设计规范》规定，抗震等级设计是受建筑形式、建筑高度、设防烈度三项数据影响的。建筑形式、建筑高度、设防烈度的数据应由设计者在图纸中给出，未注明抗震等级的视为非抗震。抗震等级对钢筋锚固长度和搭接长度等有影响，无论手算还是软件算量，直接影响算量的准确性。

1.4.2　常见构件的抗震处理

1. 建筑工程抗震配筋要求一般规定

（1）结构构件中的纵向受力钢筋宜选用 HRB335、HRB400 级钢筋。按一、二级抗震等级设计时，框架结构中纵向受力钢筋的强度实测值应符合规范要求。

（2）纵向受拉钢筋的抗震锚固长度 $l_{aE} = \xi_{aE} l_a$，ξ_{aE} 为抗震锚固长度修正系数，对一、二级抗震等级取 1.15，对三级抗震等级取 1.05，对四级抗震等级取 1.0。

（3）采用搭接接头时，纵向受拉钢筋的抗震搭接长度 $l_{aE}=\xi_l l_{aE}$。

式中　ξ_l——纵向受拉钢筋搭接长度修正系数，见表 1-13。

表 1-13　　　　　　　　　　　　　　纵向受拉钢筋搭接长度修正系数

纵向搭接钢筋接头面积百分率（%）	≤25	50	100
ξ_l	1.2	1.4	1.6

（4）纵向受力钢筋连接接头的位置宜避开梁端、柱端箍筋加密区；当无法避开时，应采用满足等强度要求的高质量机械连接接头，且钢筋接头面积百分率不应超过 50%。

（5）箍筋的末端应做成 135° 弯钩，弯钩端头平直段长度不应小于箍筋直径的 10 倍；在纵向受力钢筋搭接长度范围内的箍筋，其直径不应小于搭接钢筋较大直径的 0.25 倍，其间距不应大于搭接钢筋较小直径的 5 倍，且不应大于 100mm。

2. 其他规定

详见 11G329-1《建筑物抗震构造详图（多层和高层钢筋混凝土房屋）》；11G329-2《建筑物抗震构造详图（多层砌体房屋和底部框架砌体房屋）》；11G329-3《建筑物抗震构造详图（单层工业厂房）》和 11G363《多层砖房钢筋混凝土构造柱抗震节点详图》图集中抗震构造要求。

1.5　钢筋断点位置构造要求

钢筋的计算的关键是确定钢筋在什么地方断开，什么地方搭接或焊接。不是随便什么地方都可以搭接的，钢筋断点的位置一是要满足施工验收规范，不宜位于构件的最大弯矩处；二要考虑采购钢筋的定尺长度和允许下料长度的实际操作性。我们必须分析和找出构件的最大弯矩处，并在配置钢筋时避开这个区域来确定钢筋的断点位置。如在框架梁中，确定连接区是经过受力分析的（图 1-14）。

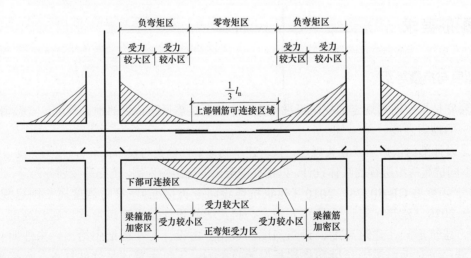

图 1-14　根据弯矩图确定钢筋断点位置

钢筋在混凝土梁中主要承受拉力，钢筋接头是钢筋受力时的薄弱环节，钢筋的接头应设置在构件受力较小处。

（1）单跨梁板的下部纵向受力筋接头不宜设在跨中 1/2 范围内。

（2）连续梁板的纵向受力筋接头，上部负弯矩筋应设在跨中附近，下部主筋应设在支座处。但对满堂基础底板，因其弯矩图和楼板方向相反，钢筋的接头位置也应相反，即上部钢筋应在支座处，下部钢筋则在跨中。

（3）钢筋接头不宜设置在梁端、柱端的箍筋加密区范围内。

（4）钢筋接头不应该集中，要尽量错开位置，让薄弱环节分散开来。

1）焊接接头。钢筋焊接连接区段的长度为 $35d$（d 为纵向受力钢筋的较小直径），且不得小于 500mm。位于同一连接区段内的纵向受力钢筋的焊接接头面积百分率，纵向受拉钢筋接头时不宜大于 50%，纵向受压钢筋时的接头面积百分率不受限制。

2）机械连接接头。钢筋机械连接的连接区段长度按 $35d$ 计算（d 为被连接钢筋中的较小直径），同一连接区段内有接头的受力钢筋截面面积占受力钢筋总截面面积的百分率应符合下列规定：

① 接头宜设置在结构构件受拉钢筋应力较小的部位，当需要在高应力部位设置接头时，在同一连接区段内Ⅲ级接头的接头百分率不应大于 25%；Ⅱ级接头的接头百分率不应大于 50%；Ⅰ级接头的接头率可不受限制。

② 接头宜避开有抗震设防要求的框架的梁端、柱端箍筋加密区；当无法避开时，应采用Ⅰ级接头或Ⅱ级接头，且接头百分率可不受限制。

③ 受拉钢筋应力较小的部位或纵向受压钢筋接头百分率可不受限制。

对重要构件，施工单位应根据所供应钢筋的实际长度，在施工前先翻样出钢筋的接头布置图才能确保接头位置符合上述要求。

"同一连接区段"的概念，它指的是 $35d$（d 为纵筋较小直径）且不小于 500mm 的长度范围，凡接头中点位于此长度内的接头均视为同一连接区段的接头，并且要求纵筋焊接接头面积百分率应该小于或等于 50%。

1.6　钢筋接头

钢筋接头这里主要指钢筋搭接接头、钢筋焊接接头和机械连接接头。钢筋搭接接头要计算搭接部分钢筋工程量并入钢筋工程量中，钢筋焊接接头和机械连接接头一般按个计算套相应的定额。确定钢筋接头的个数，跟钢筋的定尺长度和允许下料长度的实际操作性有关，当然也要满足施工验收规范。

关于定尺长度的确定，有 8m、9m 的说法，还有 10m、12m 等版本。到底应该按多少计算一个接头才是恰当的，这是一个值得认真对待的问题。所谓"定尺"是由产品标准规定的钢坯和成品钢材的特定长度。按照定尺生产产品，钢材的生产和使用部门能有效地节约成本。不同的国家对钢材定尺长度都有专门的规定。定尺就是按国标供货，非尺是按客户的要求供货。

钢筋预算长度按设计图示尺寸计算，它包括设计已规定的搭接长度，对设计未规定的搭接长度不计算（设计未规定的搭接长度考虑在定额损耗量里，清单计价则考虑在价格组成里）。一般按定尺长度计算搭接长度（或焊接和机械连接连接点的个数）。关于定尺长度的确定，需遵守双方合同中约定的计价依据来确定钢筋接头的个数。

计算钢筋搭接量（接头个数）时，为了简化计算，一是可以不考虑受力状态，直接按每定尺长度确定一个搭接（接头）即可；二是要注意定定尺长度的确定要有依据。定尺长度的确定依据就是合同中约定的计量规则。如果合同约定按定额计算，定尺长度的确定就按定额中规定的定尺长度计算。如果合同中对此不明确，需按行业规定或报甲方签认确定。

表 1-14 列出了一些关于定尺、接头计价依据中的规定。

表 1-14　　　　　　　　　　　　计价依据中关于定尺、接头的规定

定 额 种 类	相 关 规 定
GB 50500—2013《建设工程工程量清单计价规范》	按设计图示钢筋长度计算（即为图纸中标有搭接的计算搭接，按 11G101 图集计算接头）
GJD GZ 101-1995《全国统一建筑工程预算工程量计算规则》	设计未规定搭接长度的，钢筋直径在 10mm* 以内的不计算搭接长度（接头）；钢筋直径在 10mm 以上的，按 8m 长一个搭接长度计算
某省定额	柱子主筋和剪力墙竖向钢筋按建筑物层数计算接头个数或搭接工程量；梁板非盘条钢筋按 8m 计算一次接头个数或搭接工程量

1.7 符号说明

表 1-15 列出一些本书中常见符号说明。

表 1-15   符 号 说 明

代　号	含　义	代　号	含　义
l_{aE}	受拉钢筋抗震锚固长度	l_a	受拉钢筋的最小锚固长度
l_{lE}	纵向钢筋抗震受拉钢筋绑扎长度	l_l	非抗震绑扎长度
C	混凝土保护层厚度	d	钢筋直径
h_b	梁节点高度	L_w	钢筋弯折长度
H_n	所在楼层的柱净高	L_n/l_n	梁跨净长
h_c	在计算柱钢筋时为柱截面长边尺寸（圆柱为截面直径），在计算梁钢筋时，h_c 正为柱截面沿框架方向的高度		

 思考题

1. 钢筋工程计算主要依据是什么？
2. 钢筋混凝土保护层最小厚度怎样规定的？
3. 钢筋锚固长度和抗震锚固长度的关系是什么？
4. 钢筋连接方式有哪些？
5. 普通钢筋、箍筋和拉筋长度计算方法是什么？
6. 常见构件抗震构造要求是什么？

第2章 钢筋混凝土结构图

2.1 传统钢筋的表示方法

2.1.1 钢筋混凝土结构图

结构施工图是表示建筑物各承重构件（基础、承重墙、柱、梁、板、屋架等）的布置、形状、大小、材料、构造及相互连接的图样，一般有基础图、上部结构布置图和结构详图。绘制结构施工图除应遵守 GB 50001—2010《房屋建筑制图统一标准》外，还应符合 GB/T 50105—2010《建筑结构制图标准》的规定。

建筑结构施工图主要用来作为施工放线、开挖基槽、支模板、绑扎钢筋、设置预埋件、浇筑混凝土和安装梁、板、柱等构件及编制预算和施工组织计划等的依据。

结构平面布置图是表示房屋中各承重构件总体平面布置的图样。它包括基础平面图、楼层结构布置平面图、屋盖结构平面图。

构件详图包括梁、柱、板及基础结构详图，楼梯结构详图，屋架结构详图，其他详图（天窗、雨篷、过梁等）。

1. 构件代号

在结构施工图中，用代号标注各种构件的名称。代号用大写汉语拼音字母表示，制图标准规定了常用构件的代号，表2-1给出了构件常用代码。

表2-1　　　　　　　　　　　　　　构件常用代码

构件名称	构件代码	构件名称	构件代码	构件名称	构件代码
板	B	圈梁	QL	承台	CT
屋面板	WB	过梁	GL	设备基础	SJ
空心板	KB	连系梁	LL	桩	ZH
槽形板	CB	基础梁	JL	挡土墙	DQ
折板	ZB	楼梯梁	TL	地沟	DG
密肋板	MB	框架梁	KL	柱间支撑	ZC
楼梯板	TB	框架支梁	KZL	垂直支撑	CC
盖板或沟盖板	GB	屋面框架梁	WKL	水平支撑	SC
挡雨板或檐口板	YB	檩条	LT	梯	T
吊车安全走道板	DB	屋架	WJ	雨棚	YP
墙板	QB	托架	TJ	阳台	YT
天沟板	TGB	天窗架	CJ	梁垫	LD
梁	L	框架	KJ	预埋件	M-
屋面梁	WL	刚架	GJ	天窗壁端	TD
吊车梁	DL	支架	ZJ	钢筋网	W
单轨吊车梁	DDL	柱	Z	钢筋骨架	G
轨道连接	DGL	框架柱	KZ	基础	J
车挡	CD	构造柱	GZ	暗柱	AZ

注：预应力钢筋混凝土构件代号，应在构件代码前加注"Y"，例如 Y-KB 表示预制混凝土空心板。

2. 钢筋混凝土构件的图示方法

钢筋混凝土构件传统钢筋表示方法一般采用立面图和断面图来表达,主要表示构件配筋情况的图样,称为配筋图。立面图中构件的轮廓线用细实画出,钢筋用粗实线表示。断面图中剖到的钢筋断面画成黑圆点,未剖到的钢筋仍画成粗实线,并不画材料图例,如图 2-1 所示梁的配筋图。如果断面图中不能清楚表示的钢筋布置,应在断面图外增画钢筋详图(图 2-1)。板的配筋图如图 2-2(a)所示,板面图中配置双层钢筋时,底层钢筋弯钩应向上或向左,顶层钢筋向下或向右。在配筋图中,剖到的或可见墙身的轮廓线画成中粗线,不可见墙身画成中虚线。平面图中的钢筋配置较复杂时如图 2-2(b)。

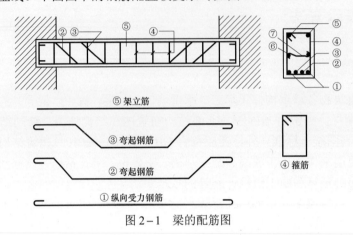

图 2-1 梁的配筋图

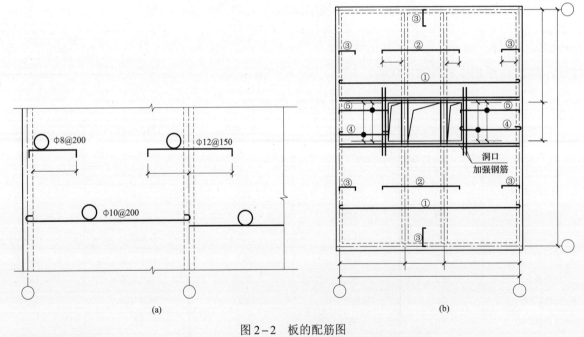

图 2-2 板的配筋图

3. 钢筋尺寸线标注

钢筋的尺寸采用引出线方式标注,有两种用于不同情况的标注形式。

(1)标注钢筋的根数和直径,如梁、柱内的受力筋和梁内的架立筋(图 2-3)。

(2)标注钢筋的直径和相邻钢筋的中心距,如梁、柱内的箍筋和板内的各种钢筋(图 2-4)。

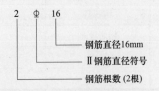

图 2-3 标注钢筋的根数和直径

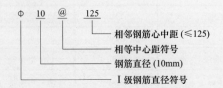

图 2-4 标注钢筋的直径和相邻钢筋的中心距

4. 钢筋表示方法

钢筋表示方法见表 2-2～表 2-6，包括了一般钢筋表示方法、预应力钢筋、钢筋网片、钢筋焊接接头，以及钢筋其他画法。

表 2-2　　　　　　　　　　　　　　　　一 般 钢 筋 表 示 方 法

序 号	名 称	图 例	说 明
1	钢筋横断面	·	
2	无弯钩的钢筋端部		表示长短钢筋投影重叠时短钢筋的端部用45°斜线表示
3	带半圆形弯钩的钢筋端部		
4	带直钩的钢筋端部		
5	带丝扣的钢筋端部		
6	无弯钩的钢筋搭接		
7	带半圆弯钩的钢筋搭接		
8	带直钩的钢筋搭接		
9	花篮螺丝钢筋接头		
10	机械连接的钢筋接头		用文字说明机械连接的方式（或冷挤压或锥螺纹等）

表 2-3　　　　　　　　　　　　　　　　　预 应 力 钢 筋

序 号	名 称	图 例	说 明
1	预应力钢筋或钢绞线		
2	后张法预应力钢筋断面 无粘结预应力钢筋断面	⊕	
3	单根预应力钢筋断面	+	
4	张拉端锚具		
5	固定端锚具		
6	锚具的端视图	⊕	
7	可动联结件		
8	固定联结件		

表 2-4　　　　　　　　　　　　　　　　　钢 筋 网 片

序 号	名 称	图 例	说 明
1	一片钢筋网平面图	W-1	
2	一行相同的钢筋网平面图	3W-1	

表2-5 钢筋焊接接头

序号	名　称	图　例	标注方法
1	单面焊接的钢筋接头	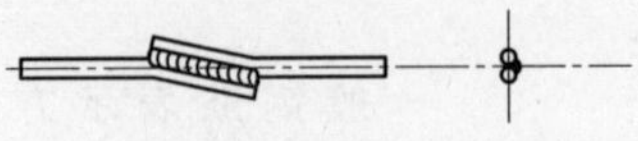	
2	双面焊接的钢筋接头	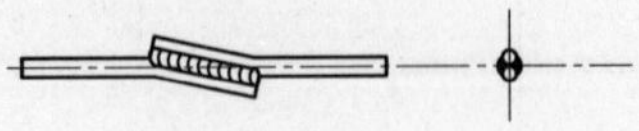	
3	用帮条单面焊接的钢筋接头	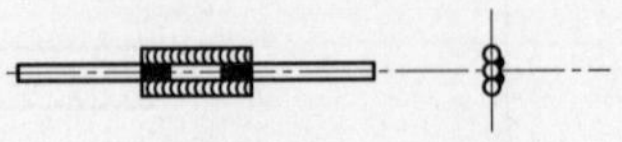	
4	用帮条双面焊接的钢筋接头	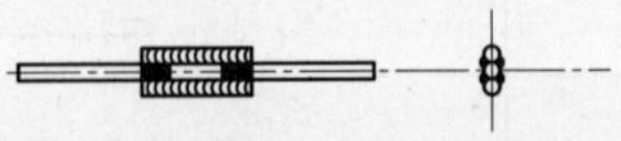	
5	接触对焊的钢筋接头（闪光焊、压力焊）	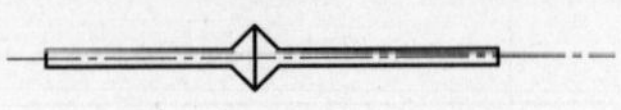	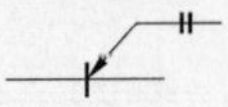
6	坡口平焊的钢筋接头	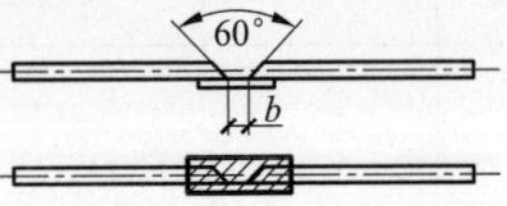	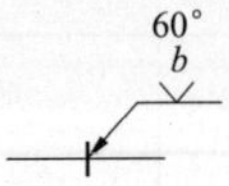
7	坡口立焊的钢筋接头	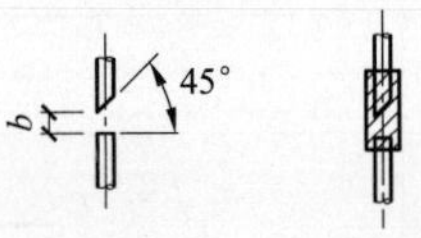	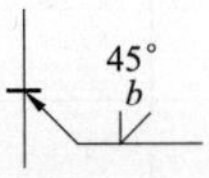
8	用角钢或扁钢做连接板焊接的钢筋接头	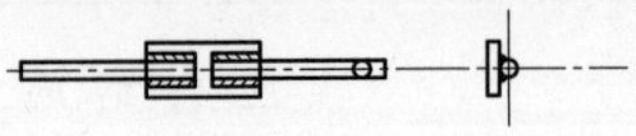	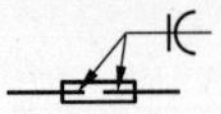
9	钢筋或螺（锚）栓与钢板穿孔塞焊的接头		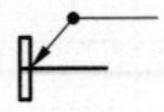

表2-6 钢筋其他画法

序号	说　明	图　例
1	在结构平面图中配置双层钢筋时底层钢筋的弯钩应向上或向左顶层钢筋的弯钩则向下或向右	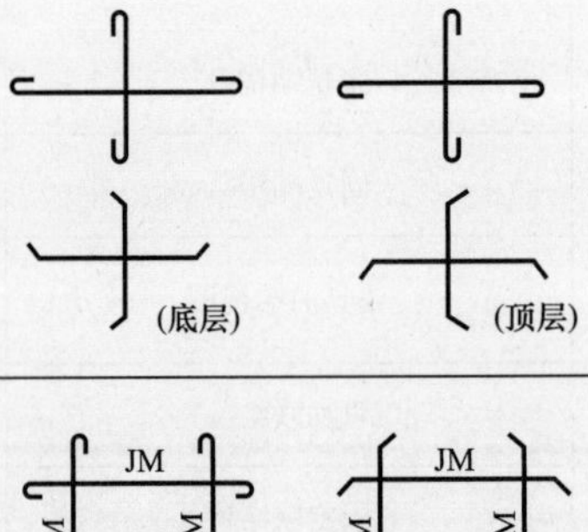 （底层）　（顶层）
2	钢筋混凝土墙体配双层钢筋时在配筋立面图中远面钢筋的弯钩应向上或向左而近面钢筋的弯钩向下或向右（JM 近面，YM 远面）	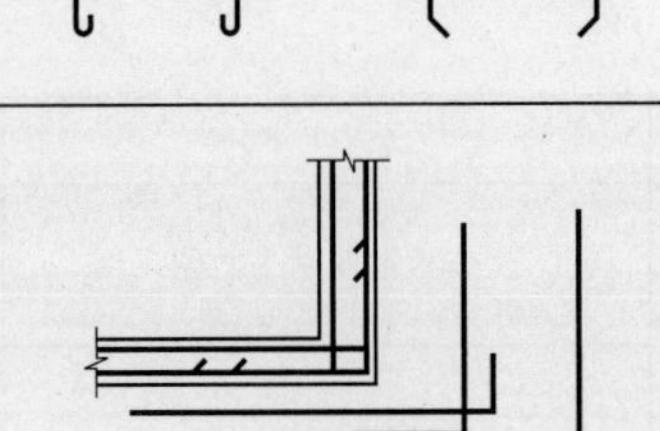
3	若在断面图中不能表达清楚的钢筋布置应在断面图外增加钢筋大样图（如钢筋混凝土墙楼梯等）	

续表

序号	说　　明	图　　例
4	图例中所表示的箍筋环筋等若布置复杂时可加画钢筋大样及说明	
5	每组相同的钢筋箍筋或环筋可用一根粗实线表示同时用一两端带斜短线的横穿细线表示其余钢筋及起止范围	

2.1.2　基础结构图

基础结构图是表示建筑物室内地面以下基础部分的平面布置和详细构造的图样,通常包括基础平面图和基础详图。

基础的形式取决于上部承重结构的形式,最常见的有承重墙下的条形基础、承重柱子下的独立基础、筏形基础、箱形基础、桩基承台基础等。

1. 基础平面图

基础平面图是表示基坑未回填土时基础平面布置的图样,一般用房屋室内地面下方的一个水平剖面图来表示,如图 2-5 是某办公楼的基础平面图。图中用粗实线画剖到的基础墙轮廓和柱子断面。基础平面图中的基础轮廓线为细实线,它们的细部构造,例如大放脚都可省略不画。

基础平面图常用比例有 1:50,1:100,1:200 等。在 1:100 的基础平面图中,被剖到部分的材料图例可以简化,例如基础墙的材料允许省略不画(或在透明描图纸背面涂红),钢筋混凝土柱的断面涂黑。

在基础平面图中,应注明基础的主要定形尺寸和平面定位尺寸。如基础墙、柱的断面尺寸,基础底面的长、宽尺寸,基础墙、柱中心线的定位尺寸,轴线尺寸。基础底面的标高一般用文字加以说明。基础平面图还应标明基础详图的剖切位置线,基础的代号 J 和柱子代号 Z,基础平面图定位轴线的编号应与平面图一致。

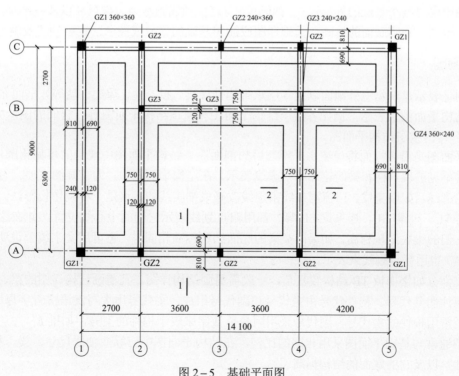

图 2-5　基础平面图

2. 基础结构详图

基础详图用于表达基础各部分的形状、大小、构造和埋置深度。条形基础的详图一般采用垂直断面图表示，条形基础中凡构造和尺寸等不同的部位都应画基础详图。独立基础的详图用垂直剖面图和平面图表示，为了明显地表示基础板内双向配筋情况，可在平面图的一个角上采用局部剖面。基础详图应尽可能与基础平面图画在同一张图纸上，以便对照施工，图 2-6 是某办公楼的部分基础详图。

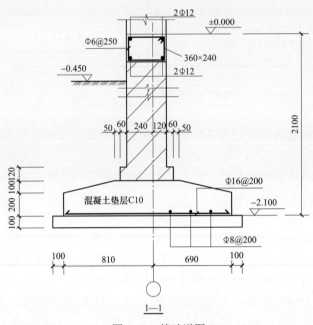

图 2-6 基础详图

基础详图常采用 1:20 或 1:50 的比例。在基础详图上除画基础的断面轮廓外，还画出基础底面线、室内外地面线，但不画基坑线。防潮层简化为一道粗实线。圈梁是钢筋混凝土结构，按钢筋混凝土构件的要求画，独立基础如果是钢筋混凝土结构，其线型的画法要求也应与钢筋混凝土构件相同。

在基础详图中要将整个基础的外形尺寸、钢筋尺寸，定位轴线到基础边缘尺寸以及各细部尺寸都标注清，还应标注室内外地面、基础底面的标高。基础详图应注明基础的代号或图名，定位轴线及编号。

2.1.3 结构平面图

结构平面图是表示建筑物室外地面以上各层承重构件（梁、板、柱、屋架、墙等）平面布置的图样，一般采用分层的结构平面图来表示，例如各楼层结构平面图和屋顶结构平面图等。它们的图示方法基本相同，图 2-7 是某办公楼的楼层结构平面图。

楼层结构平面图是沿楼板面将房屋水平剖切后的剖面图。结构平面图中墙身的可见轮廓用中粗线表示，被楼板挡住而看不见的墙、柱和梁的轮廓用中虚线表示。在结构平面图中，为了画图方便，习惯上也有把楼板下的不可见轮廓线，如墙身线、门窗洞口线由虚线改画成细实线的，这是一种镜像投影法。各种梁（如楼面梁 L、楼梯梁 TL、过梁 GL、连系梁 LL 等）都用粗点划线表示它们的中心线位置，并在这些梁的代号后面加括号注明它们的梁底结构标高，如果同类梁的底面结构标高相同时，也可用文字统一说明，屋顶结构平面图中的屋架 WJ 也用粗点划线来表示。

楼面的现浇部分如楼梯板 TB 结构较复杂，一般需另画结构详图。凡需画结构详图的梁、板、屋架，在结构平面图中应注明其代号。构件代号由主代号和副代号组成，主代号用大写汉语拼音字母表示构件名称，制图标准规定了常用构件的主代号；副代号采用阿拉伯数字来表示构件的型号，如梁 L_1。

结构平面图通常与基础平面图采用相同的比例。在结构平面图中应标注轴线尺寸，梁、板的定位尺寸，板的长、宽尺寸，以及它的底面的结构标高。

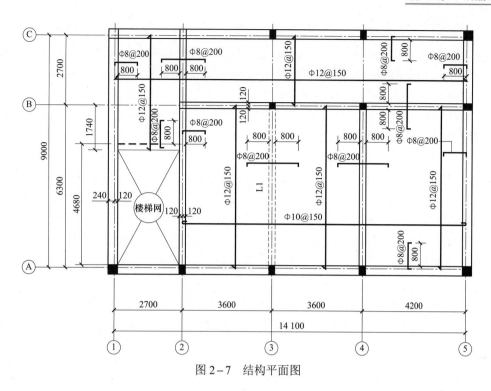

图 2-7　结构平面图

2.1.4　构件详图

构件详图是表示各承重构件的形状、大小、材料、构造和连接等情况的图样，包括梁、板、柱结构详图，楼梯结构详图及其他结构详图。

钢筋混凝土梁的结构详图一般用立面图和断面图表达，图 2-8 是梁 L_1 的结构详图。立面图常用 1:40 或 1:50 等比例，断面图一般比立面图放大一倍，即常用 1:20 等。立面图中的箍筋允许只画一部分。梁的断面形

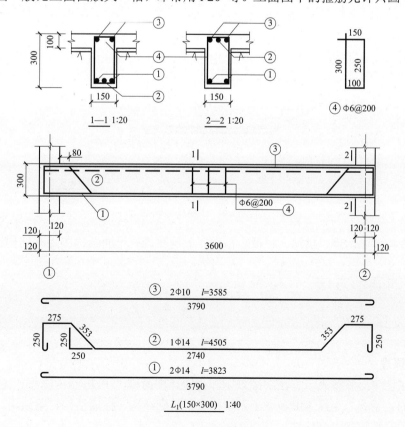

图 2-8　L_1 结构详图

状和不同截面位置的配筋用断面图表示。结构详图中采用的各种线型按钢筋混凝土构件的图示方法绘制。梁结构详图应标注梁的外形尺寸、断面尺寸、轴线尺寸和梁底的结构标高。

钢筋混凝土柱的结构详图一般也是用立面图和断面图表达，表达方法与梁基本相同。柱子表面如有预埋件（例如钢板）以便与其他构件焊接，还应画模板图。模板图是在柱子的外形立面图上画出预埋件并标明其位置和代号 M。在柱子结构详图上应标注分段高、总高、各断面尺寸、钢筋尺寸、钢筋搭接长度，以及柱顶、柱底，牛腿面的标高。

钢筋混凝土板的结构详图一般采用剖面图表达。如板内配筋情况复杂，可把板内的受力筋另画在剖面图的上方，并标注钢筋编号，称为钢筋图。现浇的钢筋混凝土板一般需要用较大的比例单独画出结构平面图和竖向剖面图。在其结构平面图中一般不画板内分布筋，分布筋可用文字加以说明。平面图的钢筋画法如图 2-7 所示。板的结构详图应标注板面尺寸和厚度、钢筋尺寸和板的底面结构标高。

一般楼梯的结构详图和建筑详图也是分别绘制的，但是比较简单建筑物也可以把建筑详图和结构详图合并绘制，列入建筑施工图或结构施工图中。绘制详图的常用比例 1:10，1:20，1:50 等。构件详图中楼梯结构图如图 2-9 所示。

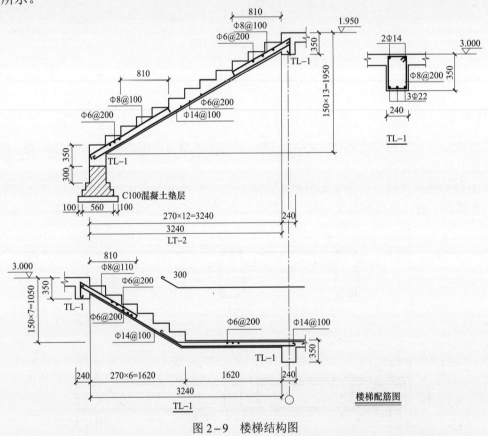

图 2-9　楼梯结构图

其他现浇混凝土构件如，墙、挑檐、栏板、雨棚、天沟等既有平面结构图还有结构详图。

2.2　平法钢筋的表示方法

2.2.1　平法原理

1. 平法的基本原理

混凝土结构施工图平面整体表示方法制图规则和构造详图简称"平法"。"平法"视全部设计过程与施工过程为一个完整的主系统，主系统由多个子系统构成，基础结构、柱墙结构、梁结构、板结构，各子系统有明确的层次性、关联性和相对完整性。

（1）层次性：基础→柱、墙→梁→板，均为完整的子系统。

（2）关联性：柱、墙以基础为支座→柱、墙与基础关联；梁以柱为支座→梁与柱关联；板以梁为支座→板与梁关联。

（3）相对完整性：基础自成体系，柱、墙自成体系，梁自成体系，板自成体系。

2. 平法应用原理

（1）将结构设计分为"创造性"设计内容与"重复性"（非创造性）设计内容两部分，两部分为对应互补关系，共同构成完整的结构设计。

（2）设计工程师以数字化、符号化的平面整体设计制图规则完成其创造性设计内容部分。

（3）重复性设计内容部分主要是节点构造和杆件构造以标准图集方式编制成国家建筑标准构造设计的部分。

正是由于"平法"设计的图纸拥有这样的特性，因此我们在计算钢筋工程量时首先结合"平法"的基本原理准确理解数字化、符号化的内容，才能正确的计算钢筋工程量。

2.2.2　主体构件的平法识图

1. 梁平法表示方法

（1）梁平法设计的配筋表现形式的钢筋主要的标注位置如图 2－10 所示。

梁平法表示方法的标注方式有集中标注、原位标注。

1）集中标注。内容包括梁名称和跨数及悬挑信息、截面、箍筋、通长筋、标高等。

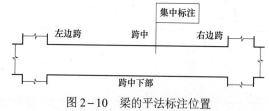

图 2－10　梁的平法标注位置

2）原位标注。内容包括该部位钢筋信息，分别包括以下部位：

① 跨中原位标注。

② 左边跨原位标注。

③ 右边跨原位标注。

④ 跨中下部原位标注。

（2）平法的主要钢筋类型。梁的平法标注中，有纵筋（通长钢筋和支座附筋）、架立筋、腰筋、吊筋、拉筋和箍筋等不同类型的钢筋。梁平法示意如图 2－11 所示。

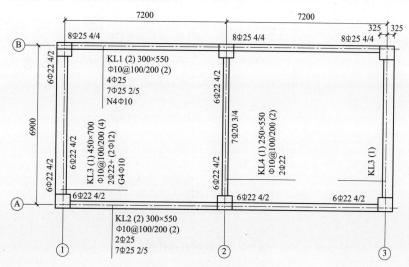

图 2－11　梁平法标注图

2. 柱子的平法表示方法

（1）截面注写方式。在柱子结构图中，将相同的柱子中拿出一根柱子详细注解，就是截面注写方式（图2－12）。竖向高度则以表的形式给出，表 2－7 为柱层高和标高信息表。

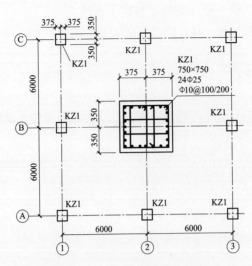

图2-12 柱平法截面注写方式

表2-7

柱层高和标高信息表

层　　号	标高（m）	层　　高
屋面	15.870	
4	12.270	3.6
3	8.670	3.6
2	4.470	4.2
1	−0.030	4.5
−1	−4.530	4.5

（2）列表标注方式。采用列表的方式标注柱子的相关参数就是列表标注方式。

下面是列表标注方式的例子（图2-13）。在平面图中给出柱子的名称，然后针对每根框架柱，给出截面的详细信息和配筋信息，详见表2-8-4.530～15.870柱平法施工图（列表注写方式）。

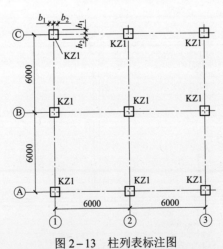

图2-13 柱列表标注图

表2-8

−4.530～15.870柱平法施工图（列表注写方式）

柱号	标高	$b \times h$	b_1	b_2	h_1	h_1	全部纵筋	角筋	b边一侧中部筋	h边一侧中部筋	箍筋类型号	箍筋
KZ1	−4.53～15.87	750×700	375	375	350	350		4Φ25	5Φ25	5Φ25	1（5×4）	Φ10@100/200

3. 剪力墙的平法表示方法

剪力墙中含门窗、连梁、暗柱、暗梁等情况，以及剪力墙变截面的情形。剪力墙变截面分为三个类型（图 2-14）。

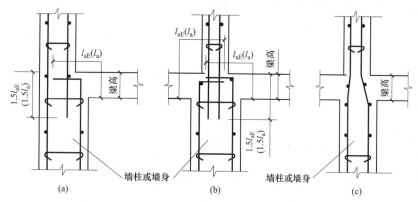

图 2-14　剪力墙变截面处竖向分布筋构造

下面是剪力墙平法标注的例子（图 2-15、图 2-16、表 2-9 和表 2-10）。在平面图中给出剪力墙的部位及编号，具体的配筋信息会以表的形式给出；在平面图中也给出暗柱的位置及编号，会附具体的配筋详图。简单的连梁信息可以在平面图中直接给出截面信息和配筋信息；如果配筋信息比较复杂，可只在平面图中标注连梁的名称，再附具体连梁配筋信息。

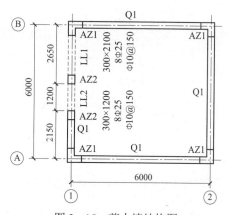

图 2-15　剪力墙结构图

表 2-9	剪 力 墙 层 高 及 标 高		（单位：m）
层　号	15.870（顶标高）		层　高
4（顶层）	12.270		3.60
3	8.670		3.60
2	4.470		4.20
1	−0.030		4.50
−1	−4.530 结构底标高		4.50

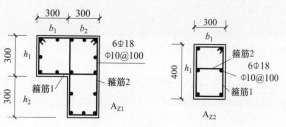

图 2-16　暗柱截面尺寸和配筋图

表 2-10 剪 力 墙 配 筋 表

编号	墙标高	墙厚度	水平分布筋	垂直分布筋	拉筋
Q1	-4.53~-0.03	300	Φ12@150	Φ12@150	Φ6@450
Q1	-0.03~4.47	300	Φ12@150	Φ12@150	Φ6@450
Q1	4.47~8.67	300	Φ12@150	Φ12@150	Φ6@450
Q1	8.67~12.27	300	Φ12@150	Φ12@150	Φ6@450

4. 板的平法表示方法

（1）板的平法表示方法示意见图 2-17。相同板只标注一块板，标注内容：板的名称和编号、板厚度 h，水平方向 X 受力筋，竖向 Y 受力筋，支座处受力筋（长度和钢筋分布情况），其他说明。支座处标注的钢筋长度为支座中心线向跨内延伸的长度，这一点必须清楚，是计算支座处受力筋重要信息。分布筋的信息会在图纸中给出。

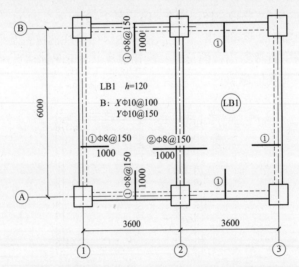

图 2-17 双跨板平法标注（未注明分布筋间距为 Φ8@250）

（2）图 2-17 对应的剖面图（图 2-18），给出钢筋在支座的锚固形式和长度，是计算钢筋长度重要依据。

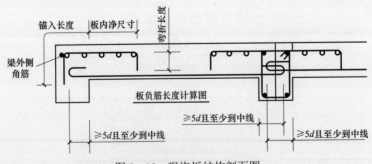

图 2-18 现浇板结构剖面图

思考题

1. 钢筋的一般表示方法有哪些？

2. 梁、板、柱和剪力墙等主体构件平法表示方法分别是什么？

第3章 柱钢筋工程量计算

钢筋混凝土柱是框架结构和框架剪力墙结构的重要构件,属于竖向构件。钢筋混凝土柱分为框架柱 KZ、框支柱 KZZ、芯柱 XZ、梁上柱 LZ、剪力墙上柱 QZ 和构造柱 GZ。根据柱子在图纸中水平布局的位置,可分为中柱、边柱和角柱,根据柱子的竖向分布可分为底端部分、中段部分和顶端部分,每部分钢筋的形状不同。根据钢筋在柱子结构中作用分为受力筋(通常所说的纵向钢筋,有时简称为纵筋)、箍筋和附加筋。构造柱比较简单,框架柱比较复杂,框架柱又有抗震柱和非抗震柱。由于我国大部分地区进行抗震设计,本书以抗震框架柱为主讲解钢筋的计算。掌握抗震柱的计算要点后,计算非抗震柱和构造柱钢筋时,只要将抗震锚固长度变为非抗震锚固长度,抗震搭接长度变为非抗震搭接长度即可,具体情况可查阅相关图集。

抗震框架柱要计算钢筋的工程量见表 3−1。

表 3−1 抗震框架柱要计算的钢筋工程量

楼层名称	构件分类	所要计算的钢筋工程量	
		名　　称	单　　位
基础层	—	基础插筋、箍筋、接头	长度、根数、重量、数量
地下室 −n〜−1 层	—	纵筋、箍筋、接头	长度、根数、重量、数量
首层	—		
中间层	—		
顶层	中柱	纵筋、箍筋、顶角部附加筋、接头	长度、根数、重量、数量
	边柱		
	角柱		

3.1 抗震框架柱纵向钢筋

3.1.1 抗震框架柱钢筋构造

要想准确地计算框架柱钢筋工程量,必须清楚框架柱内纵筋和箍筋的形式特点,以及规范具体的规定,所以在计算钢筋之前必须学习框架柱常见构造形式。

1. 抗震框架柱纵向钢筋形状

(1)顶层柱节点钢筋形状。

1)顶层中柱节点。顶层中柱节点锚固特点:柱纵筋直锚在柱内或弯锚在屋面梁或板中(图 3−1)。

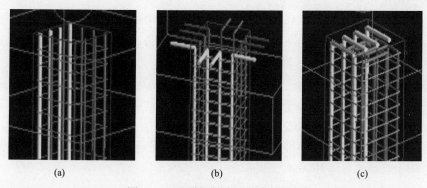

(a)　　　　　　　　　　(b)　　　　　　　　　　(c)

图 3−1 抗震框架柱顶层中柱节点

2）顶层边、角柱外侧纵向钢筋节点。顶层边、角柱外侧纵向钢筋节点锚固特点：柱外侧纵向钢筋（4根钢筋）伸入屋面梁或板中，如图3-2（c）所示；在图3-2（d）中，柱外侧纵向钢筋（4根钢筋）锚入柱内弯折12d，同内侧纵向钢筋；图3-2（a），柱外侧钢筋（4根钢筋）有三根锚入梁内，一根锚固构造柱内；图3-2（b），柱外侧4根钢筋全部锚入梁内，而且分一次截断；图3-2（c）柱外侧4根钢筋全部锚入梁内，而且分两次截断；图3-2（d）柱外侧4根钢筋全部锚入柱内。

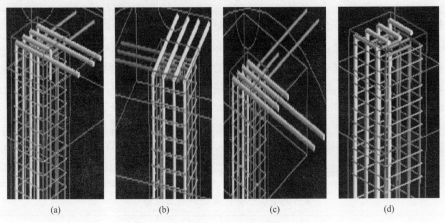

| (a) | (b) | (c) | (d) |

图3-2 顶层边、角柱外侧纵筋节点

（2）中间层变截面钢筋形状。中间层变截面柱钢筋形式，根据变截面处上下配筋的变化和截面尺寸的变化，变截面处钢筋有的弯曲通过，有的弯折锚固，有的弯曲通过一段长度截断，如图3-3所示。

（3）基础层柱钢筋形状。基础层钢筋为柱子基础插筋，其形状特点：基础插筋末端有弯折，有至少2个单肢箍筋（图3-4）。

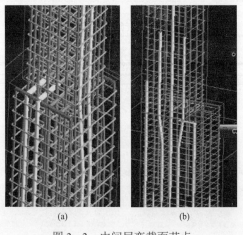

| (a) | (b) |

图3-3 中间层变截面节点

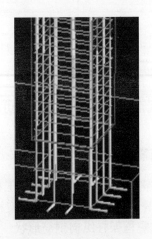

图3-4 基础插筋节点

2. 基础内柱插筋构造

（1）柱插筋在基础中锚固构造。图3-5（a）柱插筋在基础中锚固构造要求：插筋保护层厚度大于5d；$h_j > l_{aE}(l_a)$，基础插筋的弯折长度为 Max（6d，150mm）；基础内箍筋间距≤500mm，且不少于两道矩形封闭箍筋（非复合箍）。

图3-5（b）柱插筋在基础中锚固构造要求：插筋保护层厚度＞5d；$h_j ≤ l_{aE}(l_a)$，基础插筋的弯折长度为15d；基础内箍筋间距≤500mm，且不少于两道矩形封闭箍筋（非复合箍）。

图3-5（c）柱插筋在基础中锚固构造要求：柱外侧插筋保护层厚度≤5d；$h_j > l_{aE}(l_a)$，基础插筋的弯折长度为 Max（6d，150mm）；锚固区横向箍筋（非复合箍）应满足，箍筋直径≥$d/4$（d为插筋最大直径），间距≤10d（d为插筋最小直径）且≤100mm 的要求。

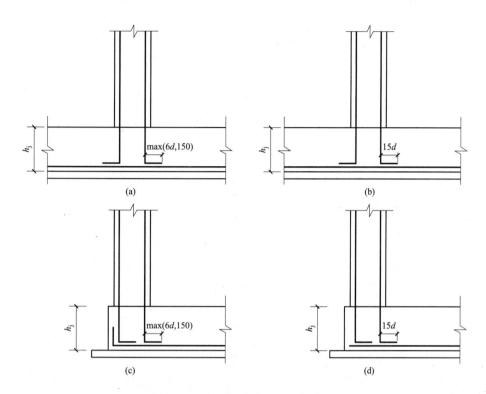

图 3-5 柱插筋在基础中锚固构造

图 3-5（d）柱插筋在基础中锚固构造要求：柱外侧插筋保护层厚度≤5d；h_j≤l_{aE}（l_a），基础插筋的弯折长度为 15d；锚固区横向箍筋（非复合箍）应满足，箍筋直径≥d/4（d 为插筋最大直径），间距≤10d（d 为插筋最小直径）且≤100mm 的要求。

在图 3-5 中，h_j 为基础底面至基础顶面的高度，对于带基础梁的基础为基础梁顶面至基础梁底面的高度。当柱两侧基础梁标高不同时取较低标高。

在图 3-5 构造中，柱纵筋插至基础底板支在底板钢筋网上，插筋的计算长度为：

插筋计算长度=露出长度+h_j（基础厚度）−C（基底保护层）+弯折长度

式中弯折长度根据 h_j 与 l_{aE}（l_a）大小比较取值：若 h_j>l_{aE}（l_a），则弯折＝Max（6d，150mm）；若 h_j≤l_{aE}（l_a），则弯折＝15d；露出长度从基础顶面算起插筋的外露长度。

柱在基础中的钢筋除了插筋外，还有箍筋。柱在基础内的箍筋是非复合箍筋。其根数计算，需要根据柱箍筋保护层厚度与 5d 大小比较。其中柱插筋保护层厚度是指纵筋（竖直段）外侧距基础边缘的厚度。

当柱插筋保护层厚度大于 5d 时，箍筋在基础高度范围内的间距不大于 500mm，且不少于 2 道。当柱插筋保护层厚度不大于 5d 时，需要在基础锚固区设置横向箍筋。箍筋间距为 Min（10d，100mm）（d 为插筋的最小直径）。

（2）柱根（嵌固部位）的判断。从柱构造详图可知柱根（嵌固部位），无地下室结构在基础顶面 [图 3-6（a）]，有地下室时在地下室顶板 [图 3-6（b）]，梁上柱在梁顶面 [图 3-6（c）]，墙上柱在墙顶面 [图 3-6（d）、图 3-6（e）]。

嵌固部位就是上部结构的在基础中生根部位。嵌固部位的计算主要是对其上的柱构件的抗剪要求较大，箍筋加密区（同时也是柱纵筋非连接区）为 H_n/3（只有基础顶面和嵌固部位有这个要求，基础顶面和嵌固部位不一定在一起，也就是说 H_n/3 加密可能出现两次）。

3. 地下室抗震 KZ 纵向钢筋连接构造

（1）地下一层多出的钢筋在嵌固部位锚固构造如图 3-7 所示。地下室纵向钢筋伸至梁顶且 $h_b - C \geqslant l_{aE}$ 时，则将柱纵向钢筋伸至柱顶截断［图 3-7（a）］，直锚；地下室纵向钢筋伸至梁顶，且 $h_b - C \geqslant 0.5l_{abE}$ 时，则将柱纵向钢筋伸至柱顶弯折 $12d$ 即可，弯锚，如图 3-7（b）所示。柱纵向钢筋一定要伸至柱顶高度。h_b 为梁的高度，C 为梁钢筋保护层。

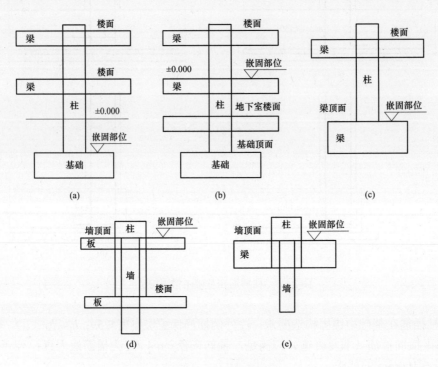

图 3-6 柱根构造

（a）无地下室情况；（b）有地下室情况；（c）梁上柱 LZ；（d）墙上柱 QZ（1）；（e）墙上柱 QZ（2）

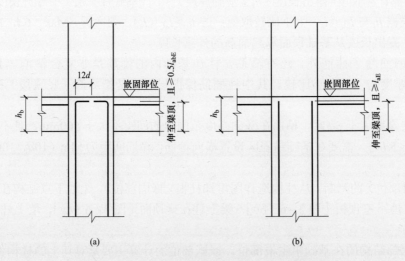

图 3-7 地下一层多出的钢筋在嵌固部位锚固构造

（a）直锚；（b）弯锚

（2）地下室抗震 KZ 纵向钢筋连接构造如图 3-8 所示。地下室抗震柱 KZ 上部结构嵌固部位为地下室顶面，所以地下室顶面处柱纵向钢筋露出长度为 $H_n/3$，为非连接区，地下室各层其余位置非连接区按 Max（$H_n/6$，h_c，500mm）计算（包括基础顶面）。

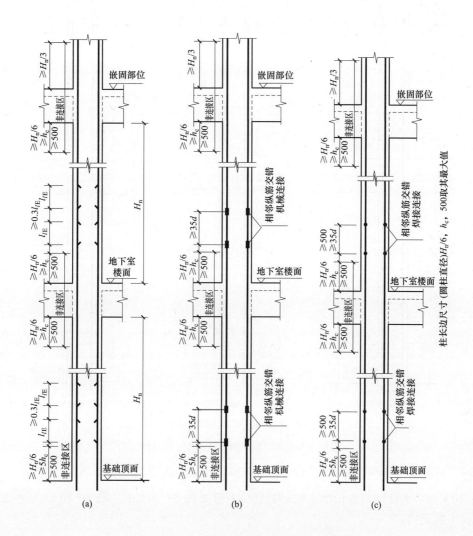

图 3-8　地下室抗震 KZ 纵向钢筋连接构造

（a）绑扎连接；（b）机械连接；（c）焊接连接

4. 抗震 KZ 纵向钢筋连接构造

抗震 KZ 纵向钢筋连接构造如图 3-9 所示。抗震 KZ 柱嵌固部位纵筋露出长度为 $H_n/3$，为非连接区，其余非嵌固部位纵筋露出长度为 Max（$H_n/6$，h_c，500mm），节点区上下的 Max（$H_n/6$，h_c，500mm）为非连接区。

柱相邻纵向钢筋连接接头相互错开，在同一截面内钢筋接头面积百分率不宜大于 50%。图中 H_n 为所在楼层柱的净高，h_c 为柱截面的长边尺寸（圆柱为直径）。当某层连接区的高度小于纵向钢筋分两批搭接所需要的高度时，应改用机械连接或焊接连接。

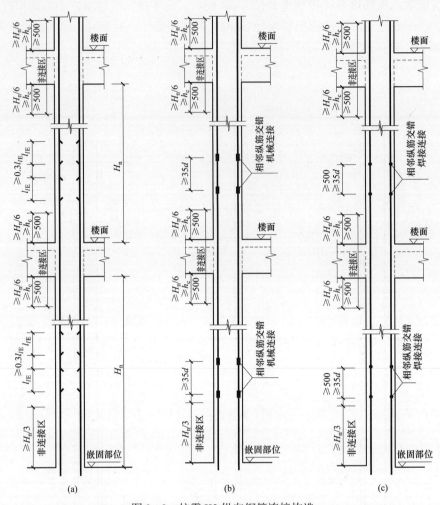

图3-9 抗震K2纵向钢筋连接构造

（a）绑扎连接；（b）机械连接；（c）焊接连接

上柱钢筋比下柱多时见图3-10（a），上柱钢筋直径比下柱钢筋直径大时见图3-10（b），下柱钢筋比上柱多时见图3-10（c），下柱钢筋直径比上柱钢筋直径大时见图3-10（d）。图3-10中为绑扎搭接，也可以采用机械连接和焊接连接。

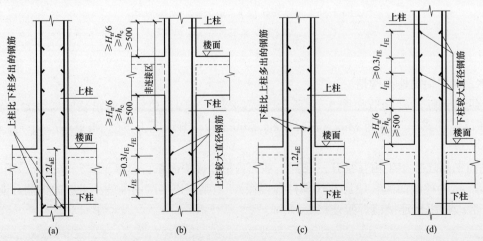

图3-10 抗震KZ纵向钢筋连接上下柱变化构造

（a）上柱钢筋比下柱多；（b）上柱钢筋直径比下柱钢筋大；（c）下柱钢筋比上柱多；（d）下柱钢筋直径比上柱钢筋直径大

5. 抗震 KZ 边柱和角柱柱顶纵向钢筋构造

抗震 KZ 边柱和角柱柱顶纵向钢筋构造如图 3－11 的节点 A、B、C、D 和 E 所示。

（1）节点 A 用于柱外侧筋作为梁上部钢筋使用。当柱外侧纵向钢筋直径不小于梁上部钢筋时，可弯入梁内作梁上部纵向钢筋。柱内侧纵向钢筋同中柱顶纵向钢筋构造，其余节点相同。当柱纵向钢筋直径不小于 25 时，在柱宽范围的柱箍筋内侧设置间距大于 150mm，但不少于 3Φ10 的角部附加钢筋（其余节点相同），如图 3－11 节点 A。

（2）节点 B 用于从梁底算起 $1.5l_{abE}$ 超过柱内侧边缘梁柱钢筋在柱顶的构造。当柱外侧纵向钢筋配筋率大于 1.2%时分两批截断，第一批截断位置为不小于 $1.5l_{abE}$ 且水平段弯折长度 L_w 不小于 15d，第二批截断位置在第一批位置后不小于 20d。梁的上部纵筋伸至梁底且不小于 15d（用于计算梁上部纵筋依据），如图 3－11 节点 B 所示。

（3）节点 C 用于从梁底算起 $1.5l_{abE}$ 未超过柱内侧边缘梁柱钢筋在柱顶的构造。当柱外侧纵向钢筋配筋率大于 1.2%时分两批截断，第一批截断位置为不小于 $1.5l_{abE}$ 且水平段弯折长度 L_w 不小于 15d，第二批截断位置在第一批位置后不小于 20d。梁的上部纵筋伸至梁底且不小于 15d（用于计算梁上部纵筋依据），如图 3－12 节点 C 所示。

（4）节点 D 用于节点 B 或 C 未伸入梁内的柱外侧钢筋锚固。规范规定伸入梁内的柱外侧纵筋不宜少于柱外侧全部纵筋面积的 65%，也就是说其余 35%柱外侧纵筋可以弯锚在柱内。弯锚在柱内时，应满足节点 D 的构造要求。柱顶第一层钢筋伸至柱内边向下弯锚 8d；柱顶第二层钢筋伸至柱内边。当现浇板厚度不小于 100 时，也可按节点 B 方式伸入板内锚固且伸入板内长度不宜小于 15d。节点 D 不能单独使用，应配合节点 A、B、C 使用。

（5）节点 E 用于梁、柱纵向钢筋接头沿节点柱顶外侧直线布置的情况，可与节点 A 组合使用。梁上部纵筋钢筋配筋率大于 1.2%时分两批截断。当梁上部纵向钢筋为两排时，先断第二排钢筋。第一批截断位置从梁顶减去保护层算起不小于 $1.7l_{abE}$，第二批截断位置在第一批位置后不小于 20d。柱外侧纵筋伸至柱顶截断。

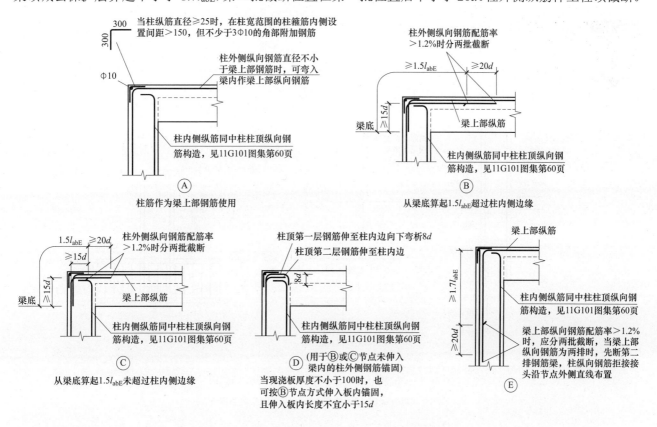

图 3－11　抗震 KZ 边柱和角柱柱顶纵向钢筋构造节点

6. 抗震 KZ 中柱柱顶纵向钢筋连接构造

抗震 KZ 中柱柱顶纵向钢筋连接构造如图 3-12 所示，中柱柱顶纵向钢筋构造节点 A～D 中节点 D 为直锚，当中柱钢筋伸至柱顶，且直锚长度不小于 l_{aE} 时，可以直锚。节点 C 为柱纵向钢筋端点加锚头（锚板）锚固，柱纵筋伸至柱顶，且不小于 $0.5l_{abE}$。节点 B 用于当柱顶有不小于 100mm 厚的现浇板向板内弯锚，柱纵筋伸至柱顶，且不小于 $0.5l_{abE}$，弯锚长度 $L_w = 12d$。节点 A 为向柱内弯锚，柱纵筋伸至柱顶，且不小于 $0.5l_{abE}$，弯锚长度 $L_w = 12d$，如图 3-12 所示。

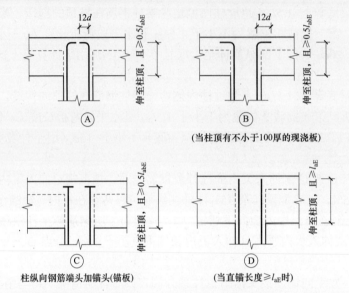

图 3-12　抗震 KZ 中柱柱顶纵向钢筋构造Ⓐ～Ⓓ

注：中柱柱头纵向钢筋构造分四种构造做法，施工人员应根据各种做法所要求的条件正确选用。

7. 抗震墙柱 QZ 和梁上柱 LZ 纵筋构造

抗震墙柱 QZ 和梁上柱 LZ 纵筋构造如图 3-13 所示。抗震剪力墙上 QZ 纵筋构造有两种形式：第一种柱与墙重合一层；第二种上柱纵筋锚固在墙梁内长度为 $1.2l_{aE}$，末端弯折 150。梁上柱 LZ 纵筋构造，柱纵筋伸入梁内长度不小于 $0.5l_{abE}$，末端弯折 12d，如图 3-13 所示。

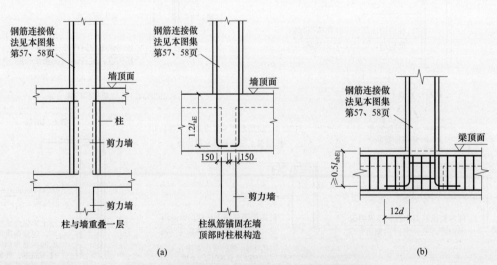

图 3-13　抗震墙柱 QZ 和梁上柱 LZ 纵筋筋构造

（a）抗震剪力墙 QZ 纵筋构造；（b）梁上柱 LZ 纵筋构造

8. 芯柱 XZ 配筋构造

芯柱 XZ 配筋构造如图 3-14 所示，内外柱的纵筋和箍筋单独计算。

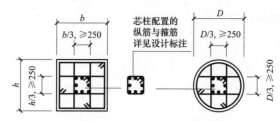

图 3-14　芯柱 XZ 配筋构造

注：纵筋的连接及根部锚固同框架柱，往上直通至芯柱柱顶标高。

3.1.2 抗震框架柱钢筋计算

通过对 KZ 柱中纵向钢筋的构造了解后，下面进行钢筋的计算。由于 KZ 柱钢筋在施工时，分别在每一施工层进行搭接、焊接或机械连接，所以柱纵向钢筋的搭接接头、焊接接头和机械连接接头，每根钢筋每个施工层计算一次。柱钢筋的长度＝直段长度＋弯折长度＋搭接长度。纵向钢筋有时也简称纵筋。

1. 基础层钢筋（插筋）计算

基础层钢筋（插筋）计算见表 3-2。

表 3-2　　　　　　　　　　　　　　　　基础层插筋计算表

钢筋部位及其名称	计 算 公 式	备 注
基础插筋	基础插筋长度＝基础插筋露出长度＋h_j（基础厚度）－C 基础保护层＋弯折长度 1. 弯折长度根据柱 h_j 与 l_{aE}（l_a）大小比较得出： （1）当柱 $h_j > l_{aE}$（l_a），则弯折＝Max（$6d$，150） （2）当柱 $h_j \leqslant l_{aE}$（l_a），则弯折＝$15d$ 2. 基础插筋露出长度＝非连接区最小长度 （1）无地下室时，非连接区最小长度＝$H_n/3$，其中 H_n 为基础顶面至首层楼面的柱净高度（减去梁高） （2）有地下室时，非连接区最小长度＝Max（$H_n/6$，h_c，500），其中 H_n 为基础顶面至地下室楼面柱净高度（减去梁高）。h_c 为柱截面长边尺寸，圆柱为柱直径长度	图 3-5 柱插筋构造

2. 地下室柱纵向钢筋计算

地下室柱纵向钢筋计算见表 3-3。

表 3-3　　　　　　　　　　　　　　　　地下室纵向钢筋计算

钢筋部位及其名称	计 算 公 式	备 注
地下室柱纵筋长度	地下室柱纵筋长度＝地下室层高－基础层伸入本层钢筋长度 Max（$H_n/6$，h_c，500）＋伸入上一层钢筋长度＋与上一层纵筋搭接 l_{lE}（如采用焊接时，搭接长度为 0） （1）上一层为地下室时：钢筋长度＝Max（$H_n/6$，h_c，500） （2）上一层为首层时：钢筋长度＝首层楼层净高 $H_n/3$ （3）地下室层高和 H_n，最底层从基础顶面起，其他层从楼面算起	图 3-8 地下室抗震 KZ 纵向钢筋连接构造 当纵筋采用绑扎连接且某个楼层连接区的高度小于纵筋分两批搭接所需的高度时，应改用机械连接或焊接

3. 首层纵筋计算

首层纵向钢筋计算见表 3-4。

表 3-4　　　　　　　　　　　　　　　　首层纵筋计算

钢筋部位及其名称	计 算 公 式	备 注
首层柱纵筋长度	长度＝首层层高－首层非连接区（$H_n/3$）＋2 层非连接区 Max{二层楼层净高 $H_n/6$，500，柱截面长边尺寸 h_c（圆柱直径）}＋与二层纵筋搭接 l_{lE}（如采用焊接时，搭接长度为 0）。	图 3-9、图 3-10 当纵筋采用绑扎连接且某个楼层连接区的高度小于纵筋分两批搭接所需的高度时，应改用机械连接或焊接

4. 中间层（以二层为例）纵筋计算

中间层纵向钢筋计算见表3-5。

表3-5　　　　　　　　　　　　　　　　中间层纵向钢筋计算

钢筋部位及其名称	计 算 公 式	备 注
中间层柱纵筋长度	长度＝二层层高－ 二层非连接区 Max{二层楼层净高 $H_n/6$，500，柱截面长边尺寸 h_c（圆柱直径）}＋ 三层非连接区 Max{三层楼层净高 $H_n/6$，500，柱截面长边尺寸 h_c（圆柱直径）}＋与三层纵筋搭接 l_{lE}（如采用焊接时，搭接长度为0）	图3-9、图3-10 注: 1. 当纵筋采用绑扎连接且某个楼层连接区的高度小于纵筋分两批搭接所需要的高度时，应改用机械连接或焊接 2. 变截面柱钢筋连续通过

5. 顶层纵筋计算

顶层纵向钢筋计算见表3-6。

表3-6　　　　　　　　　　　　　　　　顶 层 纵 向 钢 筋 计 算

钢筋部位及其名称	计 算 公 式	备 注
角柱纵筋长度	外侧钢筋长度＝顶层层高－Max{本层楼层净高 $H_n/6$，500，柱截面长边尺寸（圆柱直径）}－梁高＋ Max{1.5 l_{abE}，（梁高－保护层）＋15×d} 内侧柱纵筋长度＝顶层层高－Max{本层楼层净高 $H_n/6$，500，柱截面长边尺寸（圆柱直径）}－梁高＋锚固 其中锚固长度取值为: 当柱纵筋伸入梁内的直段长小于 l_{aE} 时，则使用弯锚形式:柱纵筋伸至柱顶后弯折 12d，锚固长度＝梁高－保护层＋12d 当柱纵筋伸入梁内的直段长不小于 l_{aE} 时，则使用直锚形式:柱纵筋伸至柱顶后截断，锚固长度＝梁高－保护层	以常见的节点 B 为例（图3-12） 当框架柱为矩形截面时，外侧钢筋根数为: 3 根角筋，b 边钢筋总数的 1/2，h 边钢筋总数的 1/2，内侧钢筋根数为: 1 根角筋，b 边钢筋总数的 1/2，h 边钢筋总数的 1/2 外侧钢筋长度按一批截断计算，若分两批截断，则第二批外侧钢筋长度至少增加 20d
边柱纵筋长度	边柱内侧角筋长度的计算同中柱 边柱外侧角筋长度＝顶层层高－本层的露出长度－梁高＋节点设置中的柱外侧纵筋锚固长度 节点设置中的柱外侧纵筋锚固长度＝Max{1.5 l_{abE}，（节点高－保护层）＋15×d} 边柱内侧钢筋长度与中柱相同	以常见的 B 节点为例（图3-11） 本层的露出长度＝Max{本层楼层净高 $H_n/6$，500，柱截面长边尺寸（圆柱直径）}
中柱纵筋长度	中柱纵筋长度＝顶层层高－Max{本层楼层净高 $H_n/6$，500，柱截面长边尺寸（圆柱直径）}－梁高＋锚固 其中锚固长度取值为: 当柱纵筋伸入梁内的直段长小于 l_{aE} 时，则使用弯锚形式:柱纵筋伸至柱顶后弯折 12d，锚固长度＝梁高－保护层＋12d 当柱纵筋伸入梁内的直段长不小于 l_{aE} 时，则使用直锚形式:柱纵筋伸至柱顶后截断，锚固长度＝梁高－保护层	图3-12

3.1.3 抗震框架柱变截面钢筋计算

1. 中间层柱变截面节点构造

中间层柱变截面的节点一般有五种情形（图3-15），具体应用时注意对号入座。当Δ/h_b>1/6时，图3-15（a）、图3-15（c）中下柱钢筋若弯折，则弯折长度为12d且在梁内的锚固长度≥0.5l_{abE}；上柱纵筋插入下柱长度为 1.2l_{aE}。当Δ/h_b≤1/6时，图3-15（b）、图3-15（d）中钢筋在变截面处弯曲通过，下柱多出的钢筋应在梁底以上 1.2l_{aE} 处截断[图3-10(c)]。图3-15(e)中下柱钢筋若弯折，则弯折长度＝变截面差值－C＋l_{aE}，上柱钢筋伸入下柱内 1.2l_{aE}。

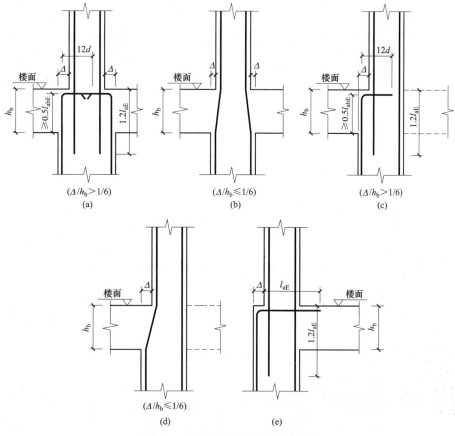

图 3-15 中间层柱变截面节点构造

2. 中间层柱变截面纵向钢筋计算公式

中间层柱变截面纵向钢筋计算见表 3-7。

表 3-7   中间层柱变截面纵向钢筋计算

钢筋部位及其名称	计 算 公 式	备 注
柱纵筋绑扎搭接	当 $\Delta/h_b \leq 1/6$ 时，可以忽略变截面导致的纵向钢筋长度变化	图 3-15 (e) 中间层柱变截面下层竖向钢筋长度
柱纵筋绑扎搭接	当 $\Delta/h_b > 1/6$ 时： 1. 柱变截面下层纵向钢筋长度＝层高－下层钢筋露出长度 Max{$H_n/6$, 500, h_c（柱截面长边尺寸或圆柱直径）}－节点梁高 h_b＋锚固＋12d 锚固＝Max{$0.5l_{abE}$,（h_b－C）} 2. 柱变截面插筋长度＝1.2l_{aE}＋本层露出长度＋与上层钢筋搭接	图 3-15 (e) 中间层柱变截面下层竖向钢筋长度
机械连接或焊接	当 $\Delta/h_b \leq 1/6$ 时，可以忽略变截面导致的纵向钢筋长度变化	图 3-15 (e) 中间层柱变截面下层竖向钢筋长度
机械连接或焊接	当 $\Delta/h_b > 1/6$ 时： 1. 柱变截面下层纵向钢筋长度＝层高－下层钢筋露出长度 Max{$H_n/6$, 500, h_c（柱截面长边尺寸或圆柱直径）}－节点梁高 h_b＋锚固＋12d 2. 柱变截面插筋长度：1.2l_{aE}＋本层露出长度	图 3-15 (e) 中间层柱变截面下层竖向钢筋长度

3.2 柱箍筋计算

3.2.1 箍筋的构造

1. 箍筋的基本构造

（1）普通箍筋和拉筋的构造要求。梁柱箍筋和拉筋的抗震构造如图 3-16 所示。非抗震时弯钩平直钩段长度为 5d。非抗震设计时，当构件受扭或柱中全部纵向受力钢筋的配筋率大于 3%时，箍筋及拉筋弯钩平直段长度为 10d。

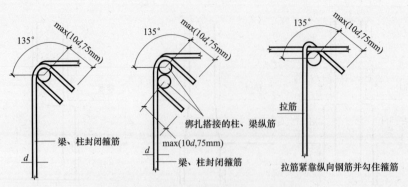

图 3-16 梁柱箍筋和拉筋的抗震构造

（2）圆形柱螺旋箍筋的构造要求。如图 3-17 所示，开始与结束位置应有水平段，长度不小于一圈半；螺旋箍弯钩的角度为 135°，弯钩长度为非抗震 5d，抗震时为 10d 与 75mm 中较大值；内环定位筋焊接圆环，间距 1.5m，直径不小于 12mm；螺旋箍筋搭接的构造要求，搭接长度不小于 l_a 或 l_{aE}，且不小于 300mm 长度的螺旋箍筋来钩住纵筋。

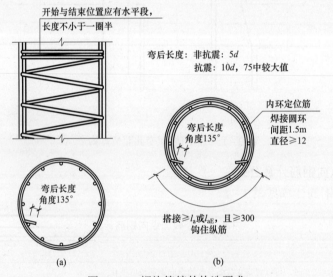

图 3-17 螺旋箍筋的构造要求

（a）螺旋箍筋端部构造；（b）螺旋箍筋搭接构造

注：圆柱环状箍筋搭接构造同螺旋箍筋。

2. 常见箍筋的形状（图 3-18）

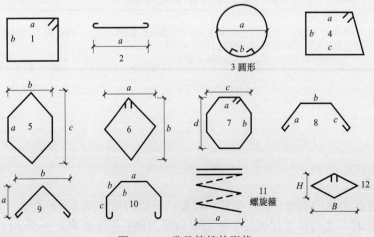

图 3-18 常见箍筋的形状

3. 非焊接矩形箍筋的复合的方式（图 3-19）

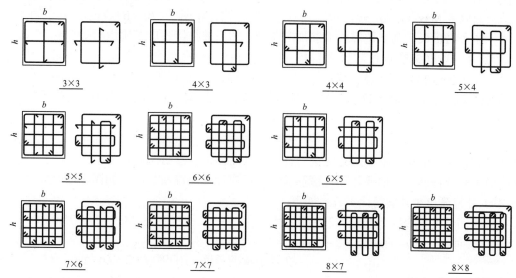

图 3-19　非焊接矩形箍筋复合方式

4. 抗震框架柱箍筋构造要求

抗震框架柱箍筋加密范围：柱根（嵌固部位）$H_n/3$；柱框架节点范围内、节点上下为 Max（$H_n/6$，h_c，500mm）；绑扎搭接范围 $1.3l_{lE}$；其余为非加密范围。抗震框架柱箍筋加密区范围如图 3-20（a）所示，h_c 为框架柱长边尺寸（圆柱为直径），H_n 为框架柱净高（层高减去梁高）。

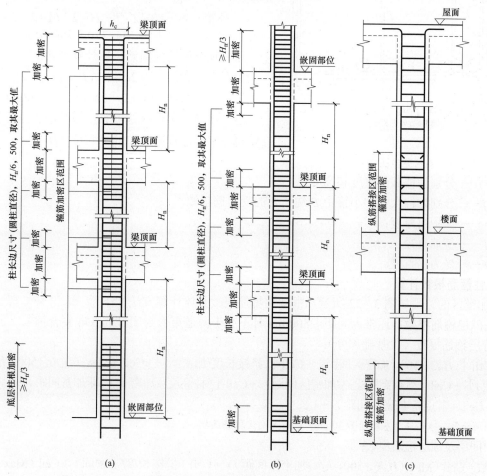

图 3-20　抗震框架柱 KZ 加密范围

（a）抗震框架柱箍筋加密范围；（b）地下室 KZ 箍筋加密范围；（c）非抗震柱

地下室抗震 KZ 柱的地下室顶面为嵌固部位，因此地下室顶面以上的 $H_n/3$ 为加密范围，基础顶面不是嵌固部位，基础顶面以上 Max（$H_n/6$，h_c，500mm）为加密范围，如图 3-20（b）所示。其余同上抗震框架柱箍筋加密范围。图 3-20（c）为非抗震柱箍筋加密范围，即纵筋搭接长度范围内箍筋加密。

柱箍筋说明中"当框架节点核芯区内箍筋设置不同时，应在括号中注明核芯区箍筋直径及间距。"如Φ10@100/200（Φ12@100），表示柱中箍筋为 HPB300 级钢筋，直径 10mm，加密区间距为 100mm，非加密区间距 200mm，框架节点核芯区箍筋为 HPB300 级钢筋，直径 12mm，间距为 100mm。

3.2.2 箍筋的计算

由于框架柱和框架梁的矩形箍筋形式完全一样，所以柱和梁的箍筋计算完全一样。对于单一箍筋，只有外箍筋计算；对于复合箍筋，不但要计算外箍筋长度，还要计算内箍筋长度，如图 3-21 所示。

图 3-21 中 1 号箍筋和 2 号箍筋计算公式如下：

1 号箍筋长度 = [（$H-$ 保护层 $\times2$）+（$B-$ 保护层 $\times2$）]$\times2+1.9d\times2+$ Max（$10d$，75mm）$\times2$

间距 $j=(b-$ 保护层 $\times2-D)/6$

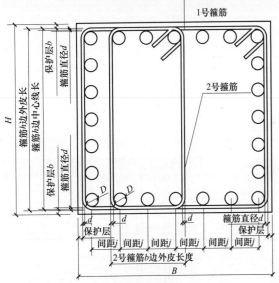

图 3-21 梁柱复合箍筋计算示意图

2 号小箍筋长度 = [（间距 $j\times2+D$）+（$B-$ 保护层 $\times2$）]$\times2$
$+1.9d\times2+$ Max（$10d$，75mm）$\times2$

根据以上公式可以推导出任意受力筋根数的复合箍筋公式：

1. 矩形箍筋长度计算公式

（1）根据箍筋的抗震构造要求给出了单一矩形外箍筋计算公式：

$$外箍长度 = (B-2\times b+H-2\times b)\times2+2\times1.9d$$
$$+2\times Max（10d，75mm）$$

（2）复合箍筋内箍筋长度计算公式：

$$内箍长度 = [(B-2b-2d-D)/(J-1)\times(j-1)+D+2d]\times2$$
$$+(H-2b)\times2+2\times1.9d+2\times Max（10d，75）$$

（3）横向一字形内箍筋长度或拉筋长度计算公式：

$$横向一字形内箍筋（拉筋）长度 = H-2\times b+2\times1.9d$$
$$+2\times Max（10d，75）$$

式中　B、H——分别为柱截面宽度和高度；

　　　J、j——分别为柱大箍和小箍中 B 边所含的受力筋根数；

　　　b——保护层厚度；

　　　d——箍筋直径；

　　　D——受力筋直径。

2. 框架柱箍筋根数计算

柱箍筋加密区的范围如图 3-22 所示，框架柱箍筋根数具体计算方法如下：

（1）基础层箍筋根数：通常为间距≤500mm 且不少于两道矩形封闭箍筋（非复合箍）。

（2）首层箍筋根数（含基础部分）：

根数 = Ceil [（$H_n/3-50$）/加密区间距] + Ceil [（搭接长度/加密间）+ Ceil（Max（$H_n/6$，500，h_c）/加密区间距] + Ceil（节点高即梁高/加密区间距）+ Ceil [（柱高度−加密长）/非加密间距] + Ceil（节点高/加密区间距）+1]

注：基础顶面第一根箍筋距基础顶面 50mm；Ceil 为向上取整函数。

（3）中间层及顶层箍筋根数：

箍筋根数 = Ceil（Max（$H_n/6$，500，h_c）/加密区间距）) + Ceil（搭接长度/加密间）+ Ceil（Max（$H_n/6$，500，h_c）/加密区间距 + Ceil（节点高/加密区间距）+ Ceil [（柱高度−加密长）/非加密间距] + Ceil（节点高/加密区间距）+1

（4）注意：当柱纵筋采用搭接连接时，应在柱纵筋搭接长度范围内均按≤5d（d 为搭接钢筋较小直径）及≤100mm 的间距加密箍筋；图中所包含的柱箍筋加密区范围及构造适用于抗震框架柱、剪力墙上柱、梁上柱。

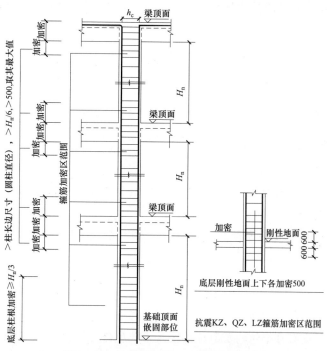

图 3-22　抗震框架柱 KZ 箍筋加密范围

3.3　柱钢筋计算实例

[例] 附录工程中 1 轴和 D 轴 KZ1 结构平法施工图如图 3-23，基础顶-4.450m，高度截面尺寸为

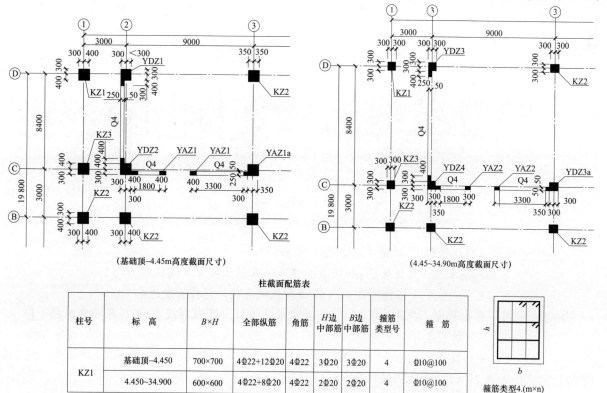

（基础顶-4.45m高度截面尺寸）　　　　（4.45~34.90m高度截面尺寸）

柱截面配筋表

柱号	标　高	$B \times H$	全部纵筋	角筋	H 边中部筋	B 边中部筋	箍筋类型号	箍　筋
KZ1	基础顶-4.450	700×700	4Φ22+12Φ20	4Φ22	3Φ20	3Φ20	4	Φ10@100
	4.450~34.900	600×600	4Φ22+8Φ20	4Φ22	2Φ20	2Φ20	4	Φ10@100

箍筋类型4.(m×n)

图 3-23　附录工程中 1 和 D 轴 KZ1 结构平法施工图

700mm×700mm；4.450～34.900m 高截面尺寸为 600mm×600mm，KZ1 配筋信息见柱配筋表，箍筋为 4 肢箍，KZ1 混凝土强度等级 C30，三级抗震等级，基础保护层 40mm，柱子保护层 25mm。受力筋为 HRB400 级钢，直径 20/22，钢筋连接采用电渣压力焊焊接。计算 KZ1 从基础层至顶层钢筋工程量。

[解]

1. 基础数据计算

（1）计算钢筋抗震锚固长度

根据抗震等级和柱子混凝土强度等级，查第 1 章表 1–10 受拉钢筋的基本锚固长度 l_{ab}、l_{abE} 知，钢筋基本锚固长度 $l_{ab}=35d$，钢筋锚固长度和抗震锚固长度分别为：

$$l_a = \xi_a l_{ab}$$
$$l_{aE} = \xi_{aE} l_a$$

当三级抗震要求时 ξ_{aE} 取 1.05，$\xi_a = 1$。

$l_{aE} = 37d$（d 为柱子中钢筋直径较大者 22/柱子中钢筋直径较小者 20）$= 814/740$（mm）

（2）计算钢筋抗震搭接长度 l_{lE}

查表 1–12，根据柱纵向钢筋搭接接头面积百分率小于 50%，ξ_l 取 1.4，$l_{lE} = \xi_l l_{aE} = 1.4 \times 814 = 1139.6$（mm），取值为 1140mm。

2. 基础层钢筋计算

（1）基础层插筋的计算。基础插筋按图 3–24 计算，图 3–24（a）无地下室基础插根构造，图 3–24（b）为有地下室基础插筋构造。本工程附图为有地下室，但同时给出了无地下室情形。在计算柱纵筋时不必考虑错层搭接、焊接和机械连接。假设在每个结构层非连接区最小长度值处接头，搭接时加上搭接长度即可，焊接和机械连接计算钢筋接头个数。图 3–24 中 H_n 为所在楼层柱的净高，h_c 为柱截面的长边尺寸（圆柱为直径）。

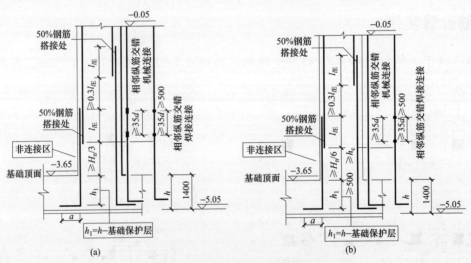

图 3–24　柱子插根计算示意图

（a）无地下室基础插筋构造；（b）有地下室基础插筋构造

1）无地下室情形（搭接情形）。从图 3–24（a）可知：

基础插筋长度 = 弯折长度 a + 竖直长度 h_1 + 露出长度（非连接区 $H_n/3$）

+ 搭接长度 l_{lE}（焊接和机械连接，搭接长度为零）

基础插筋长度 = 露出长度（非连接区 $H_n/3$）+ 竖直长度 $h_1[h_j$（基础厚度）$-C$（基础保护层）]

+ 弯折长度 a

+ 搭接长度 l_{lE}（由于非连接区 $\geqslant H_n/3$，假设所有钢筋均在 $H_n/3$ 处搭接、焊接或机械连接）

弯折长度根据 h_j 与 l_{aE}（l_a）大小比较确定：

① 若 $h_j > l_{aE}$（l_a），则弯折长度 = Max（$6d$，150）；

② 若 $h_j \leqslant l_{aE}$（l_a），则弯折长度 = $15d$。

本例中：$h_j = 1400$mm，$l_{aE} = 814/740$mm。则 $h_j > l_{aE}$（l_a）

$$弯折长度 = Max\,(6d, 150) = 150（mm）$$
$$基础插筋长度 = (3.65 - 0.05)/3 + (1400 - 40) + 150 + 1140$$
$$= 3850（mm）$$

2）有地下室情形（本例有地下室，焊接）。从图 3-24（b）可知：

基础插筋长度 = 弯折长度 a + 竖直长度 h_1 [h_j（基础厚度）$- C$（基础保护层）] +

露出长度 Max（非连接区 $H_n/6$，500，h_c）+ 搭接长度 l_{lE}（焊接和机械连接，搭接长度为零）

H_n 为所在楼层柱的净高，本例即为地下室的净高 3600/6 = 600（mm）（此层柱顶无梁）。

h_c 为柱截面的长边尺寸（圆柱为直径），本例 $h_c = 700$mm

$$露出长度 = 700mm$$

由于非连接区 $\geqslant H_n/6$，假设所有钢筋均在 $H_n/6$ 处搭接、焊接或机械连接。

弯折长度根据 h_j 与 l_{aE}（l_a）大小比较确定：

① 若 $h_j > l_{aE}$（l_a），则弯折 = Max（$6d$，150）；

② 若 $h_j \leqslant l_{aE}$（l_a），则弯折 = $15d$。

本例中：$h_j = 1400$（mm），$l_{aE} = 814/740$（mm）

则：$h_j > l_{aE}$（l_a）

$$弯折 = Max（6d, 150）= 150（mm）$$
$$基础插筋长度 = 700 + (1400 - 40) + 150$$
$$= 2210（mm）$$

3）基础层柱钢筋计算。

① 柱纵向受力钢筋接头个数，每个计算层计算一次，接头个数等于钢筋根数，下同。

② 基础层柱箍筋。

根据规范要求，柱插筋外侧保护层不大于 $5d$，需设置锚固区横向箍筋（非复合箍），应满足箍筋直径不小于 $d/4$（d 为插筋最大直径），间距不大于 $10d$（d 为插筋最小直径）且不大于 100mm 的要求。

本例由于框架柱 KZ1 在 CT4 中生根，且柱外侧距承台 CT4 边缘为 1300 - 700 = 600（mm）$> 5d = 110$（mm），本例不需要锚固区横向箍筋。根据规范要求，柱内箍筋间距不大于 500mm，且不少于 2 根。

根据本章 3.2.2 箍筋的计算中公式计算：外箍长度 = $(B - 2 \times b + H - 2 \times b) \times 2 + 2 \times 1.9d + 2 \times Max(10d, 75)$，这里柱箍筋保护层取 20mm。

$$柱箍筋长度 = (700 - 2 \times 20 + 700 - 2 \times 20) \times 2 + 2 \times 11.9 \times 10$$
$$= 2878（mm）$$
$$柱箍筋根数 = (1400 - 100 - 40)/500 + 1 = 4（根）$$

基础中上边第一根箍筋距基础顶面距离为 100mm。

4）与软件计算对比。

广联达 GGJ 软件计算结果和钢筋三维图形如图 3-25，与手算的箍筋工程量完全一样，插筋工程量计算不一样，相差 500mm，外露长度计算方法不一致。由于外露长度在上一层，要减去此差值，因此对最终结果没有影响。

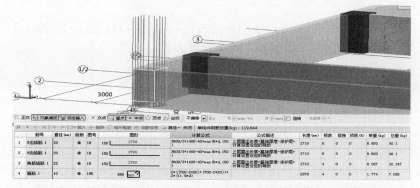

图 3-25 基础层钢筋广联达 GGJ 软件计算结果与钢筋三维图形截图

3. 地下室层钢筋的计算

（1）地下室层柱纵筋计算。根据本章3.1.2中地下室纵向钢筋计算方法和图3-26地下室层柱纵筋计算。

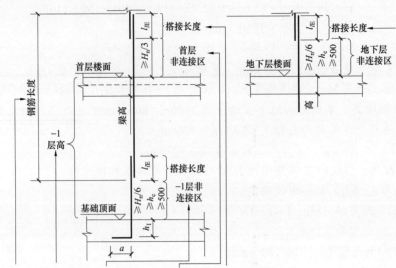

钢筋长度=(层高)-(-1层非连接区)+(1层/地下楼层非连接区)+(搭接长度L_{lE})

图3-26 地下室钢筋计算示意图

地下室层柱纵筋长度=地下室层高-基础层伸入本层钢筋长度Max（$H_n/6$，h_c，500）

+伸入上一层钢筋长度+与上一层纵筋搭接l_{lE}（如采用焊接时，搭接长度为0）

地下室层柱纵筋长度=3600-700+(4500-900)/3

=3600-700+(4500-900)/3

=4100（mm）

（2）地下室层柱箍筋计算。箍筋计算由于柱在地下室层高为3600mm，此段布筋按设计布置为4肢箍，箍筋分为外箍筋和内箍筋。

外箍筋1的长度计算同基础插筋计算方法：

柱箍筋长度=(700-2×20+700-2×20)×2+2×11.9×10=2878（mm）

柱箍筋根数=(3600-50)/100+1=37（根）

外箍筋1的第一根箍筋距基础顶面距离为50mm。

内箍筋2的长度计算根据本章3.2.2中箍筋计算的方法计算：

内箍长度=((B-2b-2d-D)/(J-1)×(j-1)+D+2d)×2+(H-2b)×2+2×1.9d+2×Max(10d,75)

式中　B、H——分别为柱截面宽度和高度；

　　　J、j——分别为柱大箍和小箍中B边所含的受力筋根数；

　　　b——保护层厚度；

　　　d——箍筋直径；

　　　D——受力箍直径。

内箍长度=[(700-2×20-2×10-22)/(5-1)×(3-1)+22　+2×20]×2

+(700-2×20)×2+2×11.9×10

=2260（mm）

内箍根数（单组）=(3600-50)/100+1=37（根）

内箍筋2的第一根箍筋距基础顶面距离为50mm。

内箍筋为2组，则内箍根数合计为74根。

（3）与软件计算对比

广联达GGJ软件计算结果和钢筋三维图形如图3-27所示，与手算相比纵筋工程量还是相差500mm，但基础插筋长度与地下室纵筋之和均为6310mm，总长度完全一样，箍筋根数与软件计算一样。

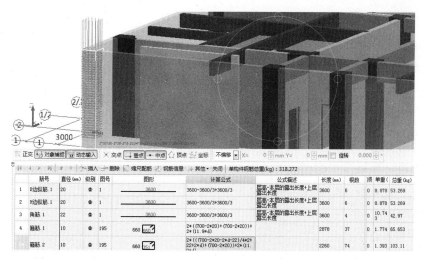

图 3-27 地下室钢筋量广联达 GGJ 软件计算结果与钢筋三维图形截图

4. 首层钢筋的计算

（1）首层纵筋计算。由于一层顶面（二层底面）柱子截面有 700mm×700mm 变为 600mm×600mm，钢筋由原来 16 根变为 12 根，也就是说有 4 根钢筋（一边一根）要在二层结构标高处锚固。根据柱平法施工图和本章 3.1.3 抗震框架柱变截面计算中图 3-16 柱变截面的节点的 Δ 值：$\Delta=(700-600)=100$（mm），h_b 为二层梁高为 900mm，$\Delta/h_b=100/900=1/9<1/6$，确定本例属于节点第四个，贯通筋可以忽略变截面导致的纵向钢筋长度变化。

根据图 3-11（c）抗震 KZ 纵向钢筋连接上下柱变化构造中下柱比上柱钢筋多时：

$$钢筋锚固长度 =1.2\,l_{aE}$$
$$=1.2\times37d$$
$$=1.2\times37\times20$$
$$=888（mm）$$

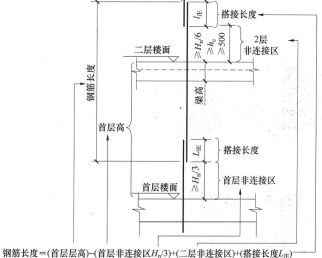

钢筋长度 =（首层层高）-（首层非连接区 $H_n/3$）+（二层非连接区）+（搭接长度 L_{lE}）

图 3-28 首层柱纵筋计算示意图

根据本章 3.1.2 中 3.首层纵筋计算方法和图 3-28 首层柱纵筋计算示意图计算首层纵筋，通长纵筋钢筋包括 4 角筋 22 和每边个两根 20 钢筋。

通长纵筋钢筋长度 = 首层层高 - 首层净高 $H_n/3$
$\qquad$ + Max{二层楼层净高 $H_n/6$，500，柱截面长边尺寸 h_c（圆柱直径）}
$\qquad$ + 与二层纵筋搭接 l_{lE}（如采用焊接时，搭接长度为 0）

$$钢筋长度 =4500-(4500-900)/3+Max\{(3800-900)/6,500,600\}$$
$$=3900（mm）$$

4 根非通长筋：

$$非通常钢筋长度 = 首层层高 - 首层净高 H_n/3 - 梁高 + 二层的锚固 1.2\,l_{aE}$$
$$=4500-(4500-900)/3-900+888$$
$$=3288（mm）$$

（2）首层箍筋计算。此段布筋为 4 肢箍，箍筋分为外箍筋和内箍筋。

外箍筋 1 的长度计算同基础插筋计算方法：

$$柱箍筋长度 =(700-2\times20+700-2\times20)\times2+2\times11.9\times10$$
$$=2878（mm）$$

$$柱箍筋根数 = (4500-50)/100+1 = 46（根）$$

注：第一根箍筋距基础顶面距离为50mm。

内箍筋2的长度计算根据第三节柱箍筋计算方法：

内箍长度 = $[(B-2b-2d-D)/(J-1)×(j-1)+D+2d]×2+(H-2b)×2+2×1.9d+2×Max(10d,75)$

内箍长度 = $[(700-2×20-2×10-22)/(5-1)×(3-1)+22+2×20]×2$

$+(700-2×20)×2+2×11.9×10$

$=2260（mm）$

内箍根数（为两组） = $(4500-50)/100+1 = 46（根）$

内箍第一根箍筋距基础顶面距离为50mm。

内箍根数合计为92根。

（3）与软件计算对比。

广联达 GGJ 软件计算结果和钢筋三维图形如图 3-29 所示，与手算的通长筋计算结果一样，非通长筋的软件锚固 31d，本例按伸入上部 $1.2\,l_{aE}$（下柱比上柱钢筋多时，多于钢筋锚固长度为 $1.2\,l_{aE}$），箍筋一样。

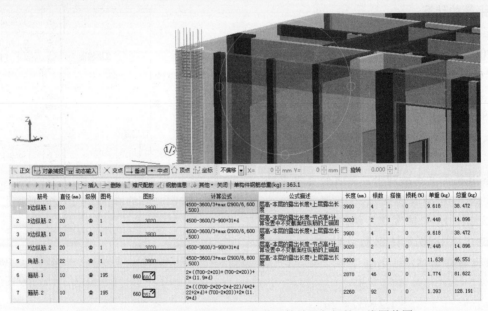

	筋号	直径(mm)	级别	图号	图形	计算公式	公式描述	长度(mm)	根数	搭接	损耗(%)	单重(kg)	总重(kg)
1	B边纵筋.1	20	Φ	1	3900	4500-3600/3+max (2900/6, 600, 500)	层高-本层的露出长度+上层露出长	3900	4	1	0	9.618	38.472
2	B边纵筋.2	20	Φ	1	3020	4500-3600/3-900+31*d	本层的露出长度+计算设置中不变截面柱纵筋的上锚固	3020	2	1	0	7.448	14.896
3	H边纵筋.1	20	Φ	1	3900	4500-3600/3+max (2900/6, 600, 500)	层高-本层的露出长度+上层露出长	3900	4	1	0	9.618	38.472
4	H边纵筋.2	20	Φ	1	3020	4500-3600/3-900+31*d	本层的露出长度+计算设置中不变截面柱纵筋的上锚固	3020	2	1	0	7.448	14.896
5	角筋.1	22	Φ	1	3900	4500-3600/3+max (2900/6, 600, 500)	本层的露出长度+上层露出长	3900	4	1	0	11.638	46.551
6	箍筋.1	10	Φ	195	660 660	2*(700-2*20)+ (700-2*20)+ 2*(11.9*d)		2878	46	0	0	1.774	81.622
7	箍筋.2	10	Φ	195	660 661	2*((700-2*20-2*d-22)/4*2+ 22+2*d)+(700-2*20))+2*(11.9*d)		2260	92	0	0	1.393	128.191

图 3-29　首层钢筋量广联达 GGJ 软件计算结果与钢筋三维图截图

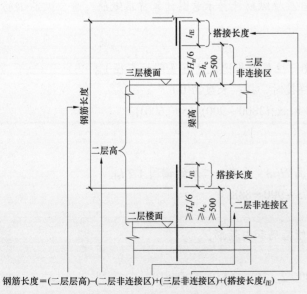

钢筋长度=(二层层高)-(二层非连接区)+(三层非连接区)+(搭接长度l_{lE})

图 3-30　二层钢筋计算示意图

5. 二~八层钢筋的计算

（1）纵筋计算。由于二~八层截面和配筋一样，计算结果也一样。计算依据是图 3-30 二层钢筋计算示意图和本章 3.1.2 中 4. 中间层（以二层为例）纵筋计算。

纵筋长度=二层层高

$-Max\{$二层$H_n/6$，500，柱截面长边尺寸h_c（圆柱直径）$\}$

$+Max\{$三层楼层净高$H_n/6$，500，柱截面长边尺寸h_c（圆柱直径）$\}$

$+$与三层纵筋搭接l_{lE}（如采用焊接时，搭接长度为0）

纵筋长度=$3800-Max((3800-900)/6, 600, 500)$

$+Max((3800-900)/6, 600, 500)$

$=3800（mm）$

（2）箍筋计算。此段布筋为4肢箍，箍筋分为外箍筋和内箍筋。

外箍筋 1 的长度计算同基础插筋计算方法：

柱箍筋长度 $=(700-2\times20+700-2\times20)\times2+2\times11.9\times10=2878$（mm）

柱箍筋根数 $=(3800-50)/100+1=39$（根）

注：第一根箍筋距基础顶面距离为 50mm。

内箍筋 2 的长度计算，根据第三节柱箍筋计算方法：

内箍长度 $=[(B-2b-2d-D)/(J-1)\times(j-1)+D+2d]\times2+(H-2b)\times2+2\times1.9d+2\times\mathrm{Max}(10d,75)$

内箍长度 $=[(700-2\times20-2\times10-22)/(5-1)\times(3-1)+22+2\times20)\times2$
$\qquad\qquad+(700-2\times20)\times2+2\times11.9\times10$
$\qquad\quad=2260$（mm）

内箍根数（为两组）$=(3800-50)/100+1=39$（根）

注：第一根箍筋距基础顶面距离为 50mm。

内箍根数合计为 78 根。

（3）与软件计算对比。

广联达 GGJ 软件计算结果和钢筋三维图形如图 3-31 所示，标准层的工程量与手算的完全一样。

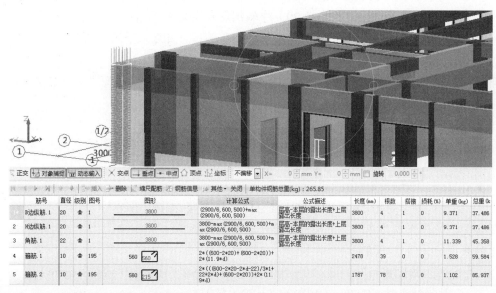

图 3-31　二～八层钢筋量广联达 GGJ 软件计算结果与钢筋三维图形截图

6. 九层（顶层）钢筋的计算

计算依据是图 3-32 顶层角柱钢筋计算示意图和本章 3.1.2 中 5.顶层纵筋计算。

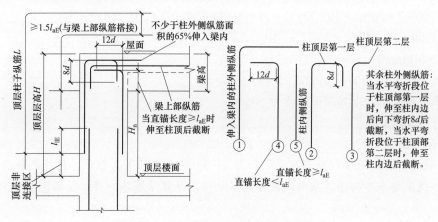

图 3-32　顶层角柱钢筋计算示意图

（1）外侧纵筋计算。

$$1.5l_{abE} = 1.5 \times 37 \times 22/20 = 1221/1110 \text{（mm）}$$

$$梁高 + 柱宽 = 900 + 600 = 1500 \text{（mm）}$$

从梁底算起 $1.5l_{abE}$ 未超过柱内侧边缘，则计算选择抗震 KZ 边柱和角柱柱顶纵向钢筋连接构造节点 C 计算。

若柱外侧纵向钢筋配筋率＞1.2%时分两批截断，本例柱外侧纵向钢筋配筋率是：

柱外侧纵向钢筋配筋率 $= [(3 \times 3.14 \times 22 \times 22/4)] + (4 \times 3.14 \times 20 \times 20/4)]/(600 \times 600)$

$$= 柱外侧纵向钢筋配筋率 0.07\% < 1.2\%$$

柱外侧纵向钢筋可以一次截断。

规范要求伸入梁内的柱外侧纵筋不宜少于柱外侧全部纵筋面积的 65%，本例假设全部伸入（也可大于或等于 65% 的纵筋伸入梁内，其余钢筋按节点 D 锚固在柱内）。

节点 C 7 根外侧钢筋长度 = 顶层层高 − Max{本层楼层净高 $H_n/6$，500，柱截面长边尺寸（圆柱直径）}

$$- 梁高 + Max\{1.5\ l_{abE}，（节点高 − 保护层） + 15 \times d\}（均按 1.5l_{abE} 弯锚计算）$$

$$= 3800 - Max((3800 - 900)/6, 500, 600) - 900 + 1221/1175$$

$$= 3521/3475 \text{（mm）}$$

所以节点 C 7 根（3 根直径 22，4 根直径 20）外侧钢筋长度为 3521/3475（mm）。

（2）柱内侧纵筋计算。柱内侧纵筋同中柱柱顶纵向钢筋构造，首先是否满足抗震 KZ 中柱柱顶纵向钢筋连接构造 D 中直锚。

直锚时钢筋锚固最大长度 $= 900 - 25 = 875 \text{（mm）} > l_{aE} = 814/740 \text{（mm）}$

所以可以直锚，直锚的最短长度为 l_{aE}。

内侧纵筋长度 = 顶层层高 − 梁高

$$- Max\{本层楼层净高 H_n/6，500，柱截面长边尺寸 h_c（圆柱直径）\} + l_{aE}$$

$$= 3800 - 900 - Max((3800 - 900)/6, 500, 600) + l_{aE}$$

$$= 2300 + 814/740$$

$$= 3113/3040 \text{（mm）}（1 根直径 22，4 根直径 20）$$

（3）箍筋计算。此段布筋为 4 肢箍，箍筋分为外箍筋和内箍筋。

外箍筋 1 的长度计算同基础插筋计算方法：

$$柱箍筋长度 = (700 - 2 \times 20 + 700 - 2 \times 20) \times 2 + 2 \times 11.9 \times 10 = 2878 \text{（mm）}$$

$$柱箍筋根数 = (3800 - 50)/100 + 1 = 39 \text{（根）}$$

外箍筋 1 的第一根箍筋距基础顶面距离为 50mm。

内箍筋 2 的长度计算根据本章 3.2 柱箍筋计算的方法：

内箍长度 $= [(B - 2b - 2d - D)/(J - 1) \times (j - 1) + D + 2d] \times 2 + (H - 2b) \times 2 + 2 \times 1.9d + 2 \times Max (10d, 75)$

内箍长度 $= [(700 - 2 \times 20 - 2 \times 10 - 22)/(5 - 1) \times (3 - 1) + 22\ \ + 2 \times 20] \times 2$

$$+ (700 - 2 \times 20) \times 2 + 2 \times 11.9 \times 10$$

$$= 2260 \text{（mm）}$$

内箍根数（为两组）$= (3800 - 50)/100 + 1 = 39 \text{（根）}$

内箍筋 2 的第一根箍筋距基础顶面距离为 50mm。

内箍根数合计为 78 根。

（4）与软件计算相比。

广联达 GGJ 软件计算结果和钢筋三维图形如图 3-33 所示，与手算相比，柱外侧筋软件采用直锚方式按内柱计算不符合规范要求，与手算采用锚固方式不一样而导致结果不一样，箍筋完全一样。

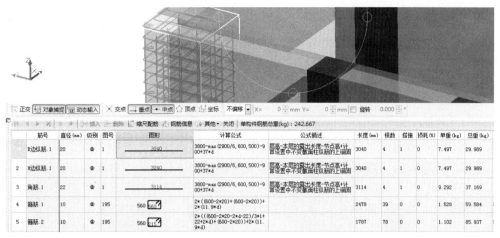

	筋号	直径 (mm)	级别	图号	图形	计算公式	公式描述	长度 (mm)	根数	搭接	损耗 (%)	单重 (kg)	总重 (kg)
	B边纵筋.1	20	Φ	1	3040	3800-max(2900/6,600,500)-9 00+37*d	层高-本层的露出长度-节点高+计算设置中不变截面柱纵筋的上锚固	3040	4	1	0	7.497	29.989
2	H边纵筋.1	20	Φ	1	3040	3800-max(2900/6,600,500)-9 00+37*d	层高-本层的露出长度-节点高+计算设置中不变截面柱纵筋的上锚固	3040	4	1	0	7.497	29.989
3	角筋.1	22	Φ	1	3114	3800-max(2900/6,600,500)-9 00+37*d	层高-本层的露出长度-节点高+计算设置中不变截面柱纵筋的上锚固	3114	4	1	0	9.292	37.169
4	箍筋.1	10	Φ	195	560 560	2*(600-2*20)+(600-2*20))+ 2*(11.9*d)		2478	39	0	0	1.528	59.584
5	箍筋.2	10	Φ	195	560 215	2*((600-2*20-2*d-22)/3*1+ 22+2*d)+(600-2*20))+2*(11. 9*d)		1787	78	0	0	1.102	85.937

图 3-33　顶层钢筋量广联达 GGJ 软件计算结果与钢筋三维图形截图

思考题

1. 框架柱基础插筋构造有哪些要求？

2. 地下室抗震 KZ 纵向钢筋连接构造和抗震 KZ 纵向钢筋连接构造有哪些区别？

3. 抗震框架柱变截面构造形式有哪些？

4. 抗震 KZ 在顶层柱与梁的锚固形式有哪些？都有哪些构造要求？

5. 常见矩形箍筋计算公式是什么？

6. 计算附录工程 A 轴与 2 轴相交的 KZ2（边柱）和 B 轴与 2 轴相交的 KZ2（中柱）从基础至顶层的钢筋工程量。

第4章 剪力墙钢筋工程量计算

剪力墙是高层和超高层混凝土结构的重要组成，它属于竖向构件。剪力墙不是一个独立的构件，剪力墙主要有墙身、墙柱、墙梁、洞口四大部分构成，其中墙身钢筋包括水平筋、垂直筋、拉筋和洞口加强筋；墙柱包括暗柱和端柱两种类型，其钢筋主要有纵筋和箍筋；墙梁包括暗梁和连梁两种类型，其钢筋主要有纵筋和箍筋。剪力墙钢筋计算的内容如图4-1所示。

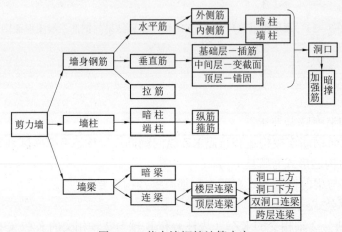

图4-1 剪力墙钢筋计算内容

计算剪力墙墙身钢筋需要考虑以下几个因素：基础形式、中间层和顶层构造；墙柱、墙梁对墙身钢筋的影响。

4.1 剪力墙构造特点与钢筋计算

4.1.1 剪力墙墙身竖向钢筋计算

1. 基础插筋的计算

（1）基础插筋的构造要求。

1）墙插筋保护层厚度大于5d的情形。墙插筋保护层厚度大于5d时，墙插筋在基础中锚固构造如图4-2所示。剪力墙插筋在基础中的形式与基础的高度（或基础梁高度）h_j有关。当$h_j>l_{aE}$（l_a）时，剪力墙的基础插筋插至基础板底部支在底板钢筋网上，端部弯折6d，基础内部剪力墙水平分布筋间距不大于500mm，且不少于两道水平分布钢筋与拉筋；当$h_j≤l_{aE}$（l_a）时，剪力墙的基础插筋插至基础板底部支在底板钢筋网上，基础内的锚固长度不小于0.6l_{aE}（l_{ab}），端部弯折15d，基础内部剪力墙水平分布筋间距不大于500mm，且不少于两道水平分布钢筋与拉筋。基础顶面以上水平分布筋距基础顶面50mm开始布设，基础顶面以下基础内部水平分布筋距基础顶面100mm开始布设。

2）墙外侧插筋保护层厚度不大于5d的情形。墙插筋保护层厚度不大于5d时，墙插筋在基础中锚固构造如图4-3所示，分为墙外侧插筋构造（2-2剖面）和墙内侧插筋构造（1-1剖面）。此时墙内侧插筋构造与上述1）墙插筋保护层厚度大于5d情形构造完全一样。

剪力墙外侧插筋构造如图4-3所示，在基础插筋外侧布设锚固区横向钢筋。当$h_j>l_{aE}$（l_a）时，剪力墙的基础插筋插至基础板底部支在底板钢筋网上，端部弯折15d；当$h_j≤l_{aE}$（l_a）时，剪力墙的基础插筋插至基础板底部支在底板钢筋网上，基础内的锚固长度不小于0.6l_{aE}（l_a），端部弯折15d。

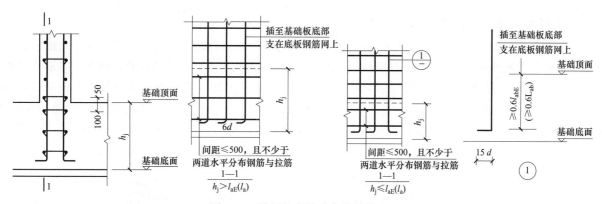

图4-2　墙插筋在基础中锚固构造一

基础顶面以上水平分布筋距基础顶面 50mm 开始布设，基础顶面以下基础内部水平分布筋距基础顶面 100mm 开始布设。锚固区横向钢筋应满足直径不小于 $d/4$（d 为插筋最大直径），间距不大于 $10d$（d 为插筋最小直径）且 ≤100mm 的要求。

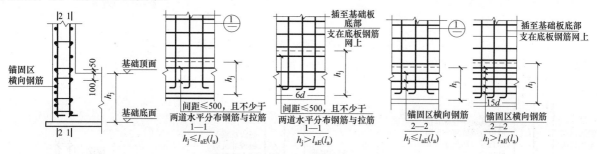

图4-3　墙插筋在基础中锚固构造二

3）墙外侧纵筋与底板筋搭接构造。规范规定当设计使用墙插筋在基础中锚固构造三，应在图纸中明确标注。搭接长度满足不小于 $l_{lE}(l_l)$，外墙外侧插筋在基础内弯折长度 ≥15d，而基础底板钢筋在尽端弯折后伸至基础顶面。基础内侧插筋构造同本章 4.1.1 中基础插筋构造1）墙插筋保护层厚度大于 $5d$ 情形要求。

图4-4 中 h_j 为基础底面至基础顶面的高度，对于带基础梁的基础为基础梁底面到顶面的高度；当插筋部分保护层厚度不一致情况下（如部分位于板中部分位于梁内），保护层厚度小于 $5d$ 的部位应设置锚固区横向钢筋；图4-4

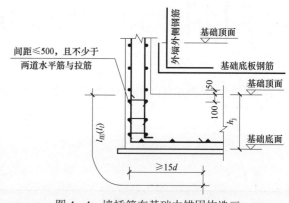

图4-4　墙插筋在基础中锚固构造三

中 d 为插筋直径，括号内数据用于非抗震设计下同；插筋下端设弯钩放在基础底板钢筋网上，当弯钩水平段不满足要求时应加长。

（2）剪力墙基础插筋的计算见表4-1。

表4-1　　　　　　　　　　剪力墙基础插筋的计算

钢筋部位及其名称	计　算　公　式	备　注	附　图
基础插筋	基础插筋长度＝基础高度－保护层厚度＋基础底部弯折长度 a＋伸出基础顶面外露长度＋与上层钢筋搭接长度（如采用焊接时，搭接长度为0） 弯折长度 a 根据墙外插筋保护层厚度是否大于 $5d$ 和 h_j 与 l_{aE}（l_a）大小比较来确定： （1）当墙外插筋保护层厚度>$5d$ 时，且 $h_j>l_{aE}$（l_a），则内外侧插筋弯折 $a=$ $6d$ （2）当墙外插筋保护层厚度>$5d$ 时，且 $h_j≤l_{aE}$（l_a），则内外侧插筋弯折 $a=15d$ （3）当墙外插筋保护层厚度≤$5d$ 时，且剪力墙基础外侧钢筋若 $h_j>l_{aE}$（l_a），则外侧插筋弯折 $a=15d$，内侧钢筋弯折 $a=$ $6d$ （4）当墙外插筋保护层厚度≤$5d$ 时，且剪力墙基础外侧钢筋若 $h_j≤l_{aE}$（l_a），则外侧插筋弯折 $a=15d$；内侧钢筋弯折 $a=15d$	1. 伸出基础顶面外露长度：钢筋搭接连接取 0；机械连接和焊接取500mm 2. 当墙外插筋保护层厚度≤$5d$ 时，外侧注意横向锚固筋规范要求	图4-2和图4-3 11G101-3 第58页 墙插筋 构造（一）（二）

2. 剪力墙中间层竖向钢筋的计算

（1）剪力墙中间层竖向钢筋的构造要求详见图4-5~图4-8剪力墙身竖向分布钢筋连接构造。无论错位搭接还是同位搭接均可在基础顶面或楼板顶面处进行，计算钢筋时不必考虑错位搭接问题（对钢筋计算结果没有影响），钢筋在基础顶面或楼板顶面处伸出长度为搭接长度$1.2l_{aE}$；机械连接或焊接时的钢筋计算不必考虑错位焊接或机械连接问题（对钢筋计算结果没有影响），均假定钢筋在距基础顶面或楼板顶面500mm处焊接或机械连接。图4-8为剪力墙钢筋锚入连梁长度为l_{aE}（l_a）。

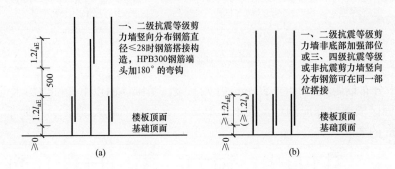

图4-5 剪力墙中间层竖向钢筋搭接连接

（a）错位搭接；（b）同位搭接

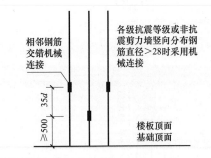 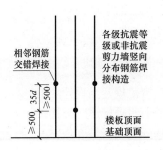 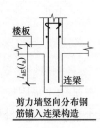

图4-6 剪力墙中间层竖向钢筋机械连接　　图4-7 剪力墙中间层竖向钢筋焊接连接　　图4-8 剪力墙中间层竖向钢筋在连梁中锚固

（2）剪力墙中部钢筋计算见表4-2。

表4-2　　　　　　　　　　　　　　剪力墙中部钢筋计算

钢筋部位及其名称	计 算 公 式	备 注	附 图
剪力墙中间层竖向钢筋	长度＝层高－露出本层的高度＋伸出本层楼面外露长度＋与上层钢筋连接 由于露出本层的高度和伸出本层楼面外露长度常常相等，所以简化为： 绑扎连接（计算时不考虑错层搭接）： 　　长度＝层高＋搭接长度（$1.2l_{aE}$） 机械连接（计算时不考虑错层连接）和焊接（计算时不考虑错层连接）： 　　长度＝层高	11G101-1第70页 1. 如采用焊接时，搭接长度为0 2. 剪力墙若在连梁中锚固生根时，计算时要加上锚固长度l_{aE}（l_a）	图4-5 图4-6 图4-7 图4-8

3. 剪力墙顶层竖向钢筋的计算

（1）剪力墙顶层竖向钢筋的构造要求详见图4-9，剪力墙顶部钢筋伸至屋面板或楼板的顶端时，竖向钢筋的弯折长度不小于$12d$；剪力墙伸至顶面边框梁中时竖向钢筋锚固长度不小于l_{aE}（l_a）直锚。

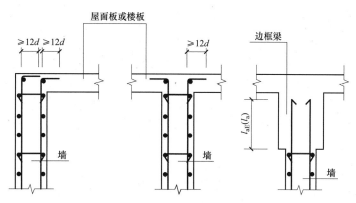

图4-9 剪力墙竖向钢筋顶部构造

（2）剪力墙顶层竖向钢筋计算见表4-3。

表4-3 剪力墙顶层竖向钢筋计算

钢筋部位及其名称	计 算 公 式	备 注	附 图
剪力墙顶层竖向钢筋	长度＝层高－露出本层的高度－屋面板或楼板保护层+12d（剪力墙伸入楼板或屋面板弯锚）	11G101-1 第70页	图4-9
	长度＝层高－露出本层的高度－梁高+l_{aE}（l_a）（剪力墙伸入边框梁中直锚）		

4.1.2 剪力墙墙身水平钢筋计算

1. 剪力墙墙身水平钢筋计算

（1）剪力墙墙身水平钢筋的构造（纯剪力墙或端部为一字形暗柱情况，其他有暗柱情形剪力墙水平钢筋构造在以后章节介绍）详见图4-10。剪力墙配筋根据截面宽度设计成双排配筋、三排配筋和四排配筋三种形式；剪力墙的宽度 $b_w \leqslant 400mm$ 时通常采用两排配筋；当 $400mm < b_w \leqslant 700mm$ 时，采用三排配筋；当 $b_w > 700mm$ 时，采用四排配筋。工程中以两排配筋最为常见，剪力墙配筋若多于两排，中间排水平筋端部构造同内侧钢筋。

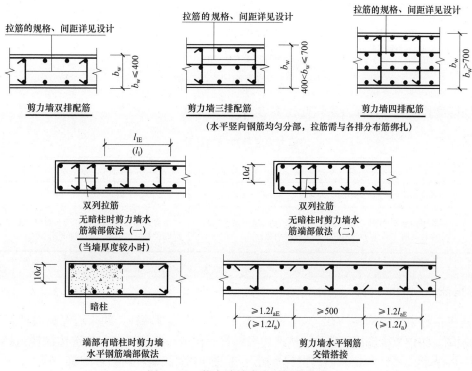

图4-10 剪力墙墙身水平钢筋构造

纯剪力墙或端部为一字形暗柱剪力墙，内外侧水平钢筋在端部均弯折$10d$，若纯剪力墙在端部采用"U"封闭筋，"U"封闭筋与内外侧水平钢筋搭接长度为l_{lE}（l_l），剪力墙水平钢筋搭接长度为$1.2l_{aE}$（$1.2l_a$），且采用错开不小于500mm长度进行搭接，图中括号内为非抗震纵筋搭接和锚固长度。

（2）剪力墙墙身水平钢筋计算方法。墙体水平钢筋有双排配筋、三排和四排配筋，相应地纵筋同样为双排配筋、三排和四排配筋。剪力墙钢筋配置若多于两排，中间排水平钢筋计算方法同内侧钢筋具体计算方法详见表4-4。

表4-4　　　　　　　　　　　　　　　　　　剪力墙墙身水平钢筋的计算

钢筋名称及其部位		计算公式与构造要求	备　注	附　图
内侧钢筋	纯剪力墙	长度＝墙长－保护层＋$10d$＋$1.2l_{aE}$（l_a）搭接长度（焊接和机械连接为0）	1. 搭接个数由墙长和钢筋定尺确定 2. 11G101-1 第68页剪力墙钢筋配置若多于两排，中间排水平筋端部构造同内侧钢筋（11G101-1 第68页注3）	图4-10
外侧钢筋	纯剪力墙	长度＝墙长－保护层＋$10d$＋$1.2l_{aE}$（l_a）搭接长度（焊接和机械连接为0）	1. 搭接个数由墙长和钢筋定尺确定 2. 参见11G101-1 第68页	
根数	基础层	在基础部位布置间距≤500且至少要布置两道水平分布筋与拉筋	参见114G101-3 第58页	
	楼层	（层高－水平分布筋间距）/间距＋1	参见11G101-1 第68页	

2. 剪力墙墙身拉筋计算

（1）剪力墙墙身拉筋的构造如图4-11所示，所示为拉筋应与剪力墙每排的竖向筋和水平筋绑扎。拉筋的弯钩为135°，弯钩直段长抗震设计时Max（$10d$，75mm），非抗震为$5d$，其中d为拉筋直径。

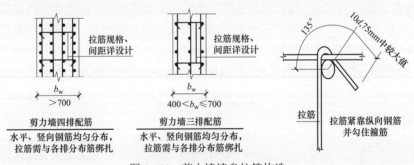

图4-11　剪力墙墙身拉筋构造

（2）剪力墙墙身拉筋具体计算方法详见表4-5。

表4-5　　　　　　　　　　　　　　　　　　剪力墙墙身拉筋的计算

钢筋部位及其名称	计　算　公　式	备　注	附　图
剪力墙身拉筋	长度＝墙厚－2×保护层＋Max（$75+1.9d$，$11.9d$）×2	11G101-1 第68页	图4-11
	根数＝（墙面积－门洞总面积－暗柱所占面积－暗梁面积－连梁所占面积）/（横向间距×纵向间距）	当剪力墙竖向钢筋为多排布置时，拉筋的个数与剪力墙竖向钢筋的排数无关	

4.1.3　剪力墙暗柱纵向钢筋计算

剪力墙墙柱包括约束边缘构件 YBZ（约束边缘暗柱、约束边缘端柱、约束边缘翼墙柱和约束边缘转角柱）、构造边缘构件 GBZ（构造边缘暗柱、构造边缘端柱、构造边缘翼墙柱和构造边缘转角柱）、非边缘暗柱 AZ 和扶壁柱 FBZ 共四类，在计算钢筋工程量时，只需要考虑为端柱和暗柱即可。

1. 暗柱纵向钢筋计算

由于剪力墙可视为由剪力墙柱、剪力墙身和剪力墙梁三类构件构成,因此暗柱纵向钢筋构造同墙身竖向钢筋。纵向钢筋有时简称纵筋。

(1)暗柱纵向钢筋构造特点如图 4-12 剪力墙边缘构件纵向钢筋连接构造所示(适用于约束边缘构件阴影部分和构造边缘构件的纵向钢筋),纵筋搭接、机械连接和焊接均在基础顶面(楼板顶面)500mm 以上。暗柱纵向钢筋计算同样不必考虑错位搭接、焊接和机械连接,均假定在距基础顶面或楼板顶面 500mm 开始。暗柱纵向钢筋伸入剪力墙内锚固长度为 $1.2l_{aE}$。

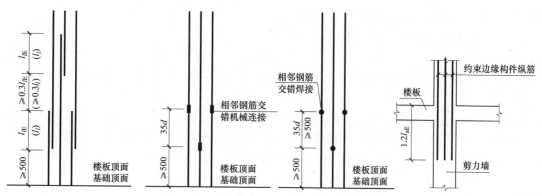

图 4-12　剪力墙边缘构件纵向钢筋连接构造

(2)暗柱纵向钢筋计算方法详见表 4-6。

表 4-6　　　　　　　　　　　暗 柱 纵 向 钢 筋 计 算

钢筋部位及其名称	计算方法及构造要求	备　注	附　图
暗柱钢筋	基础插筋计算同剪力墙基础插筋计算	11G101-3 第 58 页	图 4-2、图 4-3
	中间层钢筋计算同剪力墙中部钢筋计算	11G101-1 第 73 页	图 4-5～图 4-8
	顶层纵筋计算同剪力墙顶层竖向钢筋计算	11G101-1 第 70 页	图 4-9
	所有暗柱纵向钢筋搭接范围内的箍筋间距要求同(11G101-1 第 54 页)注的第 3 条,即:当柱纵筋采用搭接连接时,应在柱纵筋搭接长度范围内均按≤5d(d 为搭接钢筋较小直径)及≤100 的间距加密箍筋	11G101-1 第 54 页	

2. 暗柱箍筋计算

暗柱箍筋计算方法同框架柱,具体方法详见第 3 章柱箍筋计算。

4.1.4　剪力墙端柱纵向钢筋计算

1. 端柱构造特点

端柱构造如图 4-13 所示,具体纵筋和箍筋均由设计给定,与配置复合箍筋的框架柱结构相似。

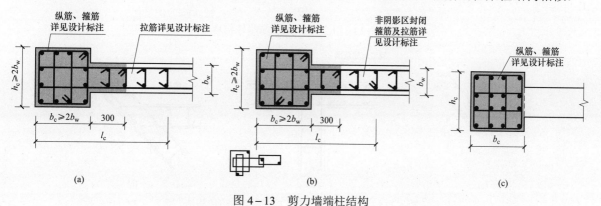

图 4-13　剪力墙端柱结构

(a)约束边缘端柱(一)(非阴影区设置拉筋);(b)约束边缘端柱(二)(非阴影区外固设置封闭箍筋);(c)剪力墙边缘端柱

2. 端柱纵向钢筋计算

通常情况下端柱、小墙肢（截面高度不大于截面厚度4倍的矩形截面独立墙肢）的竖向钢筋与箍筋构造与框架柱相同，其中抗震竖向钢筋构造与箍筋构造详见11G101−1第57～62页；非抗震竖向箍筋构造与箍筋构造详见11G101−1第63页，箍筋构造详见第45页。具体计算方法详见第3章柱钢筋工程量的计算。

4.1.5 剪力墙端暗柱水平钢筋计算

1. 剪力墙端暗柱构造

剪力墙端暗柱构造如图4−14、图4−15所示。

（1）"L"形转角墙端暗柱内侧水平钢筋均伸至尽端弯折长度15d。"L"形转角墙端暗柱外侧钢筋构造有三种形式：

1）外侧钢筋从转角一侧外侧钢筋伸至转角另一侧分两次截断，剪力墙外侧钢筋分两次与转角另一侧过来钢筋搭接，搭接长度不小于$1.2l_{aE}$；

2）转角的每一侧外侧钢筋均伸到另一侧暗柱范围以外与其外侧钢筋搭接，搭接长度不小于$1.2l_{aE}$；

3）转角的每一侧外侧钢筋均伸到另一侧转角处与其外侧钢筋搭接，搭接长度满足l_{lE}（l_l）。

（2）斜交转角墙构造要求同"L"形转角墙端暗柱构造。

（3）"T"形墙端暗柱内侧墙水平钢筋伸至尽端，弯折长度15d；外侧钢筋连续通过。

（4）"一"形墙端暗柱内外侧墙水平钢筋伸至尽端，弯折长度10d。

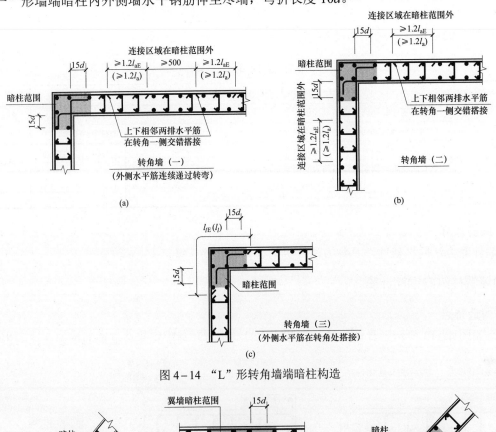

图4−14 "L"形转角墙端暗柱构造

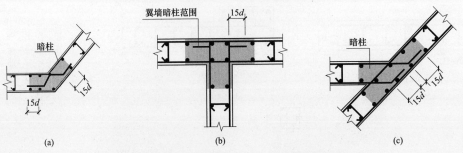

图4−15 斜交转角墙和"T"形墙端暗柱构造

（a）斜交转角墙；（b）翼墙；（c）斜交翼墙

2. 剪力墙端暗柱水平钢筋计算

剪力墙端暗柱水平钢筋计算详见表4-7。水平钢筋有时也简称为水平筋。

表4-7　　　　　　　　　　　　　剪力墙端暗柱水平钢筋计算

钢筋部位及其名称		计　算　公　式	备　注	附　图
墙端暗柱水平筋长度	L形	外侧钢筋长度＝墙长－保护层＋$1.2l_{aE}$（l_a）搭接长度（焊接和机械连接为0） 内侧钢筋长度＝墙长－保护层＋$15d$×2＋$1.2l_{aE}$（l_a）搭接长度（焊接和机械连接为0）	1. 当外侧钢筋有连续通过节点和搭接通过两种节点构造要求，水平筋通常布置在暗柱纵筋的外侧 2. 搭接个数由墙长和钢筋定尺确定	图4-14 图4-15
	T形	墙长－保护层＋$15d$×2＋$1.2l_{aE}$（l_a）搭接长度（焊接和机械连接为0）		
	斜交	1. 内侧： 墙长－保护层＋$15d$＋$1.2l_{aE}$（l_a）搭接长度（焊接和机械连接为0） 2. 外侧： 墙长＋$1.2l_{aE}$（l_a）搭接长度（焊接和机械连接为0）		
墙端暗柱水平筋根数计算		根数＝［墙身净长－1个竖向间距（或2×50）］/竖向筋间距＋1	基础层：在基础部位布置间距小于等于500且至少要布置两道水平分布筋与拉筋	

4.1.6　剪力墙端端柱水平钢筋计算

1. 剪力墙端端柱构造

剪力墙端端柱构造如图4-16所示，所有内侧水平钢筋要求均伸至尽端弯折长度$15d$，外侧钢筋除满足伸至尽端弯折长度$15d$外，端柱转角墙还要满足在端柱内的锚固长度不小于$0.6l_{abE}$（$0.6l_{ab}$）。当墙体水平钢筋伸入端柱的直锚长度不小于l_{abE}（l_{ab}）时，可不必上下弯折（图4-17），但必须伸至端柱对边竖向钢筋内侧位置，其他情况墙体水平钢筋必须伸入端柱对边竖向钢筋内侧位置，然后弯折，括号内的标注用于非抗震设计。

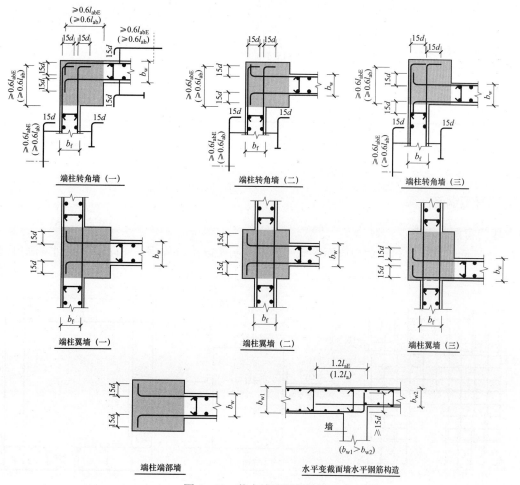

图4-16　剪力墙端端柱构造

剪力墙水平变截面墙体水平钢筋构造如图4-16中所示，宽截面内侧水平钢筋伸至内横墙尽端弯折长度 $L_w \geq 15d$。窄截面内侧水平钢筋伸至内宽截面墙内的锚固长度为 $1.2l_{aE}$（$1.2l_a$）。

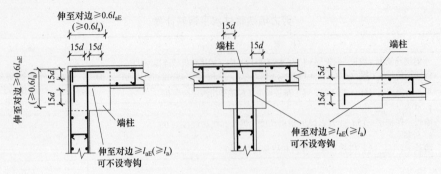

图4-17 剪力墙端柱水平钢筋构造

2. 剪力墙端端柱水平钢筋计算

根据图4-16、图4-17计算剪力墙端为端柱水平钢筋，详见表4-8。

表4-8　　　　　　　　　　剪力墙端为端柱水平钢筋计算

钢筋部位及其名称	计 算 公 式	备　注	附　图
水平筋长度	外侧钢筋长度＝墙净长＋锚固长度	锚固长度取值： （1）当柱宽－保护层≥l_{aE}时，锚固长度为l_{aE}； （2）当柱宽－保护层＜l_{aE}时，要同时满足以下条件： 1）锚固＝柱宽－保护层＋15×d 2）端柱内的锚固的直锚固长度≥$0.6l_{aE}$（l_a），否则加大弯折长度 　其中：（柱宽－保护层）为直锚的最大长度；l_{aE}为直锚的最小长度值	图4-16 图4-17
	内侧钢筋长度＝墙净长＋锚固长度		
水平筋根数	根数＝墙身净长－1个竖向间距（或2×50）/竖向筋间距＋1	—	

根据墙体水平钢筋的构造，当剪力墙水平变截面变截面后钢筋配筋不变时，水平钢筋应增加长度为：$15d + 1.2l_{aE}(l_a)$。

4.1.7　剪力墙开洞钢筋计算

1. 剪力墙门窗洞口构造

如图4-18所示，剪力墙门窗洞口侧面的水平钢筋弯折15d进行锚固，竖向钢筋在门窗洞口顶部和底部弯折15d进行锚固或重新生根，门窗洞口两侧一般设有暗柱，门窗洞口顶部和底部设有连梁（图4-19）。

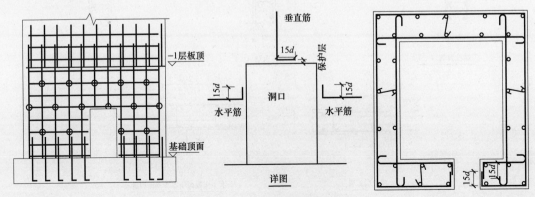

图4-18 剪力墙门窗洞口构造

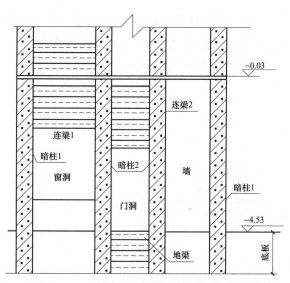

图4-19 门窗洞口侧面的暗柱和连梁示意图

2. 剪力墙洞口补强构造

（1）剪力墙圆形洞口直径 $D \leqslant 300mm$ 时补强纵筋构造如图4-20所示，洞口每侧补强钢筋锚固长度为 $l_{aE}（l_a）$，括号内标注用于非抗震。

（2）剪力墙圆形洞口直径 $300mm < D \leqslant 800mm$ 时补强纵筋构造，如图4-21所示。洞口每侧补强钢筋锚固长度为 $l_{aE}（l_a）$，括号内标注用于非抗震。

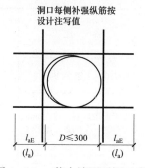

图4-20 剪力墙圆形洞口直径
$D \leqslant 300mm$ 时补强纵筋构造

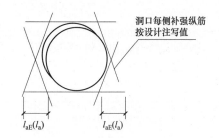

图4-21 剪力墙圆形洞口
$300mm < D < 800mm$ 时补强纵筋构造

（3）剪力墙圆形洞口直径 $D > 800mm$ 时补强纵筋构造如图4-22所示，洞口每侧补强钢筋锚固长度为 $l_{aE}（l_a）$，括号内标注用于非抗震。

（4）矩形洞宽和洞高均不大于800mm时洞口补强纵筋构造如图4-23所示，洞口每侧补强钢筋锚固长度为 $l_{aE}（l_a）$，括号内标注用于非抗震。

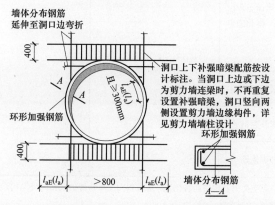

图4-22 剪力墙圆形洞口直径 $D > 800mm$ 时补强纵筋构造

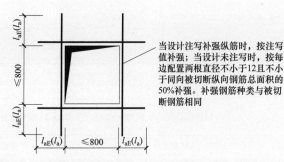

图4-23 矩形洞宽和洞高均不大于800mm时洞口补强纵筋构造

（5）矩形洞宽和洞高均大于 800mm 时洞口补强暗梁构造如图 4-24 所示，洞口底部和顶部设置高位 400mm 的暗梁，暗梁钢筋锚固长度为 l_{aE}（l_a），括号内标注用于非抗震。

（6）连梁中部圆形洞口补强钢筋构造如图 4-25 所示，洞口底部和顶部设置加强钢筋，钢筋锚固长度为 l_{aE}（l_a），括号内标注用于非抗震。

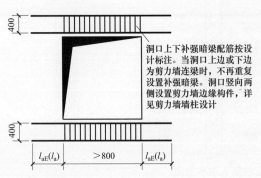

图 4-24　矩形洞宽和洞高均大于 800mm 时洞口补强暗梁构造

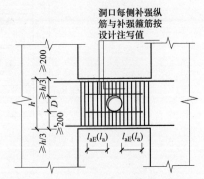

图 4-25　连梁中部圆形洞口补强钢筋构造

3. 剪力墙开洞钢筋计算

剪力墙开洞钢筋计算详见表 4-9。

表 4-9　　　　　　　　　　　　　　　　剪力墙开洞钢筋计算

钢筋部位及其名称	计算公式与构造要求	备　　注	附　图
水平筋长度	长度＝水平筋伸到洞口边－保护层＋15d	11G101-1 第 78 页	
水平筋根数	根数＝（洞口高度－50mm 或水平钢筋间距一半）/水平钢筋间距＋1	水平筋距离洞口边 50mm 或二分之一个间距，计算钢筋根数	
竖向筋长度	长度＝竖向钢筋伸到洞口边－保护层＋15d		
竖向筋根数	根数＝（洞口宽度－50mm 或竖向钢筋间距一半）/竖向钢筋间距＋1	竖向筋距离洞口边 50mm 或二分之一个间距，计算钢筋根数	
拉筋根数	拉筋根数＝（墙面积－门洞总面积－暗柱所占面积－暗梁面积－连梁所占面积）/（横向间距×纵向间距）		图 4-18～图 4-25
洞口加强构造	1. 当矩形洞宽和洞高均不大于 800mm 时，洞口补强纵筋构造（图 4-23） 2. 当设计注写补强纵筋时，按注写值计算长度 3. 当设计未注写时，按每边配置两根直径不小于 12mm 且不小于同向被切割纵筋总面积的 50%补强，补强钢筋种类与被切割钢筋相同，据此确定钢筋根数，长度为洞口高（宽）+2l_{aE}（l_a）	11G101-1 第 78 页，括号内标注用于非抗震	
	当矩形洞宽和洞高均大于 800mm 时，按洞口补强暗梁构造计算暗梁钢筋		
	圆形洞口直径不大于 300mm 时，按图 4-20 补强纵筋构造计算补强钢筋		
	圆形洞口直径大于 300mm 时，按图 4-21 补强纵筋构造计算补强钢筋		

注：剪力墙开洞除了洞口加强纵筋构造外，还有连梁斜向交叉暗撑构造和连梁斜向交叉钢筋构造两种情况，连梁斜向交叉暗撑的及斜向交叉构造钢筋的纵筋锚固长度为：l_{aE} 或 l_a，斜向交叉暗撑的箍筋加密要求适用于抗震设计（11G101-1 第 76 页）。

4.1.8　剪力墙连梁钢筋计算

1. 剪力墙连梁构造特点

剪力墙墙梁分为连梁 LL、暗梁 AL 和边框梁 BKL，下面主要介绍连梁 LL 构造。

（1）洞口连梁（端部墙肢较短）构造如图 4-26 所示，括号内为非抗震设计时连梁纵筋锚固长度。当端部洞口连梁的纵向钢筋在端支座的直锚长度不小于 l_{aE}（l_a）且不小于 600mm 时，可不必往上（下）弯折。

（2）单洞口连梁（单跨）构造如图 4-27 所示，连梁纵筋的锚固长度为 l_{aE}（l_a）且不小于 600mm，洞口上下连梁箍筋的范围和起始间距如图 4-27 所示。

（3）双洞口连梁（双跨）构造如图 4-28 所示，连梁纵筋的锚固长度为 l_{aE}（l_a）且不小于 600mm，洞口上下连梁箍筋的范围和起始间距如图 4-28 所示。

（4）连梁、暗梁和边框梁侧面纵筋和拉筋构造如图 4-29。当设计未注写时，侧面构造纵筋同剪力墙水平分布筋；当梁宽不大于 350mm 时拉筋直径为 6mm，梁宽大于 350mm 时拉筋直径为 8mm，拉筋间距为两倍箍筋间距，竖向沿侧面水平筋隔一拉一。

（5）边框梁 BKL 和连梁重合时构造如图 4-30 和图 4-31 所示。连梁上部和下部纵筋在洞口两侧的锚固长度为 l_{aE}（l_a）且不小于 600mm。

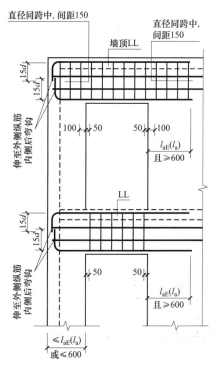

图 4-26　洞口连梁（端部墙肢较短）构造

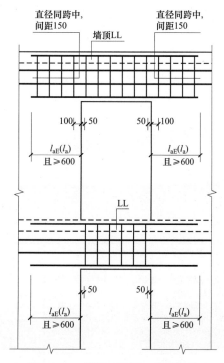

图 4-27　单洞口连梁（单跨）构造

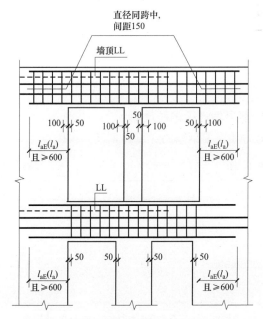

图 4-28　双洞口连梁（双跨）构造

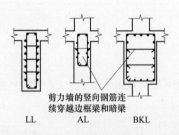

连梁、暗梁和边框梁
侧面纵筋和拉筋构造

（侧面纵筋详见具体工程设计；
拉筋直径：当梁宽≤350mm时为
6mm，梁宽＞350mm时为8mm，
拉筋间距为2倍箍筋间距，竖向
沿侧面水平筋隔一拉一）

图4-29　连梁、暗梁和边框梁侧面纵筋和拉筋构造

连梁上部附加纵筋，当连梁上部纵筋计算面积大于边框梁或暗梁时需设置

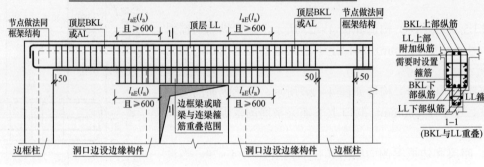

图4-30　边框梁BKL和连梁重合时构造（1）

连梁上部附加纵筋，当连梁上部纵筋计算面积大于边框梁或暗梁时需设置

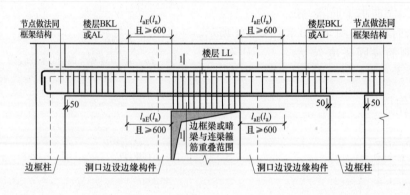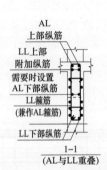

注：AL、LL、BKL侧面纵向钢筋
构造详见11G101-1图集第74页。

图4-31　边框梁BKL和连梁重合时构造（2）

2. 剪力墙连梁钢筋计算

剪力墙连梁钢筋的计算详见表4-10。

表4-10　　　　　　　　　　　　剪力墙连梁钢筋计算

钢筋部位及其名称	计 算 公 式	备 注	附图
中间层连梁钢筋	纵向钢筋长度＝洞口宽度＋左锚固＋右锚固	11G101-1 第74页 锚固取值： 1. 当柱宽（或墙宽）－保护层≥l_{aE}（和600）时，锚固＝Max（l_{aE}，600） 2. 当柱宽（或墙宽）－保护层＜l_{aE}（或600）时，锚固＝柱宽－保护层－外墙纵筋直径D＋15d 3. 当连梁端部支座为小墙肢时，连梁纵向钢筋锚固与框架梁纵筋锚固相同	图4-26 图4-27
	箍筋根数＝（洞口宽度－100）/间距＋1		
顶层连梁箍筋	箍筋根数＝（洞口宽度－100）/间距＋1 ＋（左锚固－100）/150＋1 ＋（右锚固－100）/150＋1	连梁箍筋长度计算详见本书1.3.5箍筋计算公式，拉筋计算详见本书1.3.5节拉筋计算	
双洞口连梁钢筋	纵向钢筋长度＝双洞口宽度＋双洞口之间墙宽 ＋左锚固＋右锚固		图4-28

4.1.9　剪力墙暗梁钢筋计算

1. 剪力墙暗梁构造

剪力墙暗梁构造如图 4-32 所示，纵筋在端部锚固长度 l_{aE}（l_a）。

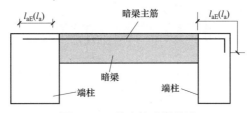

图 4-32　剪力墙暗梁构造

2. 剪力墙暗梁钢筋计算

剪力墙暗梁纵筋、墙梁侧面纵筋和拉筋计算详见表 4-11。

表 4-11　　　　　　　　　　　　　　　暗梁钢筋计算

钢筋部位及其名称	计算公式	备注	附图
暗梁钢筋	当暗梁与端柱相连接时： 纵筋长度＝暗梁净长（从柱边开始算） ＋左锚固＋右锚固	锚固取值： 1. 当柱宽（或墙宽）－保护层－柱外侧钢筋直径 $D \geqslant l_{aE}$ 时，锚固长度＝l_{aE} 2. 当柱宽（或墙宽）－保护层－柱外侧钢筋直径 $D <$ l_{aE} 时，锚固＝柱宽－保护层－柱外侧钢筋直径 $D+15d$ 3. 柱外侧钢筋直径 D 可忽略不计	图 4-32
	当暗梁与暗柱相连接时： 纵筋长度＝暗梁净长（从柱边开始算）＋$2l_{aE}$（或 $2l_a$）		
	箍筋根数＝暗梁净长/箍筋间距＋1		
墙梁侧面纵筋和拉筋	当设计未注写时，侧面构造纵筋同剪力墙水平分布筋		图 4-29
	拉筋直径： 当梁宽≤350 时拉筋直径为 6mm，梁宽>350 时为 8mm，拉筋间距为两倍箍筋间距，竖向沿侧面水平筋隔一拉一		

3. 剪力墙和墙梁重合时墙身钢筋的计算

剪力墙和墙梁重合时墙身钢筋的计算详见表 4-12。

表 4-12　　　　　　　　　　剪力墙和墙梁重合时墙身钢筋的计算

钢筋部位及其名称	计算公式	备注	附图
墙身钢筋	竖向筋长度和根数详见本章 4.1.2 内容	剪力墙的竖向钢筋连续穿过边框梁和暗梁,因此暗梁和连梁不影响剪力墙的竖向钢筋计算	—
	水平筋根数和长度详见本章 4.1.2 内容	剪力墙水平钢筋连续穿过暗梁和连梁,因此暗梁和连梁不影响剪力墙的水平钢筋计算	—
	拉筋根数＝（墙面积－门洞总面积－暗柱所占面积－暗梁面积－连梁所占面积）/（横向间距×纵向间距）	拉筋构造见 11G101-1 第 74 页 拉筋长度计算详见本章 1.3.5 内容	—

4.1.10　剪力墙变截面钢筋计算

1. 剪力墙竖向变截面构造

剪力墙竖向变截面构造如图 4-33 所示，变截面处钢筋数量不变且上下截面宽度变化幅度不大于 30mm 时，竖向钢筋在不小于 6 倍变化幅度内弯曲连续通过，如图 4-33（c）所示。若变截面处上部剪力墙和下部剪力墙配筋发生变化，下部钢筋在楼板顶部弯折长度不小于 12d，墙上部插筋在下面墙中的锚固长度为 $1.2l_{aE}$（l_a），如图 4-33（a）、（b）、（d）所示。实际应用时根据上下墙的截面特点选择对应节点进行计算。

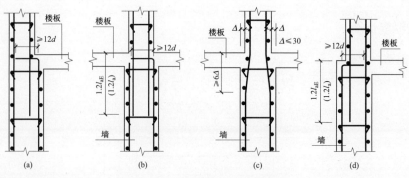

图 4-33　剪力墙竖向变截面构造

2. 剪力墙变截面钢筋计算

剪力墙变截面钢筋计算见表 4-13。

表 4-13　　　　　　　　　　　　剪力墙变截面钢筋计算

钢筋部位及其名称	计 算 公 式	备 注	附 图
竖向筋	下层非贯通筋长度 = 层高 - 下层钢筋露出长度 - 板保护层 + 12d	竖向钢筋构造见 11G101-1 第 70 页	图 4-33
	上层非贯通筋长度 = 1.2l_{aE} + 本层露出长度 + 与上层钢筋进行搭接（如采用焊接时，搭接长度为 0）		
	竖向筋根数 = {墙身净长 - 1 个竖向间距（或 2×50）}/竖向布置间距 + 1		

4.1.11　地下室外墙 DWQ 钢筋计算

1. 地下室外墙（剪力墙）竖向钢筋构造

地下室外墙（剪力墙）竖向钢筋构造如图 4-34 所示，地下室外墙竖向钢筋分为内侧纵筋、外侧纵筋、外侧竖向非贯通筋（基础顶面和楼面处）。外侧竖向非贯通筋（基础顶面和楼面处）长度取值与梁上部附加钢筋一致。剪力墙在顶板的锚固形式有 2 种：第 1 种情形，顶板作为外墙的简支支承时剪力墙内外侧纵筋在顶部弯折长度 12d，见图 4-34 节点 2；第 2 种情形，板作为外墙的弹性嵌固支承时，剪力墙内侧纵筋伸入板顶弯折长度 15d，同时板下部钢筋伸至剪力墙竖向钢筋内侧弯折长度 15d，剪力墙的外侧纵筋与板顶钢筋在转角处搭接，搭接长度为 l_{lE}(l_l)。基础插筋要求同本章 4.1.1 节要求。

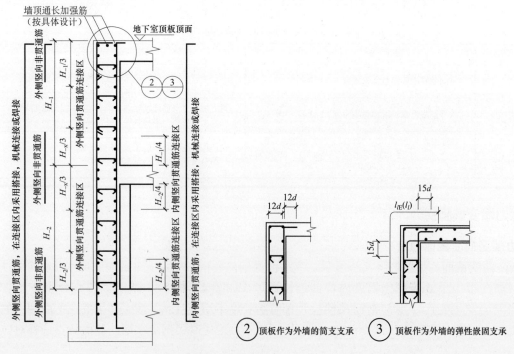

图 4-34　地下室外墙竖向钢筋构造（H_{-x}，为 H_{-1} 和 H_{-2} 较大值）

2. 地下室外墙水平钢筋构造

地下室外墙水平钢筋构造如图 4-35 所示，当扶壁柱、内墙不做地下室外墙的平面外支承时，水平贯通筋的连接区域不受限制。外侧水平非贯通筋长度确定如图 4-33 所示。

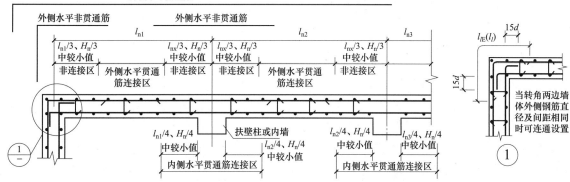

图 4-35　地下室外墙水平钢筋构造

注：l_{nx} 为相邻水平跨的较大净跨值，H_n 为本层层高。

3. 地下室外墙竖向和水平钢筋计算

地下室外墙竖向和水平钢筋计算，详见表 4-14、表 4-15。

表 4-14　　　　　　　　　　地下室外墙竖向钢筋计算

钢筋部位及其名称	计 算 公 式	备　注	附 图
地下室竖向筋	内侧和外侧贯通筋长度计算同本章 4.1.1 分基础插筋、中间楼层钢筋长度和顶层钢筋长度三部分计算 　外侧非贯通筋长度计算，分基础插筋（基础内长度＋ $H_{-2}/3$）、中间楼层钢筋长度（$2×H_{-x}$）和顶层钢筋长度（$H_{-2}/3＋12d$）三部分计算。H_{-x}，为 H_{-1} 和 H_{-2} 较大值	顶板作为外墙的简支支承，顶部弯折长度 $12d$	图 4-34
	内侧和外侧贯通筋长度计算，同本章 4.1.1 分基础插筋、中间楼层钢筋长度和顶层钢筋长度三部分计算 　外侧非贯通筋长度计算，分基础插筋（基础内长度＋$H_{-2}/3$）、中间楼层钢筋长度（$2×H_{-x}$）和顶层钢筋长度 $\{H_{-2}/3＋ l_{lE}(l_l)/2\}$ 三部分计算。H_{-x}，为 H_{-1} 和 H_{-2} 较大值。	板作为外墙的弹性嵌固支承，外侧钢筋伸入顶部弯折长度为 $l_{lE}(l_l)/2$，内侧钢筋伸入顶部弯折长度为 $15d$	
	竖向筋根数 = {墙身净长－1 个竖向间距（或 $2×50$）}/竖向布置间距＋1		

表 4-15　　　　　　　　　　地下室外墙水平方向钢筋计算

钢筋部位及其名称	计 算 公 式	备　注	附 图
地下室水平方向钢筋	内侧水平贯通筋长度 = 墙长－保护层＋端部弯折长度 $15d$＋水平搭接长度 $l_{lE}(l_l)$	焊接（机械连接）搭接长度为 0，根据墙长和钢筋定尺长度计算接头个数	图 4-35
	1. 外侧水平贯通筋长度 = 墙长－保护层＋端部弯折长度 $l_{lE}(l_l)/2$ ＋水平搭接长度 $l_{lE}(l_l)$ 注：焊接（机械连接）搭接长度为 0，根据墙长和钢筋定尺长度计算接头个数 2. 外侧水平非贯通筋长度计算 （1）端部转角处长度 = $2×\{Min(l_{n1}/3, H_n/3)＋端部横墙厚/2－端部横墙保护层\}$ （2）中间与内墙相交处长度 = $2×Min(l_{nx}/3, H_n/3)$ （3）上面（1）、（2）求和 注：l_{nx} 为相邻水平跨的较大净跨值，H_n 为本层层高	外侧水平贯通筋在端部转角处弯折长度为 $l_{lE}(l_l)/2$	
	水平筋根数 = [墙身净高－1 个水平方向间距（或 $2×50$）]/水平布置间距＋1		

4.2 剪力墙钢筋计算实例

附录工程中零层墙柱平面布置图 1 轴和 AB 轴段剪力墙 Q1 结构截图如图 4-36 所示，剪力墙混凝土强度等级 C40，二级抗震，保护层 15mm。受力筋为 HRB400 级钢，钢筋连接采用搭接，基础混凝土强度等级 C30，计算 1 轴和 AB 轴段 Q1 钢筋工程量。

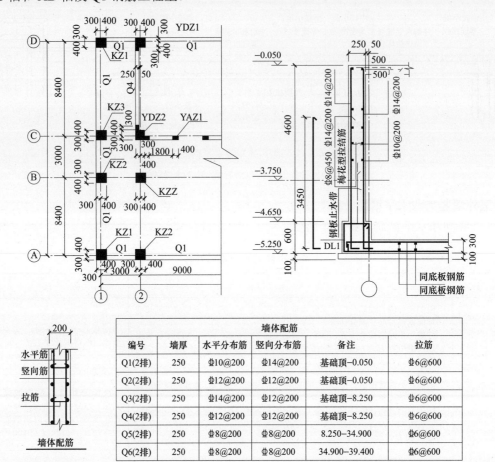

墙体配筋					
编号	墙厚	水平分布筋	竖向分布筋	备注	拉筋
Q1(2排)	250	Φ10@200	Φ14@200	基础顶-0.050	Φ6@600
Q2(2排)	250	Φ12@200	Φ12@200	基础顶-0.050	Φ6@600
Q3(2排)	250	Φ14@200	Φ12@200	基础顶-8.250	Φ6@600
Q4(2排)	250	Φ12@200	Φ12@200	基础顶-8.250	Φ6@600
Q5(2排)	250	Φ8@200	Φ8@200	8.250~34.900	Φ6@600
Q6(2排)	250	Φ8@200	Φ8@200	34.900~39.400	Φ6@600

图 4-36　附录工程 1 轴和 AB 轴段剪力墙 Q1 结构图

[解]

1. 基础层钢筋分析

基础层需要计算的钢筋量表 4-16 计算。

表 4-16　　　　　　　　　　　　　　基础层需要计算的钢筋量

钢筋部位及其名称			单　　位
基础层	基础插筋		长度
			根数
	水平筋	内侧	长度
			根数
		外侧	长度
			根数
	拉筋		长度
			根数

2. 基础插筋计算

由于在基础中的 Q1 生根于 DL1 中（墙端部也位于桩承台中），DL1 的高度为 600mm，宽度为 400mm，即 $h_j = 600$mm，Q1 插筋的直径为 14mm，Q1 插筋的保护层为（400 − 250）/2 + 15 = 90（mm），也就是说墙在基础中插筋保护层厚度大于 5d（70mm），$l_{aE} = 37d = 37 × 14 = 518$（mm）（基础中的混凝土为 C30，三级抗震，表 1 − 10 可得 HRB400 的锚固长度 $l_{aE} = 37d$），则 $h_j > l_{aE}$。根据以上条件，墙基础插筋满足构造（一），则竖向内外两侧插筋和水平分布钢筋是一样的：竖向钢筋伸入基础尽端弯折 6d，水平钢筋间距≤500mm，且不少于两道水平分布筋与拉筋，水平分布筋和拉筋距基础顶（本例为基础梁）顶 100mm 开始布设。本例只能布设两根水平分布筋。

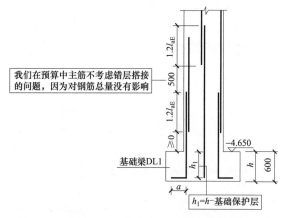

> 我们在预算中主筋不考虑错层搭接的问题，因为对钢筋总量没有影响

图 4 − 37　竖向插筋计算用图

（1）竖向插筋规范要求计算。插筋与上层钢筋绑扎（$d ≤$ 28mm），图 4 − 37 基础底 $h = 600$mm，计算基础插筋。

根据图 4 − 37 和表 4 − 1 剪力墙基础插筋的计算可知：

基础插筋长度 = 弯折长度 a + 锚固竖直长度 h_1 + 搭接
长度 1.2l_{aE}

其中：锚固竖直长度 h_1 = 底板厚度 h − 保护层 = 600 − 40 = 560（mm）

弯折长度 $a = 6d = 6 × 14 = 84$（mm）

则：基础插筋长度 = 84 + 560 + 1.2 × 518 = 1265（mm）

（2）竖向插筋设计要求计算。

由于本例中设计图纸给出了基础插筋的长度（图 4 − 36），竖向总长为 3450mm，由于设计满足规范要求，所以设计图纸为准计算，所示基础插筋长度为 3450 + 6d = 3534（mm）。

3. 地下室竖向纵筋计算

（1）按 11G101 规范要求计算地下室竖向纵筋长度。由于 1 轴和 AB 轴段剪力墙 Q1 从基础生根后在 −0.050m 处结束，钢筋锚固在地下室顶板内，所以地下室竖向钢筋计算。根据表 4 − 3 顶层竖向钢筋计算：

地下室竖向纵筋长度 = 层高 − 露出本层的高度 − 屋面板或楼板保护层 + 12d（剪力墙伸入楼板或屋面板）
= 4600 − 0 − 15 + 12 × 14
= 4753（mm）

（2）按设计要求计算地下室竖向纵筋长度：

地下室竖向纵筋长度 = 层高 − 露出本层的高度 − 屋面板或楼板保护层 + 500（设计值）+ 搭接长度 1.2l_{aE}
= 4600 − (3450 − 560) − 15 + 500 + 1.2 × 518
= 2816.6（mm）

竖向纵筋根数计算要注意竖向纵筋为两排：

单排为 N = (8400 − 800)/200 + 1 = 39（根）

两排 39 × 2 = 78（根）

4. Q1 竖向纵筋汇总

竖向纵筋总长 =（单根基础竖向插筋长度 + 单根地下室竖向纵筋长度）× 总根数

（1）按设计要求竖向钢筋总长度 = 78 × (3534 + 2816.6) = 495.3（m）；总重：495.3 × 1.208 = 598.32（kg）。

（2）按规范要求竖向钢筋总长度 = 78 × (1265 + 4753) = 469.4m；总重：469.4 × 1.208 = 567.04kg。

二者相差：31.28kg。

5. 水平分布筋计算

前边已经分析基础中水平分布筋总共 4 根，剪力墙 Q1 两端为端柱（KZ1 和 KZ2）。根据本章 4.1.6 节当墙体水平钢筋伸入端柱的直锚长度≥l_{abE}（l_{ab}）时，可不必上下弯折，但必须伸至端柱对边竖向钢筋内侧位置；当墙体水平钢筋伸入端柱的直锚长度<l_{abE}（l_{ab}）时，墙体水平钢筋必须伸入端柱对边竖向钢筋内侧位置，然后弯折。

水平分布筋最大水平锚固长度 = （柱宽 - 保护层 - 竖向钢筋直径）

$$= 700 - 15 - 22 = 663 > l_{abE} = 37 \times 10 = 370 \text{（mm）}$$

所以本例基础中 4 根水分布筋不必上下弯折最小锚固长度为 370（mm）。同理；基础顶面以上剪力墙中水平分布筋的锚固长度也为 370mm。

根据表 4 - 8 剪力墙端为端柱水平钢筋计算方法：

外侧钢筋长度 = 墙净长 + 锚固长度，内侧钢筋长度 = 墙净长 + 锚固长度。外侧钢筋长度 = 内侧钢筋长度

内外侧水平钢筋长度 $= (8400 - 800) + 2l_{abE}$

$$= 7600 + 2 \times 370$$

$$= 8340 \text{（mm）}$$

基础梁顶面至墙顶高度范围水平分布筋为 2 排，长度仍为 8340mm，单排根数计算如下：

$$N = (4600 - 50 - 15)/200 + 1 = 24 \text{（根）}$$

其中，计算时第一根分布筋距基础梁顶 50mm，顶部扣去保护层，双排水平分布筋共有根数：$24 \times 2 = 48$（根）

水平分布筋总长 $= 52 \times 8340 = 433\,680 \text{（mm）} = 433.68 \text{（mm）}$

水平钢筋总重 $= 433.68 \times 0.617 = 267.58 \text{（kg）}$

6. 拉筋计算

根据横向一字形箍筋（即拉筋）长度 $= H - 2 \times b + 2 \times 1.9d + 2 \times \text{Max}(10d, 75)$

$$= (250 - 2 \times 15) + 2 \times (75 + 1.9 \times 6)$$

$$= 393 \text{（mm）}$$

基础内拉筋至少 2 道：基础内总拉筋根数 $= 2 \times [(8400 - 800)/600 + 1] = 28 \text{（根）}$

基础以外 Q1 拉筋根数 $= (4600 - 50 - 15) \times (8400 - 800)/(600 \times 600) + 1 = 97 \text{（根）}$

基础总拉筋根数 $= 28 + 97 = 125 \text{（根）}$

基础拉筋总长度 $= 393 \times 125 = 49.125 \text{（m）}$

基础拉筋总重量 $= 49.125 \times 0.222 = 10.91 \text{（kg）}$

7. 钢筋总重

1）按设计要求计算：竖向钢筋、水平钢筋和拉筋总重 $= 598.32 + 267.58 + 10.91 = 876.81 \text{（kg）}$

2）按规范要求计算：竖向钢筋、水平钢筋和拉筋总重 $= 567.04 + 267.58 + 10.91 = 845.53 \text{（kg）}$

8. 与软件计算对比

广联达 GGJ 软件计算的过程和结果如图 4-38 基础层 Q1 钢筋计算和图 4-39 地下室 Q1 钢筋计算，由于采用的是 11G101 规范，没有考虑到设计要求，但软件考虑了桩承台的影响（主要影响桩承台 1200mm 高度内水平分布钢筋长度，软件计算到承台边缘加锚固长度），使最终计算结果有误差，软件共计算钢筋总量为 878.078kg。与按设计要求计算相差 1.268kg，与按规范要求计算相差 32.548kg。

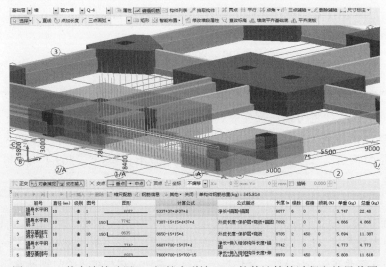

图 4-38　剪力墙基础层 Q1 钢筋广联达 GGJ 软件计算的过程和结果截图

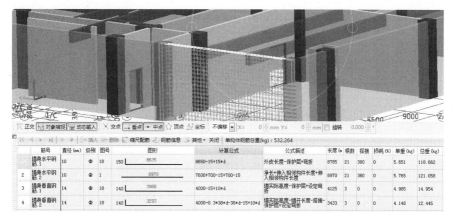

	筋号	直径(mm)	级别	图号	图形	计算公式	公式描述	长度(m)	根数	搭接	损耗(%)	单重(kg)	总重(kg)
	墙身水平钢筋.1	10	Φ	18	150	8635	8650-15+15*d	外皮长度-保护层+弯折	8785	21	380	0	5.651	118.662
2	墙身水平钢筋.2	10	Φ	1		8970	7600+700-15+700-15	净长+伸入相邻构件长度+伸入相邻构件长度	8970	21	380	0	5.765	121.058
3	墙身垂直钢筋.1	14	Φ	18	140	3985	4000-15+10*d	墙实际高度-保护层+设定弯折	4125	3	0	0	4.985	14.954
4	墙身垂直钢筋.2	14	Φ	18	140	3293	4000-0.3*38*d-38*d-15+10*d	墙实际高度-错开长度-搭接-保护层+设定弯折	3433	3	0	0	4.148	12.445

图 4-39　剪力墙地下室 Q1 钢筋广联达 GGJ 软件计算的过程和结果截图

思考题

1. 剪力墙基础插筋构造要求是什么？
2. 剪力墙竖向钢筋连接构造要求是什么？剪力墙竖向钢筋在顶部锚固形式有哪些，并有哪些构造要求？
3. 水平钢筋在端部的锚固形式有哪些，具体要求是什么？
4. 剪力墙竖向变截面构造有哪些形式，具体要求是什么？
5. 剪力墙水平方向变截面构造有哪些形式，具体要求是什么？
6. 剪力墙暗柱和端柱竖向钢筋和水平钢筋怎样计算？
7. 剪力墙开洞、洞口加强钢筋构造有哪些要求？钢筋如何计算？
8. 剪力墙连梁和暗梁构造有哪些要求？钢筋如何计算？
9. 地下室外墙 DWQ 构造有哪些要求？钢筋如何计算？
10. 计算附录工程 C 轴与②轴和③轴之间段 Q4 钢筋工程量。

第5章 梁钢筋工程量计算

钢筋混凝土梁构件是钢筋混凝土结构中重要的构件，属于水平构件。表 5-1 为 11G101-1 中梁构件的分类。梁需要计算的钢筋工程量如图 5-1 所示。

表 5-1   梁构件分类

类 型	代 号	类 型	代 号
楼层框架梁	KL	井字梁	JZL
屋面框架梁	WKL	基础梁、基础主梁（柱下）	JL
框支梁	KZL	基础次梁	JCL
非框架梁	L	基础联系梁	JLL
悬挑梁	XL	承台梁	CTL

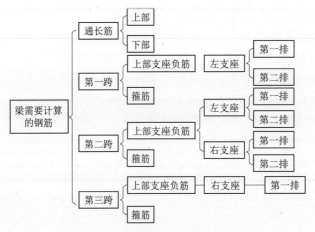

图 5-1 梁构件钢筋工程量计算内容

5.1 梁中钢筋构造要求

5.1.1 抗震楼层框架梁纵向钢筋构造

1. 贯通筋、非贯通筋、不深入支座筋构造要求

（1）抗震楼层框架梁贯通筋的搭接方式：梁上部通长筋与非贯通钢筋直径相同时，连接位置位于跨中 $l_{ni}/3$ 范围内，梁下部钢筋连接位置位于支座 $l_{ni}/3$ 范围内，且在同一连接区内钢筋接头面积百分率不宜大于 50%。

（2）当直径不同时，通长筋在 $l_{ni}/3$ 范围内搭接 l_{lE}（在较小直径一跨内搭接），与架立筋搭接 150mm。

（3）楼层框架梁支座非贯通筋深入跨内长度，第一排区 $l_n/3$，第二排区 $l_n/4$（净跨长 l_n 取左右跨较大值），详见图 5-2。

（4）楼层框架梁不伸入支座的梁下部钢筋距支座边的距离为 $0.1l_{ni}$（l_{ni} 为梁的净跨长），详见图 5-3。

2. 楼层框架梁端节点构造

楼层框架梁端节点有端支座直锚节点、端支座弯锚节点、端支座机械锚固节点三种锚固类型。

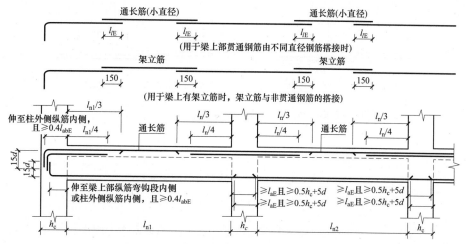

图5-2 抗震楼层框架梁 KL 纵向钢筋构造

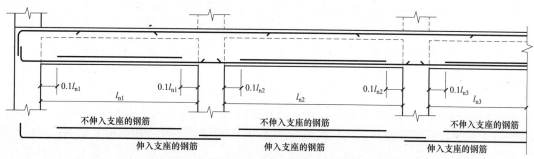

图5-3 不伸入支座的梁下部纵向钢筋断点位置

注：本构造详图不适用于框支梁；伸入支座的梁下部纵向钢筋锚固构造见 11G101-1 图集第 79～82 页。

（1）端支座直锚节点：当楼层框架梁的纵向钢筋直锚长度满足 Max（l_{aE}，$0.5h_c+5d$）时，可以直锚 [图 5-4（a）]，h_c 为柱截面沿框架方向的高度，d 为梁纵向钢筋直径。

（2）端支座弯锚节点：当纵向钢筋不够直锚时，纵向钢筋伸至柱外侧纵筋内侧且长度大于或等于 $0.4 l_{abE}$，弯折 $15d$ [图 5-4（b）]。

（3）端支座机械锚固节点：属于 11G101-1 新增加节点，框架梁纵向钢筋伸至柱外侧纵筋内侧加锚头（锚板），伸入长度大于或等于 $0.4 l_{abE}$ [图 5-4（c）]。

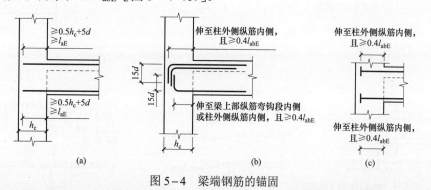

图5-4 梁端钢筋的锚固

（a）端支座直锚节点；（b）端支座弯锚节点；（c）端支座机械锚固节点 [端支座加锚头（锚板）锚固]

3. 楼层框架梁中间节点

（1）楼层框架梁中间节点下部钢筋构造。楼层框架梁中间支座下部钢筋直锚时，应满足 Max（l_{aE}，$0.5h_c+5d$），h_c 为柱截面沿框架方向的高度，d 为梁纵向钢筋直径，如图 5-5（a）所示。当楼层框架梁下部钢筋不能在柱内锚固时，可在节点外搭接，相邻跨钢筋直径不同时，搭接位置位于较小直径一跨，搭接位置距离支座边大于 $1.5h_0$（h_0 为梁高），如图 5-5（b）所示。

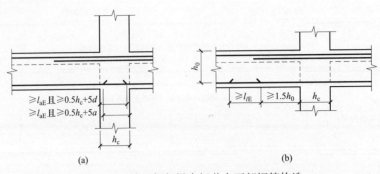

图5-5 楼层框架梁中间节点下部钢筋构造

（a）楼层框架梁中间支座下部钢筋直锚；（b）楼层框架梁下部钢筋不能在柱内直锚

（2）屋面框架梁 WKL 中间支座纵向钢筋构造。图5-6中节点①②③为屋面框架梁 WKL 中间支座纵向钢筋构造。节点①梁底部有高差，当$\Delta_h/(h_c-50)\geq1/6$，直锚长度满足 Max $(l_{aE},0.5h_c+5d)$时，高梁下部纵筋在支座处可直锚；低梁下部纵筋伸至柱外侧纵筋内侧弯折15d，且水平锚固长度不小于0.4$l_{abE}(l_{ab})$；高梁下部纵筋在支座锚固长度为$l_{aE}(l_a)$；当$\Delta_h/(h_c-50)<1/6$ 时，参照节点⑤做法弯曲通过。节点②梁顶部有高差，高梁上部纵筋伸至柱外侧纵筋内侧弯锚在柱内长度为$l_{aE}(l_a)$；低梁顶部纵筋直锚在柱内长度为l_{aE}（l_a）。节点③当支座两边梁宽不同或错开布置时，无法将直通的纵筋弯锚入柱内；或当支座两边纵筋根数不同时，可将多出的纵筋弯锚入柱内。梁上部纵筋需要弯锚的，伸至柱外侧纵筋内侧锚固长度为$l_{aE}(l_a)$；梁下部纵筋满足 Max $(l_{aE}, 0.5h_c+5d)$ 可直锚，不满足直锚需要弯锚的，伸至柱外侧纵筋内侧弯折15d且水平锚固长度$\geq0.4l_{abE}(l_{ab})$。

（3）楼层框架梁 KL 中间支座纵向钢筋构造。图5-6中节点④⑤⑥为楼层框架梁 KL 中间支座纵向钢筋构造。节点④⑤为梁顶和梁底均有高差。当$\Delta_h/(h_c-50)<1/6$，采用节点⑤做法，梁上下纵筋弯曲通过。当$\Delta_h/(h_c-50)\geq1/6$，采用节点④做法，梁最上部和最下部纵筋锚固长度满足$\geq$Max $(l_{aE}, 0.5h_c+5d)$时可直锚，不满足时直锚需要弯锚的，伸至柱外侧纵筋内侧弯折15d，且水平锚固长度$\geq0.4l_{abE}(l_{ab})$；梁其他部纵筋锚固长度为$l_{aE}(l_a)$。节点⑥的构造同节点③。

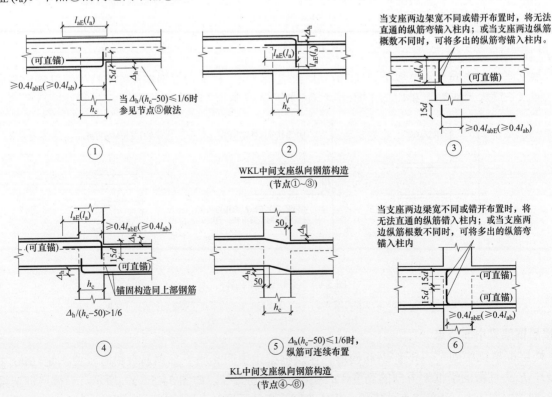

图5-6 框架梁 KL（屋面框架梁 WKL）中间支座纵向钢筋构造

5.1.2　屋面框架梁 WKL 纵筋构造

1. 贯通筋、非贯通筋、不伸入支座筋构造

屋面框架梁 WKL 的贯通筋、非贯通筋和不伸入支座筋构造同楼层框架梁 KL（图 5-7）。

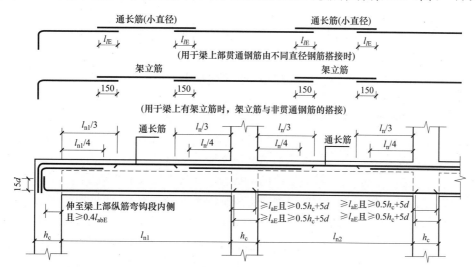

图 5-7　抗震屋面框架梁 WKL 纵向钢筋构造

2. 屋面框架梁端节点

（1）屋面框架梁上部钢筋有三种构造形式。

1）柱筋作为梁上部筋使用。在图 3-11 中柱顶层 A 节点，柱外侧纵向钢筋直径不小于梁上部钢筋时，可弯入梁内作梁上部纵向钢筋。

2）与柱外侧纵筋 90° 转折搭接。除了柱子外侧纵筋直接深入梁做梁负弯矩筋外，也可使梁上部钢筋与柱外侧钢筋在顶层端节点区域搭接。在图 3-11 中柱顶层节点 B 和 C，梁纵筋伸至梁底，且弯折长度大于 15d。

3）与柱外侧纵筋竖向搭接。

《混凝土结构设计规范》（GB 50010—2010）规定，当梁上部和柱外侧钢筋数量过多时，宜改用梁、柱钢筋直线搭接，接头位于柱顶部外侧。搭接长度自柱顶算起不应小于 1.7l_{abE} 或 1.7l_{ab}。当梁上部纵向钢筋的配筋率大于 1.2% 时，宜分两批截断，其截断点之间的距离不宜小于 20d，如图 3-11 中 E 节点所示。

（2）屋面框架梁下部钢筋有三种构造形式（图 5-8）。

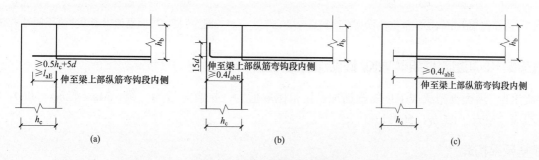

图 5-8　屋面框架梁下部钢筋

（a）抗震屋面框架梁端支座下部筋直锚；（b）抗震屋面框架梁端支座下部钢筋弯锚；

（c）抗震屋面框架梁端支座下部筋机械锚固［加锚头（锚板）锚固］

1）下部筋直锚。屋面框架梁下部钢筋直锚的构造时，下部钢筋必须伸至梁上部纵筋弯钩段内侧，直锚长度为 Max（l_{aE}，0.5h_c+5d），如图 5-8（a）所示。

2）下部筋弯锚。当下部筋不满足直锚时，需弯锚。下部钢筋必须伸至梁上部纵筋弯钩段内侧，且大于 $0.4l_{abE}$，弯折长度 $15d$，如图 5-8（b）所示。

3）下部筋机械锚固。屋面框架梁下部钢筋机械锚固时，下部钢筋必须伸至梁上部纵筋弯钩段内侧，且大于 $0.4l_{abE}$，如图 5-8（c）所示。

3. 屋面框架梁中间节点

（1）屋面框架梁中间节点下部钢筋构造。屋面框架梁中间支座下部钢筋直锚时满足 $Max(l_{aE}, 0.5h_c+5d)$，与楼层框架梁一致。当梁下部钢筋不能在柱内锚固时，可在节点外搭接，相邻跨钢筋直径不同时，搭接位置位于较小直径一跨，搭接位置距离支座边大于 $1.5h_0$（h_0 为梁高），如图 5-5 所示。

（2）屋面框架梁中间节点变截面构造有三种情况：

1）屋面框架梁底部有高差构造。

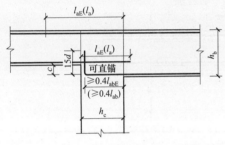

图 5-9　屋面框架梁中间支座节点底标高不同构造 $[c/(h_c-50)>1/6]$

① 当 $c/(h_c-50)>1/6$，直锚长度满足 $Max(l_{aE}, 0.5h_c+5d)$ 时，低梁下部纵筋在支座处可直锚；不能直锚时，低梁下部纵筋伸至柱外侧纵筋内侧弯折长度 $15d$，且水平锚固长度不小于 $0.4l_{abE}(l_{ab})$；高梁下部纵筋在支座锚固长度为 $l_{aE}(l_a)$，详见图 5-9。

② $c/(h_c-50) \leqslant 1/6$ 时，则弯曲通过，参见图 5-6 节点⑤做法。

2）屋面框架梁顶部有高差构造。屋面框架梁顶部有高差时，高梁上部纵筋伸至柱外侧纵筋内侧弯锚在柱内长度为 $l_{aE}(l_a)$，梁顶面高的梁上部筋弯折，弯折长度为 $l_{aE}(l_a)$+高差-上端保护层；梁顶面低的梁上部纵筋直锚长度 $l_{aE}(l_a)$，详见图 5-10。

3）屋面框架梁端梁宽度不同、支座两边纵筋错开布置或支座两边纵筋根数不同时支座处构造。当支座两边梁宽不同或错开布置时，将无法直通的纵筋弯锚入柱内，或当支座两边纵筋根数不同时，可将多出的纵筋弯锚入柱内。梁上部纵筋需要弯锚的，伸至柱外侧纵筋内侧锚固长度为 $l_{aE}(l_a)$；梁下部纵筋满足 $Max(l_{aE}, 0.5h_c+5d)$ 可直锚，不满足直锚需要弯锚的，伸至柱外侧纵筋内侧弯折 $15d$，且水平锚固长度不小于 $0.4l_{abE}(l_{ab})$，详见图 5-11。

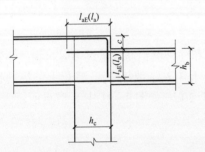

图 5-10　屋面框架梁中间支座节点顶标高不同构造

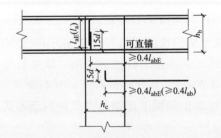

图 5-11　屋面框架梁端梁宽度不同时构造

5.1.3　框架梁 KL 和屋面框架梁 WKL 箍筋加密区构造

框架梁 KL、屋面框架梁 WKL 的箍筋加密区范围取值为：抗震等级为一级，$Max(2h_b, 500)$；抗震等级为二～四级，$Max(1.5h_b, 500)$。

5.1.4　非框架梁构造

1. 非框架梁纵筋构造

非框架梁配筋构造如图 5-12 所示。非框架梁 L 配筋构造中，上部非贯通筋中间支座伸入跨内长度为 $l_n/3$（l_n 为左右跨较大值）。

非框架端支座若按铰接设计时，从支座边缘伸入跨内非贯通筋的长度为 $l_{n1}/5$；若充分利用钢筋的抗拉强度时为 $l_{n1}/3$，详见图 5-12。当梁上部有通长筋时，连接位置宜位于跨中 $l_n/3$ 范围内；梁下部钢筋连接位置

宜位于支座 $l_n/3$ 范围内;在同一连接区内钢筋接头面积百分率不宜大于 50%;跨度值 l_n 为左跨 l_{ni} 和右跨 $l_{ni}+1$ 的较大值。

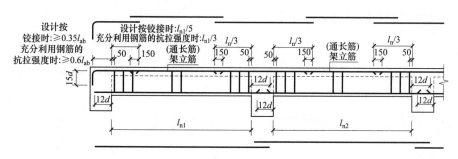

图 5－12　非框架梁 L 配筋构造

2. 非框架梁端支座构造

（1）非框架端支座上部纵筋伸入支座内的水平段长度取值不同。若设计按铰接时,水平锚固长度不小于 $0.35l_{ab}$;若充分利用钢筋的抗拉强度时,水平锚固长度不小于 $0.6l_{ab}$;弯折均为 $15d$。纵筋在端支座应伸至主梁外侧纵筋内侧后弯折,当直段长度不小于 l_a 时,可不弯折。

（2）下部钢筋伸入支座长度为 $12d$,当梁纵筋采用光面钢筋时应为 $15d$。同时,对于直形和弧形非框架梁没有明确的区分（03G101 对弧形非框架梁为 l_a）,详见图 5－13。

（3）当梁配有受扭纵向钢筋时,梁下部纵向筋锚入支座长度为 l_a,在端支座直锚长度不足时可弯锚,直锚长度不小于 $0.6l_{ab}$,弯折长度 $15d$。

3. 非框架梁中间支座

非框架梁顶面有高差或宽度不同时有三个节点构造。

（1）梁底和梁顶均有高差,且 $c/(b-50)>1/6$（c 为梁截面高差,b 支座宽度）时,高梁上部纵筋弯折 l_a（钢筋在端部增加钢筋长度为:l_a＋差值－上端保护层）;低梁上部纵筋伸入 l_a。梁底筋同中间支座锚固如图 5－14（a）所示。

（2）梁底和梁顶均有高差,且 $c/(b-50)≤1/6$（c 为梁截面高差,b 支座宽度）时,纵筋连续布置如图 5－14（b）所示。

（3）当支座两边梁宽度不同或支座两边纵筋错开布置时,将无法直通的纵筋弯锚入梁内;当支座两边纵筋根数不同时,可将多出的纵筋弯锚入梁内。梁上部纵筋弯折长度 $15d$,且水平锚固长度不小于 $0.6l_{ab}$,梁下部纵向钢筋锚固长度不小于 $12d$,如图 5－14（c）所示。

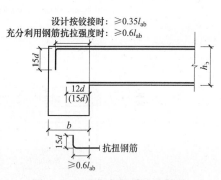

图 5－13　非框架梁端支座构造

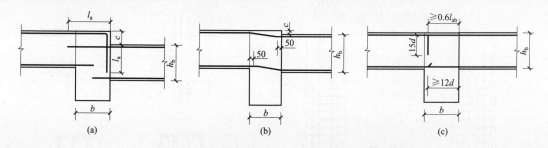

图 5－14　非框架梁 L 中间支座纵向钢筋构造

（a）梁底和梁顶均有高差且 $c/(b-50)>1/6$;（b）梁底和梁顶均有高差且 $c/(b-50)≤1/6$;

（c）支座两边梁宽度不同或错开布置

5.1.5　纯悬挑梁构造

纯悬挑梁构造要求如图 5－15 所示。纯悬挑梁悬挑端第一排至少 2 根角筋,并不少于第一排纵筋的 1/2

到悬挑端弯折 $12d$，其余纵筋弯起。第二排在 $0.75l$ 处弯起末端水平段长度不小于 $10d$。在纯悬挑梁支座内，上部钢筋伸至柱外侧，且大于 $0.4l_{ab}$，弯折 $15d$；下部钢筋伸入支座内 $15d$。箍筋在支座端 50mm 开始布设，在悬挑端距板沿 50mm 开始布设箍筋。

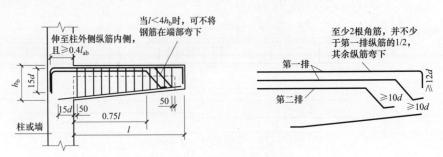

图 5-15　纯悬挑梁构造

5.1.6　框支梁、井字梁

1. 框支梁端支座节点

框支梁上部纵筋第一排钢筋伸至柱对边，弯折伸至梁底再伸入柱内 l_{aE}，第二排钢筋伸至柱对边，弯折 $15d$，且总锚固长度要大于或等于 l_{aE} 或 l_a。框支梁下部钢筋，伸至柱对边弯折，弯折长度不小于 $15d$，且总锚固长度不小于 l_{aE}。框支梁侧面钢筋支座内总锚固长度不小于 l_{aE}，能直锚时，直锚长度不小于 l_{aE}，且不小于 $0.5h_c+5d$；不足直锚时可以弯锚，钢筋伸至柱对边弯折，弯折长度大于 $15d$。如图 5-16 所示，h_b 为梁截面的高度，h_c 为框支柱截面沿框支框架方向的高度。

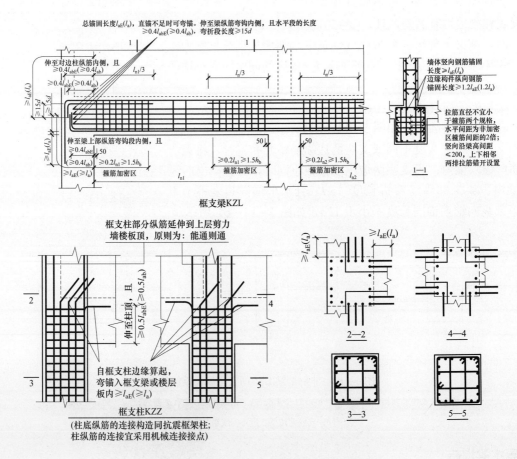

图 5-16　框支梁 KZL 和框支柱 KZZ 构造

2. 框支梁上的墙、边缘构件插筋

剪力墙竖向钢筋锚入框支梁 l_{aE}；剪力墙边缘构件插筋伸入框支梁 $1.2l_{aE}$，如图 5-16 中 1-1 剖面图。

3. 井字梁

井字梁钢筋在端支座，纵筋应伸至主梁外侧后弯折，当直段长度不小于 l_a 时可不弯折。上部钢筋设计按铰接时，水平段不小于 $0.35l_{ab}$；充分利用钢筋的抗拉强度时，水平段不小于 $0.6l_{ab}$。下部钢筋伸入支座（端支座和中间支座）内 $12d$。当梁纵筋采用光面钢筋时，应为 $15d$。构造形式同非框架梁，如图 5-17 所示。

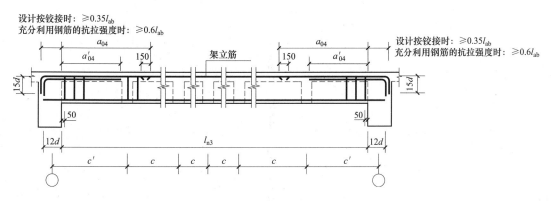

图 5-17 井字梁配筋构造

设计无具体说明时，井字梁上、下部纵筋均短跨在下，长跨在上；短跨梁箍筋在相交范围内通常设置；相交处两侧各附加 3 道箍筋，间距 50mm，箍筋直径及肢数同梁内箍筋。

当梁上部有通常筋时，连接位置宜位于跨中 $l_{ni}/3$ 范围内，梁下部钢筋连接位置宜位于支座 $l_{ni}/4$ 范围内，且在同一连接区段内钢筋接头百分率不宜大于 50%。

5.1.7 基础主梁 JL

1. 纵筋构造

基础主梁 JL 的纵筋构造要求：基础中的梁与框架梁相反，是个倒梁，所以顶部贯通筋连接区为支座两边 $l_n/4$，底部贯通纵筋连接区为跨中 $l_n/3$；底部非贯通筋伸入跨内长度为 $l_n/3$。其中 l_n 为左右净跨较大值，如图 5-18 所示。

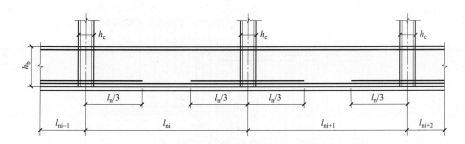

图 5-18 基础主梁纵筋构造（基础梁非贯通筋延伸长度）

2. 基础主梁端部构造

（1）基础主梁端部有外伸构造，包括等截面外伸和变截面外伸，构造基本一样。上部钢筋第一排纵筋伸至尽端弯折 $12d$，上部钢筋第二排从边柱或角柱边伸入 l_a。下部第一排纵筋，当外伸段 $l_n + h_c \leqslant l_a$ 时，基础梁下部钢筋应伸至端部后弯折，且从柱内边算起水平段长度不小于 $0.4l_{ab}$，弯折长度 $15d$；当外伸段 $l'_n + h_c > l_a$ 时，基础梁下部钢筋应伸至端部后弯折，弯折长度 $12d$。下部第二排纵筋，在外伸部位伸至端部，在支座处伸入跨内长度 Max（l'_n，$l_n/3$），如图 5-19 所示。

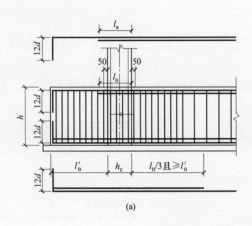
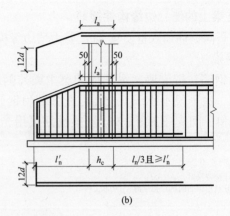

图 5-19　基础主梁端部有外伸构造

（a）基础主梁 JZL 端部等截面外伸构造；（b）基础主梁 JZL 端部变截面外伸构造

（2）基础主梁端部无外伸构造，上部钢筋伸至尽端钢筋内侧弯折 15d，上部钢筋当直段长度不小于 l_a 时可不弯折。下部钢筋伸至尽端钢筋内侧弯折 15d，水平段锚固长度不小于 $0.4l_{ab}$，如图 5-20 所示。

3. 基础主梁中间支座变化部位构造

（1）梁底有高差钢筋构造。底部钢筋无论第一排还是第二排，均从变截面处伸入 l_a，如图 5-21 梁底部有高差部位构造。

（2）梁顶有高差钢筋构造。顶部低梁纵筋从柱边锚固 l_a。顶部高梁纵筋第一排钢筋伸至柱对边弯折 l_a，（弯折后增加长度为：高差 + l_a - 上端保护层）；顶层高梁纵筋第二排筋伸至尽端弯折 15d，当直段长度不小于 l_a 时可以不弯折，如图 5-21 梁顶部有高差构造。

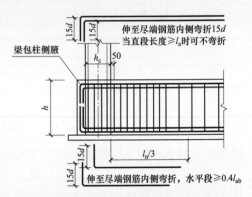

图 5-20　基础主梁端部无外伸构造

（3）梁底和梁顶均有高差构造。梁底钢筋构造要求同"（1）梁底有高差钢筋构造"；梁顶构造要求同"（2）梁顶有高差钢筋构造"，如图 5-21 所示。

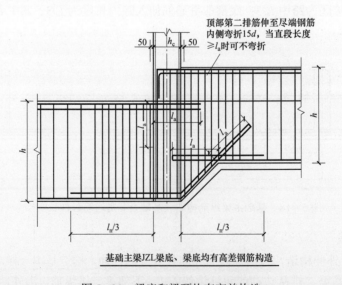

图 5-21　梁底和梁顶均有高差构造

（4）基础主梁支座两边梁宽不同钢筋构造。上部纵筋伸至尽端弯折 15d，当直锚长度不小于 l_a 时可不弯折；下部纵筋伸至尽端弯折 15d 且满足支座内水平锚固长度不小于 $0.4l_{ab}$，如图 5-22 所示。

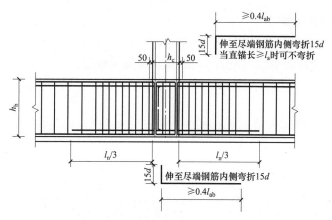

图 5-22　基础主梁支座两边梁宽不同钢筋构造

5.1.8　基础次梁 JCL

1. 基础次梁纵筋

基础次梁贯通筋连接区域和非贯通筋深入跨内长度的构造与基础主梁 JL 一致，如图 5-23 所示。

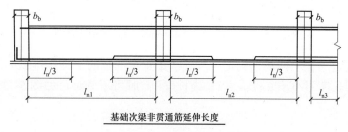

图 5-23　基础次梁纵筋构造

2. 基础次梁端部构造

（1）基础次梁端部无外伸构造。基础次梁上部纵筋伸入基础主梁内长度不小于 $12d$ 且至少到梁中线；下部纵筋伸入基础梁内水平段长度，设计按铰接时不小于 $0.35l_{ab}$，充分利用钢筋的抗拉强度时不小于 $0.6\,l_{ab}$，弯折长度 $15d$，如图 5-24 所示。

（2）基础次梁端部有外伸构造。基础次梁上下部纵筋均伸至尽端弯折 $12d$。当外伸段和基础主梁宽之和不大于 l_a 时（即 $l'_n + b_b \leqslant l_a$），基础梁下部钢筋应伸至端部后弯折 $15d$，从梁内边算起水平段长度由设计指定，当设计按铰接时应不小于 $0.35l_{ab}$，当充分利用钢筋抗拉强度时应不小于 $0.6l_{ab}$，如图 5-25 所示。

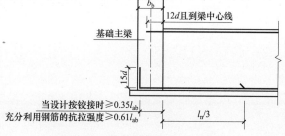

图 5-24　基础次梁端部无外伸构造

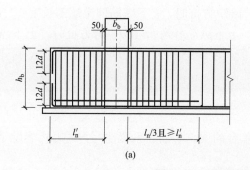

(a)

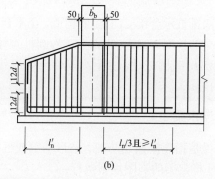

(b)

图 5-25　基础次梁端部有外伸构造

（a）基础次梁 JCL 端部等截面外伸构造；（b）基础次梁 JCL 端部变截面外伸构造

3. 基础次梁中间支座变截面构造

（1）梁顶面有高差钢筋构造。梁顶面高的梁纵筋伸入基础主梁尽端弯折15d，梁顶面低的梁纵筋伸入基础主梁长度不小于l_a，且至少到梁中线，如图5-26梁顶部高差构造。

（2）梁底面有高差钢筋构造。与基础主梁一致，底部钢筋无论第一排还是第二排，均从变截面处伸入l_a，如图5-26梁底部高差构造。

（3）梁顶和梁底均有高差钢筋构造。其构造要求满足上述（1）（2）两点构造要求，如图5-26所示。

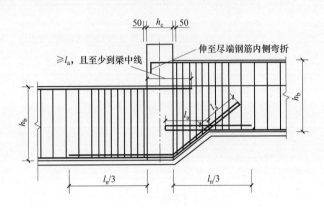

图5-26　基础次梁梁顶和梁底均有高差钢筋构造

（4）基础次梁支座两边梁宽不同钢筋构造。基础次梁宽梁部位的上下各排纵筋伸至尽端弯折15d，但下部纵筋弯折后，水平锚固长度不小于$0.6l_{ab}$。当直锚长度≥l_a时可不弯折，如图5-27所示。

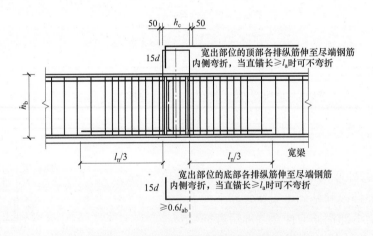

图5-27　基础次梁支座两边梁宽不同钢筋构造

5.1.9　承台梁 CTL

墙下单排双排桩承台梁 CLT 配筋构造，在承台梁端部，方桩时，上下纵筋伸至端部长度≥25d，圆桩时，上下纵筋伸至端部长度≥25d+0.1D（D为圆桩直径），上下纵筋各弯折10d。若方桩时，上下纵筋伸至端部且直段长度≥35d，或圆桩时，上下纵筋伸至端部且直段长度≥35d+0.1D（D为圆桩直径），可不弯折，详见本书7.4.2节内容。

5.1.10　基础连系梁 JLL

基础连系梁是指连接独立基础、条形基础或桩基承台的梁。基础连系梁注写方式及内容除编号外，均按11G101-1中非框架梁的制图规则执行。

配筋构造中，基础连系梁顶面与基础顶面平齐时，基础顶面为嵌固部位，底层柱下端纵筋露出长度为H_n/3，为箍筋加密区；连系梁伸入支座内长度为 l_a，如图 5-28（a）所示。

当上部结构底层地面以下设置基础连系梁，即基础连系梁位于基础顶面以上，连接底层柱时，上部结构底层框架柱下端的箍筋加密高度从基础连系梁顶面开始计算，基础连系梁顶面至基础顶面短柱具体设计。基础连系梁端支座纵筋水平段长度不小于 $0.4l_{ab}$，弯折 $15d$，中间支座顶部筋贯通，下部筋锚固 l_a，如图 5-28（b）所示。

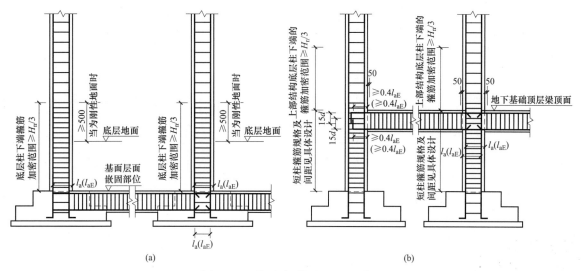

图 5-28　基础连系梁 JLL 配筋构造

5.2　梁纵向受力钢筋

5.2.1　抗震框架梁上部钢筋计算

1. 框架梁上部通长钢筋计算

（1）框架梁上部通长钢筋构造如图 5-29 所示。

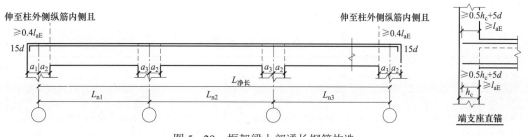

图 5-29　框架梁上部通长钢筋构造

1）左、右支座锚固长度的取值判断。根据 11G101-1 规范确定：

当 h_c-保护层厚度（直锚长度）-D（柱外侧纵筋的直径）$\geqslant l_{aE}$ 时，直锚长度取 $\mathrm{Max}\,(l_{aE}, 0.5h_c+5d)$；式中，$h_c$ 为支座柱沿框架方向高度。

当 h_c-保护层厚度（直锚长度）-D（柱外侧纵筋的直径）$<l_{aE}$ 时，必须弯锚，这时弯锚长度有以下几种算法：

算法 1：弯锚长度 $=h_c$-保护层厚度 $+15d$

算法 2：弯锚长度 $=0.4l_{abE}+15d$

算法 3：弯锚长度 $\mathrm{Max}\,(l_{aE},\ h_c$-保护层厚度 $+15d)$

算法 4：弯锚长度 $\mathrm{Max}\,(l_{aE},\ 0.4l_{abE}+15d)$

算法 5：弯锚长度 h_c – 保护层厚度 – D（柱外侧纵筋的直径）+ 15d

2）混凝土结构设计规范中纵向钢筋弯锚时锚固长度。

根据《混凝土结构设计规范》（GB 50010—2010）第 184、185 页中第 11.6.7 条中不难得出，当框架梁采用抗震设计时，梁上部纵向钢筋弯锚时，梁上部纵向筋在框架梁中间层端节点内的最小水平锚固长度为 0.4l_{abE}，并且加弯折 15d [图 5–30（b）]。当梁上部纵向钢筋弯锚时，梁上部纵向筋在框架梁中间层端节点内的锚固按算法 1：弯锚长度＝h_c – 保护层厚度 + 15d 较为合理，按算法 5：弯锚长度 h_c – 保护层厚度 – D（柱外侧纵筋的直径）+ 15d 最为准确。

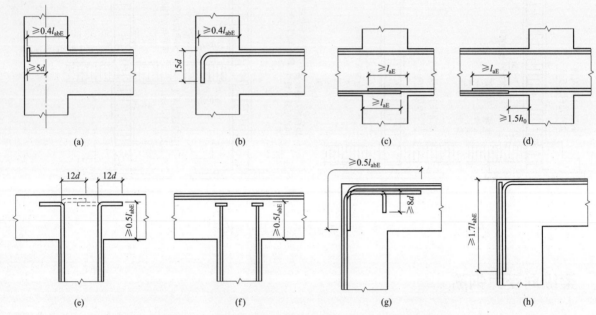

图 5–30　梁和柱的纵向变力钢筋在节点区的锚固和搭接

（a）中间层端节点梁筋加锚头（锚板）锚固；　（b）中间层端节点梁筋 90°弯折锚固；　（c）中间层中间节点梁筋在节点内直锚固；

（d）中间层中间节点梁筋在节点外搭接；　（e）顶层中间节点柱筋 90°弯折锚固；　（f）顶层中间节点柱筋加锚头（锚板）锚固；

（g）钢筋在顶层端节点外侧和梁端顶部弯折搭接；　（h）钢筋在顶层端节点外侧直线搭接

（2）框架梁上部通长钢筋计算详见表 5–2 上部通长筋计算。

表 5–2　　　　　　　　　　　　　　上 部 通 长 筋 计 算

钢筋部位及其名称	计 算 公 式	备 注	附 图
上部通长筋	1. 长度＝各跨轴线长之和（L 净长）– 左支座内侧 a_2 – 右支座内侧 a_3 + 左、右锚固长度 2. 左、右锚固长度取值： （1）当 h_c – 保护层（直锚长度）– D（柱外侧纵筋的直径）$\geqslant l_{aE}$ 时，直锚：左右锚固长度＝Max（l_{aE}, 0.5h_c + 5d） （2）当 h_c – 保护层（直锚长度）– D（柱外侧纵筋的直径）< l_{aE} 时弯锚： 1）左、右锚固长度＝h_c – 柱筋保护层 + 15d 2）左、右锚固长度＝h_c – 柱筋保护层 – D（柱外侧纵筋的直径）+ 15d	见 11G101–1 第 79 页、第 81 页抗震楼层框架梁 KL 纵向钢筋构造中注与 GB 50010—2010 第 185 页图梁上部纵向钢筋在框架梁中间层端节点内的锚固中注： 1. 如果存在搭接情况，还需要把搭接长度加进去 2. （h_c – 柱筋保护层厚度 – D（柱外侧纵筋的直径））$\geqslant$0.4l_{abE}，不满足增大弯锚长度或采用其他措施 3. 式中 D（柱外侧纵筋的直径）可忽略不计	图 5–29

2. 框架梁上部支座负筋和架立钢筋计算

（1）框架梁上部支座负筋和架立钢筋构造详见图 5–31。

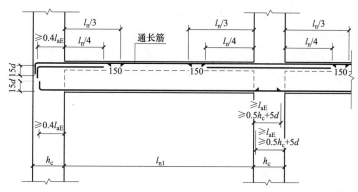

图 5-31 框架梁上部支座负筋和架立钢筋构造（一、二级抗震等级楼层框架梁 KL）

注：当梁的上部既有通长筋又有架立筋时，其中架立筋的搭接长度为150mm。

（2）框架梁上部支座负筋和架立钢筋计算详见表 5-3 上部支座负筋和架立筋计算表。

表 5-3　　　　　　　　　　　　　　　　上部支座负筋和架立筋计算表

钢筋部位及其名称	计　算　公　式	备　　注	附　图
端支座负筋	第一排钢筋长度＝本跨净跨长/3＋锚固	见 11G101-1 第 79 页抗震楼层框架梁 KL 纵向钢筋构造中注： 1. 锚固同梁上部贯通筋端锚固 2. 当梁的支座负筋有三排时，第三排钢筋的长度计算同第二排	图 5-31
	第二排钢筋长度＝本跨净跨长/4＋锚固		
中间支座负筋	第一排钢筋长度＝2×l_n/3＋支座宽度 第二排钢筋长度＝2×l_n/4＋支座宽度	1. 见 11G101-1 第 79 页抗震楼层框架梁 KL 纵向钢筋构造 2. l_n 为相邻梁跨大跨的净跨长	
架立筋	长度＝本跨净跨长－左侧负筋伸入长度－右侧负筋伸入长度＋2×搭接	当梁上部既有贯通筋又有架立筋时，搭接长度为150mm	

5.2.2　抗震框架梁下部钢筋计算

1. 框架梁下部通长钢筋、非通长钢筋和下部不伸入支座钢筋计算

（1）框架梁下部通长钢筋、非通长钢筋和下部不伸入支座筋构造。

1）框架梁下部通长钢筋和非通长钢筋构造详见图 5-31。

2）框架梁下部不伸入支座筋构造详见图 5-32。

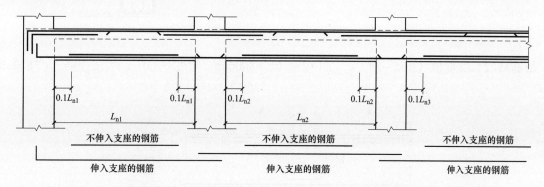

图 5-32 框架梁下部不伸入支座筋构造（不伸入支座的梁下部纵向钢筋断点位置）

（2）框架梁下部通长钢筋、非通长钢筋和下部不伸入支座筋计算详见表 5-4 框架梁下部钢筋计算表。

表 5-4 框架梁下部钢筋计算

钢筋部位及其名称	计 算 公 式	备 注	附 图
下部通长筋	长度＝各跨轴线长之和 L 净长－左支座内侧长度 a_2－右支座内侧长度 a_3＋左锚固长度＋右锚固长度 左、右锚固长度取值： （1）当 h_c－保护层（直锚长度）－D（柱外侧纵筋的直径）$\geqslant l_{aE}$ 时，直锚： 左右锚固长度＝Max（l_{aE}，$0.5h_c+5d$） （2）当 h_c－保护层厚度（直锚长度））－D（柱外侧纵筋的直径）$< l_{aE}$ 时弯锚： 左、右锚固长度＝h_c－柱筋保护层厚度＋15d； 或左、右锚固长度＝h_c－柱筋保护层厚度 　　　　　　　　－D（柱外侧纵筋的直径）＋15d	1. 端支座锚固长度取值同框架梁上部钢筋取值 2. 如果存在搭接情况，还需要把搭接长度加进去 3.（h_c－柱筋保护层厚度 D（柱外侧纵筋的直径））$\geqslant 0.4l_{abE}$，不满足增大弯锚长度或采用其他措施 4. 式中 D（柱外侧纵筋的直径）可忽略不计	图 5-30
下部非通长钢筋	长度＝净跨长度＋左锚固＋右锚固	见 11G101-1 第 79 页抗震楼层框架梁 KL 纵向钢筋构造中注： 端部取值同框架梁下部通常钢筋取值；中间支座锚固长度为：Max（l_{aE},$0.5h_c+5d$）	
下部不伸入支座筋	长度＝净跨长度－$2\times0.1l_n$（l_n 为本跨净跨长度）	见 11G101-1 第 87 页不伸入支座的梁下部纵向钢筋断点位置	图 5-32

5.3 框架梁附加钢筋

框架梁附加钢筋，一般包括侧面纵向构造钢筋、侧面纵向抗扭钢筋、拉筋、吊筋、次梁加筋（弯起钢筋）和加腋钢筋。

5.3.1 框架梁附加钢筋构造

框架梁附加钢筋构造详见图 5-33～图 5-36。

（1）当 $h_w \geqslant 450$mm 时，需要在梁的两个侧面沿高度配置纵向构造钢筋，间距 $a \leqslant 200$（图 5-33）。

图 5-33 侧向钢筋和拉筋构造

（2）吊筋斜段长度取值（图 5-34）：当主梁高 $h_w > 800$mm，角度为 60°；当主梁高 $h_w \leqslant 800$mm 角度为 45°。

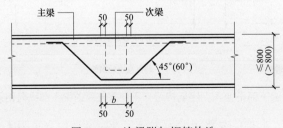

图 5-34 次梁附加钢筋构造

（3）在次梁宽度范围内，主梁箍筋或加密区箍筋照设（图 5-35）。

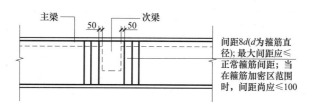

图 5-35　次梁附加箍筋构造

（4）当梁结构平法施工图中加腋部位的配筋未注明时，其梁腋的下部斜纵筋为伸入支座的梁下部纵筋根数 n 的 $n-1$ 根（且不少于两根），并插空放置，其箍筋与梁端部的箍筋相同（图 5-36）。

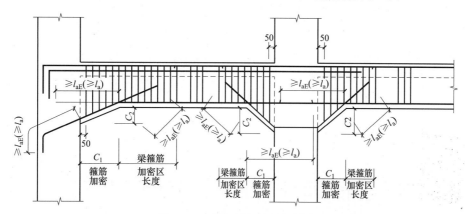

图 5-36　框架梁加腋钢筋构造

5.3.2　框架梁附加钢筋计算

梁附加钢筋计算详见表 5-5。

表 5-5　　　　　　　　　　　　梁 附 加 钢 筋 计 算

钢筋部位及其名称	计　算　公　式	备　注	附　图
侧面纵向构造钢筋	当 h_w≥450mm 时，需要在梁的两个侧面沿高度配置纵向构造钢筋，间距 a≤200 长度=净跨长度+2×15d	11G101-1 第 87 页梁侧面纵向构造筋和拉筋中注： 1. h_w 指梁的腹板高度 2. 梁侧面构造纵筋和受扭纵筋的搭接与锚固长度：梁侧面构造钢筋其搭接与锚固长度可取为15d，梁侧面受扭纵向钢筋其搭接长度为 l_l 或 l_{lE}，其锚固长度与方式同框架梁下部纵筋 3. 一级钢筋加上两端弯钩长度12.5d	图 5-33
侧面纵向抗扭钢筋	长度=净跨长度+2×锚固长度		
拉筋	长度=梁宽-2×保护层厚度+2×1.9d+2×Max（10d，75）	当梁宽≤350mm 时，拉筋直径为 6mm，梁宽>350mm 时，拉筋直径为 8mm	
	概数=排数×每排根数	拉筋间距为非加密区箍筋间距的两倍，当设有多排拉筋时，上下两排竖向错开设置	
吊筋	长度=2×20d+2×斜段长度+次梁宽度+2×50	见 11G101-1 第 87 页： 斜段长度取值：当主梁高>800mm，角度为60°；当主梁高≤800mm 角度为45°	图 5-34
次梁加箍筋	次梁加筋箍筋长度同箍筋长度计算	在次梁宽度范围内，主梁箍筋或加密区箍筋照设	图 5-35
加腋钢筋	长度=加腋斜长+2×锚固	见 11G101-1 第 83 页： 当梁结构平法施工图中加腋部位的配筋未注明时，其梁腋的下部斜纵筋为伸入支座的梁下部纵筋根数 n 的 $n-1$ 根（且不少于两根），并插空放置，其箍筋与梁端部的箍筋相同	图 5-36

5.4　框架梁箍筋

5.4.1　框架梁箍筋构造

框架梁箍筋构造中框架梁箍筋的类型同柱子箍筋的类型，框架梁箍筋加密区的范围详见图 5-37、图 5-38。

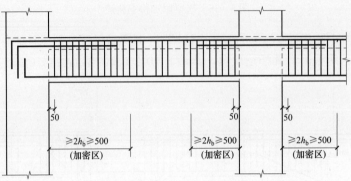

图 5-37　一级抗震等级框架梁屋面梁箍筋加密区范围

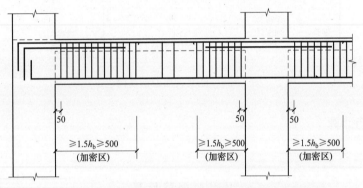

图 5-38　二～四级抗震等级框架梁屋面梁箍筋加密区范围

5.4.2　框架梁箍筋计算

框架梁箍筋计算详见表 5-6。

表 5-6　　　　　　　　　　　　　　　　框 架 梁 箍 筋 计 算

钢筋部位及其名称	计 算 公 式	备 注	附图
框架梁箍筋	长度计算同柱箍筋计算	见 11G101-1 第 85 页	图 5-37 图 5-38
	箍筋根数每一跨单独计算：一跨根数=2×[（加密区长度-50）/加密间距+1]+（非加密区长度/非加密间距-1）	箍筋加密区长度取值： 1. 当结构为一级抗震时，加密长度为 Max（2×梁高 h_b，500） 2. 当结构为二～四级抗震时，加密长度为 Max（1.5×梁高 h_b，500）	

5.5　其他梁钢筋

5.5.1　屋面框架梁端支座钢筋锚固长度计算

屋面框架梁端支座锚固长度构造详见图 5-39。

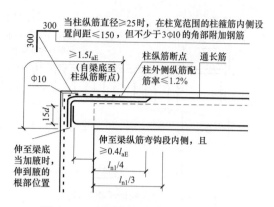

图 5-39 屋面框架梁端支座锚固构造

屋面框架梁端支座锚固长度计算详见表 5-7。

表 5-7 屋面框架梁端支座锚固长度计算

钢筋部位及其名称	计 算 公 式	备 注	附图
屋面框架梁	端支座上部钢筋锚固长度 = h_c - 保护层 + 梁高 - 保护层 （h_c 柱截面沿框架方向的高度） 端支座下部钢筋锚固长度：直锚长度为 Max（l_{aE}，$0.5h_c + 5d$）； 弯锚长度为 Max（$15d + 0.4l_{aE}$，$15d + h_c$ - 保护层）	见 11G101-1 第 80 页中抗震屋面框架梁 WKL 纵向钢筋构造	图 5-7

5.5.2 非框架梁钢筋长度计算

非框架梁配筋构造详见图 5-40。

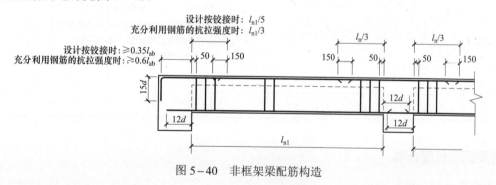

图 5-40 非框架梁配筋构造

非框架梁钢筋长度计算详见表 5-8。

表 5-8 非框架梁钢筋长度计算

钢筋部位及其名称	计 算 公 式	备 注	附图
非框架梁	端支座负筋锚固长度：Max [支座宽 - 保护层 + 15d，15d + 0.35l_{ab}(0.6l_{ab})]	见 11G101-1 第 86 页，主要介绍非框架梁与框架梁配筋不同的地方	图 5-12
	端支座负筋长度 = 净跨长/5 + 锚固（净跨长/3 + 锚固长度）	—	图 5-40
	下部钢筋长度 = 净跨长 + 12d	梁下部肋形钢筋锚固长为 12d，当为光面钢筋时为 15d	

5.5.3 独立悬臂梁钢筋长度计算

独立悬臂梁钢筋构造详见图 5-41。不考虑地震作用时，当纯悬挑梁纵向钢筋直锚长度 ≥l_a 且 ≥0.5h_c + 5d 时，可不必往下弯折。当悬挑梁考虑竖向地震作用时，图 5-41 中悬挑梁钢筋锚固长度 l_a、l_{ab} 应改为 l_{aE}、l_{abE}，悬挑梁下部钢筋伸入支座长度也应采用 l_{aE}。

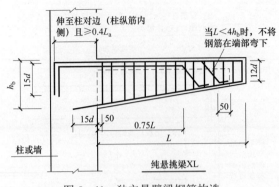

图 5-41 独立悬臂梁钢筋构造

独立悬臂梁钢筋长度计算详见表 5-9。

表 5-9   独立悬臂梁钢筋长度计算

钢筋部位及其名称	计 算 公 式	备 注	附图
独立悬臂梁	$L<4h_b$ 时，钢筋在端部不下弯： 上部第一排钢筋（全部）长度 = L - 保护层厚度 + Max{悬挑端梁高 - 2 × 保护层厚度，$12d$} + 锚固长度	详见 11G101-1 第 89 页中注： 1. 通常筋为角筋，且根数不少于第一排纵筋的二分之一 2. 锚固长度： 直锚长度 = Max（l_a，$0.5h_c+5d$） 弯锚长度 = 支座宽 - 支座保护层 + $15d$，且直锚长度 $\geq 0.4l_a$ 3. 弯曲增加长度计算方法见本书 1.3.5 节弯起钢筋增加长度计算，45°弯起时： 弯起增加长度 = 0.414 ×（梁高 - 2 × 保护层）	图 5-15 图 5-41
	$L\geq4h_b$ 时，钢筋在端部下弯： 2 根角筋长度同上（在端部不下弯） 其余下弯钢筋长度 = L - 保护层厚度 + 弯曲增加长度 + 锚固长度		
	$L<4h_b$ 时，部分钢筋在端部不下弯： 上部第二排钢筋长度：锚固长度 + $0.75L$ $L\geq4h_b$ 时，钢筋在端部下弯： 上部第二排钢筋长度 = 锚固长度 + $0.75L$ + 弯曲钢筋斜长 + $10d$		
	下部钢筋长度 = L - 保护层 + $15d$		

5.5.4 悬臂梁钢筋长度计算

悬臂梁钢筋构造详见图 5-42。

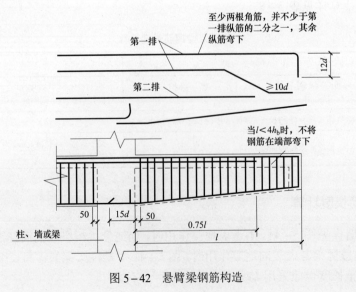

图 5-42 悬臂梁钢筋构造

悬臂梁钢筋长度计算详见表 5-10。

表 5-10   悬臂梁钢筋长度计算

钢筋部位及其名称	计 算 公 式	备 注	附图
悬臂梁	1. $L<4h_b$ 时，钢筋在端部不下弯： 上部第一排钢筋长度 = $l_{n1}/3$ + 支座宽 + L - 保护层厚度 　　　　　　　　　 + Max{悬挑端梁高 - 2×保护层， 　　　　　　　　　 12d } 2. $L\geqslant 4h_b$ 时，钢部分筋在端部下弯： （1）2 根角筋长度同上（在端部不下弯） （2）其余下弯钢筋长度 = $l_{n1}/3$ + 支座宽 + L - 保护层厚度 　　　　　　　　　 + 弯起增加长度	详见 11G101-1 第 89 页	图 5-41
	上部第二排钢筋长度 = $l_{n1}/4$ + 支座宽 + 0.75L		
	下部钢筋长度 = L - 保护层 + 15d	—	

5.6 梁钢筋计算实例

[例] 附录工程首层 1 轴 KL10 结构平法施工图如图 5-43 所示，框架梁混凝土强度等级 C30，抗震等级三级抗震，保护层 25mm。受力筋为 HRB400 级钢，钢筋连接采用焊接，计算首层 1 轴 KL10 钢筋工程量。已知梁的混凝土保护层为 25mm，柱混凝土保护层 30mm，箍筋的起步距离 50mm。

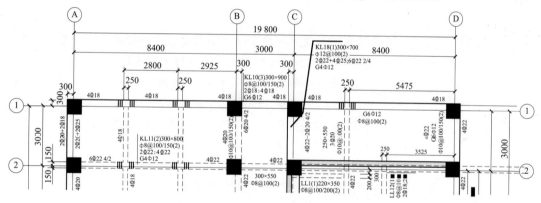

图 5-43　首层 1 轴 KL10 结构平法施工图

[解] 首先进行基础数据计算，查表 1-10 受拉钢筋的基本锚固长度 l_{ab}、l_{abE} 知：

$$钢筋的抗震锚固长度 \ l_{abE}=37d=37\times 18=666mm$$

$$0.4l_{abE}=266.4mm$$

（1）KL10 在 A～D 轴段，上部通长筋 2Φ18 的计算。

首先根据 11G101-1 规范确定判断能否在端部直锚：

当 h_c - 保护层厚度（直锚长度）- D（柱外侧纵筋的直径）$\geqslant l_{aE}$ 时：

$$直锚长度 = Max（l_{aE}，0.5h_c+5d）$$

式中　h_c——支座柱沿框架方向高度。

$$最大锚固长度 = 700-30-22=648（mm）< l_{aE} \quad 不能直锚，只能弯锚$$

根据表 5-2 上部通长筋计算：

纵筋长度 = 各跨长之和 L 净长 - 左支座内侧保护层厚度 a_2 - 右支座内侧保护层厚度 a_3 + 左、右锚固长度

　　左、右锚固长度 = h_c - 柱筋保护层厚度 - D（柱外侧纵筋的直径）+ 15d 最大锚固长度

$$= h_c - 柱筋保护层 - D（柱外侧纵筋的直径）$$

$$= 700-30-22$$

$$= 648（mm）> 0.4l_{abE}$$

$$= 266.4（mm）\quad 满足规范要求$$

则　纵筋长度 $=19\,800-400-400+2\times(700-30-22+15\times18)$

$\qquad\qquad\quad =20\,836$（mm）

（2）KL10在A～D轴段（其实过C轴）附加通长筋2$\underline{\Phi}$18的计算。

端支座A轴处锚固值同上，即：

端支座A轴处锚固长度 $=h_c-$ 柱筋保护层厚度 $-D$（柱外侧纵筋的直径）$+15d$

$\qquad\qquad\qquad\qquad =918$（mm）

C轴中间支座右侧负筋计算方法详见表5-3上部支座负筋：

$\qquad\qquad$ 伸出C轴支座长度 $=l_n/3=(8400-800)/3=2533.3$（mm）

$\qquad$ 纵筋长度 $=(8400+3000+400-400)+(700-30-22+15\times18)+l_n/3$

$\qquad\qquad\qquad =14\,851.3$（mm）

（3）KL10在D轴上部附加负弯矩筋2$\underline{\Phi}$18的计算。

端支座D轴处锚固值同A处，即：

端支座D轴处锚固长度 $=h_c-$ 柱筋保护层厚度 $-D$（柱外侧纵筋的直径）$+15d=918$（mm）

端支座D轴处负筋计算方法详见表5-3上部支座负筋：

$\qquad\qquad$ 伸出D轴的支座长度 $=l_n/3=(8400-800)/3=2533.3$（mm）

$\qquad\qquad\qquad$ 纵筋长度 $=700-30-22+15\times18+l_n/3$

$\qquad\qquad\qquad\qquad =3451.3$（mm）

（4）KL10下部4$\underline{\Phi}$18通常筋计算。

根据表5-4计算框架梁下部钢筋：

$\qquad$ 纵筋长度 $=$ 各跨长之和 $-$ 左支座内侧长度 a_2- 右支座内侧长度 a_3+ 左锚固长度 $+$ 右锚固长度

$\qquad$ 左、右锚固长度 $=h_c-$ 柱筋保护层厚度 $-D$（柱外侧纵筋的直径）$+15d$

$\qquad\qquad$ 最大直锚长度 $=h_c-$ 柱筋保护层厚度 $-D$（柱外侧纵筋的直径）

$\qquad\qquad\qquad =700-30-22=648$（mm）$>0.4l_{abE}=266.4$mm 满足规范要求

$\qquad\qquad$ 纵筋长度 $=19\,800-400-400+2\times(700-30-22+15\times18)$

$\qquad\qquad\qquad =20\,836$（mm）

（5）KL10 A～C轴侧面构造钢筋6$\underline{\Phi}$12计算。

根据表5-5梁附加钢筋计算表中侧面纵向构造钢筋计算方法计算：

$\qquad\qquad$ 纵筋长度 $=$ 净跨长度 $+2\times15d$

$\qquad\qquad\qquad =(8400+3000-400-300)+2\times15\times12$

$\qquad\qquad\qquad =11\,060$（mm）

（6）KL10 C-D轴侧面构造钢筋6Φ12计算。

根据表5-5梁附加钢筋计算表中侧面纵向构造钢筋计算方法计算：

$\qquad\qquad$ 纵筋长度 $=$ 净跨长度 $+2\times15d+12.5d$

$\qquad\qquad\qquad =(8400-400-400)+2\times15\times12+12.5\times12$

$\qquad\qquad\qquad =8110$（mm）

（7）箍筋和拉筋计算中，箍筋的根数一定要分跨计算，否则会产生误差。

根据第3章中柱箍筋计算公式进行计算，其中，箍筋保护层取20mm。

$\qquad\qquad$ 梁或柱箍长度 $=(B-2\times b+H-2\times b)\times2+2\times1.9d+2\times\mathrm{Max}\,(10d,75)$

$\qquad\qquad\qquad =(2\times((300-2\times20)+(900-2\times20))+2\times(11.9\times d)$

$\qquad\qquad\qquad =2430$（mm）

$\qquad\qquad$ 拉筋长度 $=B-2\times b+2\times1.9d+2\times\mathrm{Max}\,(10d,75)$

$\qquad\qquad\qquad =(300-2\times20)+2\times(75+1.9\times d)$

$\qquad\qquad\qquad =433$（mm）

1）A～B跨根数。

根据本章 5.4 节三级抗震框架梁箍筋加密区范围为 Max（$1.5h_b$，500），其中 h_b 为梁截面高度，本例为 900mm，所以本例 A～B 跨箍筋加密范围在柱端 1350mm，其他区域为非加密区。

A～B 跨加密区钢筋根数 $N=(1350-50)/100+1=14$（根），合计 28（根）

A～B 跨非加密区钢筋根数 $N=(8400-400-400-2×1350)/150-1=32$（根）

A～B 跨箍筋合计：$28+32=60$（根）

2）B～C 跨根数。根据本章第 5.4 节三级抗震框架梁箍筋加密区范围为 Max（$1.5h_b$，500），其中 h_b 为梁截面高度，本例为 900mm，所以本例 A～B 跨箍筋加密范围在柱端 1350mm，其他区域为非加密区。

$$B～C 跨实际布筋长度=3000-300-300-50×2=2300（mm）$$
$$加密区总长=1350×2=2700（mm）$$

实际布筋范围没有非加密区。

由于 2300mm＜2700mm，因此

$$B～C 跨加密区钢筋根数 N=(3000-300-300-50×2)/100+1=24（根）$$

3）C～D 跨根数。

根据框架梁的集中标注，此跨配筋全部为Φ8@100。

C～D 跨钢筋根数 $N=(8400-400-400-50×2)/100+1=76$（根）。

4）拉筋的根数计算。根据表 5-5 梁附加钢筋计算，拉筋直径为 8mm，间距为 200mm，为 3 排。

$$A～B 跨根数=3×((8400-400-400-2×50)/200+1)=117（根）$$
$$B～C 跨根数=3×((3000-300-300-50×2)/200+1)=39（根）$$
$$C～D 跨根数=3×((8400-400-400-2×50)/200+1)=117（根）$$

三跨合计：$117+39+117=273$（根）

（8）与软件计算对比。

广联达 GGJ 软件计算过程和结果，如图 5-44 所示。与手算相比，由于软件采用规则全部为直锚（$700-30=670≥l_{aE}$，忽略柱中纵筋），与本例采用计算方法不一致导致纵筋计算不一样。构造筋、箍筋、拉筋计算则完全一样。

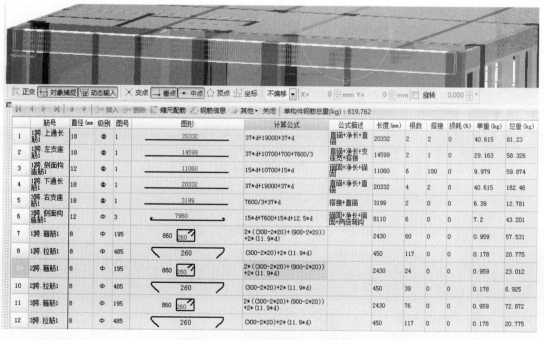

图 5-44 梁钢筋量软件计算结果

思考题

1. 抗震楼层框架梁 KL 构造要求是什么？
2. 屋面框架梁 WKL 构造要求是什么？
3. 非框架梁构造有哪些要求？
4. 悬挑梁构造有哪些要求？
5. 框支梁、井字梁、基础主次梁、承台梁 CTL 和基础连系梁 JLL 构造有哪些要求？
6. 框架梁附加钢筋有哪些，具体构造要求是什么？如何计算？
7. 框架梁箍筋有哪些构造要求，如何计算？
8. 计算附录工程第一层 5 轴框架梁钢筋工程量。
9. 计算附录工程第九层 5 轴屋面框架梁钢筋工程量。

第6章 板钢筋工程量计算

钢筋混凝土板也是钢筋混凝土结构中重要的构件，它属于水平构件。板构件的分类：

（1）根据板的标高位置可将板分为楼板和屋面板。

（2）根据板的平面位置分为普通板和悬挑板。

（3）根据板的组成形式可分为有梁楼盖板和无梁楼盖板。

（4）根据板的制作方式可分为预制板和现浇板。

现浇板钢筋主要有：受力筋（单向或双向，单层或双层）、支座负筋、分布筋、附加钢筋（角部附加放射筋、洞口附加钢筋）、撑脚钢筋（双层钢筋时支撑上下层）。现浇板需要计算的钢筋工程量如图6-1所示。

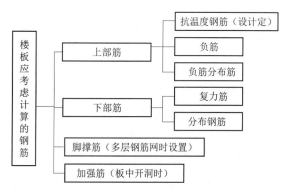

图6-1 现浇板钢筋工程量计算内容

6.1 现浇板钢筋构造

6.1.1 单（双）向板配筋构造

现浇板配筋构造有分离式配筋和部分贯通式配筋两种形式，如图 6-2 所示。板钢筋分两部：上部钢筋和下部钢筋。下部钢筋有下层受力筋（短向）、上层分布筋（长向）；上部钢筋有上层受力筋（短向）、下层分布筋（长向），上部钢筋一般主要集中支座边缘，若设计有抗裂、抗温度钢筋，则在现浇板上部支座负筋以外布设温度筋。抗裂构造钢筋自身及其与受力主筋搭接长度为 150mm，抗温度筋自身及其与受力主筋搭接长度为 l_l。板上下贯通筋可兼作抗裂构造筋和抗温度钢筋，当下部贯通钢筋兼做抗温度钢筋时，其在支座的锚固按设计确定。分布筋自身及与受力主筋、构造钢筋的搭接长度为 150mm；当分布筋兼作抗温度筋时，其自身及与受力主筋、构造钢筋的搭接长度为 l_l；其在支座的锚固按受拉要求考虑。

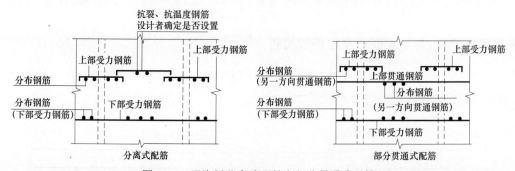

图6-2 现浇板分离式配筋和部分贯通式配筋

6.1.2 板在端部支座的锚固构造

板在端部支座的锚固构造如图6-3、图6-4所示，括号内的锚固长度 l_a 用于梁板式转换的板。

1. 端部支座为梁

现浇板下部受力筋伸入梁内 $5d$ 且至少到梁中线；上部支座负弯矩钢筋伸入外侧梁角筋内，设计按铰接时直锚长度大于或等于 $0.35l_{ab}$（充分利用钢筋的抗拉强度时直锚长度为最小为 $0.6l_{ab}$），并向下弯折 $15d$，如图 6-3 所示。

2. 端部支座为剪力墙

现浇板下部受力筋伸入剪力墙内 $5d$ 且至少到梁中线，上部支座负弯矩钢筋伸入剪力墙外侧水平分布筋内侧，直锚长度大于等于 $0.4l_{ab}$，并向下弯折 $15d$，如图 6-4 所示。

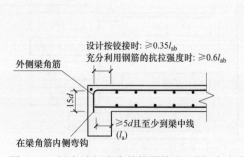

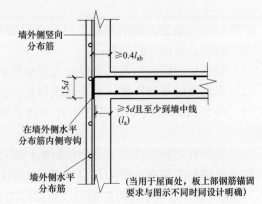

图 6-3　板在端部支座的锚固构造（端部支座为梁）　　图 6-4　板在端部支座的锚固构造（端部支座为剪力墙）

3. 端部支座为砌体墙的圈梁

端部支座为砌体墙的圈梁时，现浇板端钢筋构造要求同端部支座为梁，如图 6-5 所示。

4. 端部支座为砌体墙

现浇板下部受力筋伸入砌体墙内 Max（120，h，墙厚/2），上部支座负弯矩钢筋伸入砌体墙内，直锚长度大于等于 $0.35l_{ab}$，并向下弯折 $15d$，如图 6-6 所示。

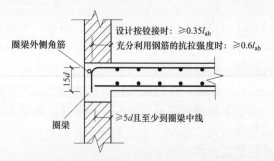

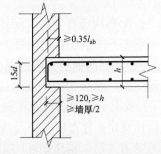

图 6-5　板在端部支座的锚固构造（端部支座为砌体墙的圈梁）　　图 6-6　板在端部支座的锚固构造（端部支座为砌体墙）

6.1.3　有梁楼盖楼面板 LB 和屋面板 WB 钢筋构造

板顶贯通筋中间连接构造要点：板顶贯通筋的连接区域为跨中 $l_n/2$（l_n 为相邻跨较大跨的轴线尺寸）；计算时，一般按定尺长度计算接头，如图 6-7 所示。

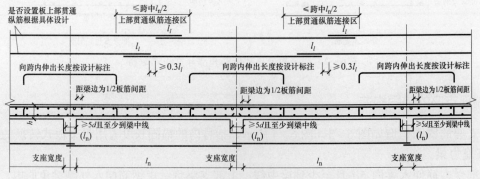

图 6-7　有梁楼盖楼面板 LB 和屋面板 WB 钢筋构造

6.1.4　不等跨板上部贯通纵筋连接构造

如图 6-8 所示，不等跨板上部贯通纵筋连接位置中，A 支座侧搭接位置（$\geq l'_{\mathrm{nx}}/3$）大于或等于 A 支座左右两侧净跨度值较大者的三分之一，同样 C 支座侧搭接位置（$\geq l'_{\mathrm{ny}}/3$）大于或等于 C 支座左右两侧净跨度值较大者的三分之一。l'_{nx} 是轴线 A 左右两跨的较大净跨度值；l'_{ny} 是轴线 C 左右两跨的较大净跨度值。

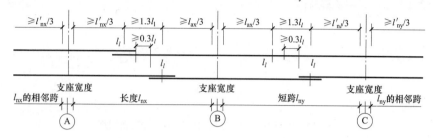

图 6-8　不等跨板上部贯通纵筋连接构造

6.1.5　板纵向钢筋非接触搭接构造

板纵向钢筋非接触搭接构造如图 6-9 所示，纵向钢筋非接触的距离 Min（150，a），$30+d \leq a < 0.2l_l$。

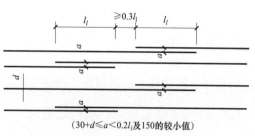

（$30+d \leq a < 0.2l_l$ 及 150 的较小值）

图 6-9　板纵向钢筋非接触搭接构造

6.1.6　悬挑板 XB 钢筋构造

常见类型悬挑板 XB 钢筋构造如图 6-10 所示。悬挑板结构受力钢筋在顶部，底部钢筋为构造钢筋，构造钢筋可以不设如图 6-10（d）节点。图 6-10（a）节点受力筋为左侧板顶部的通长筋，底部构造筋伸入支座为 Max（12d，支座宽的一半）。图 6-10（b）节点为纯悬挑板，上部受力筋在支座直锚长度 $\geq 0.6l_{ab}$ 且在梁角筋内弯折 15d，底部构造筋伸入支座为 Max（12d，支座宽的一半）。图 6-10（c）节点为支座两侧板变截面，悬挑板上部受力钢筋在支座内的直锚长度 $\geq l_a$，底部构造筋伸入支座为 Max（12d，支座宽的一半）。图 6-10（d）节点为图 6-10（a）～图 6-10（c）节点仅上部配筋，其受力筋构造要求不变。图 6-10 中（a）～图 6-10（d）节点中的构造或分布筋（受力钢筋下部或构造筋上部）均距梁边为 1/2 板筋间距开设布设。

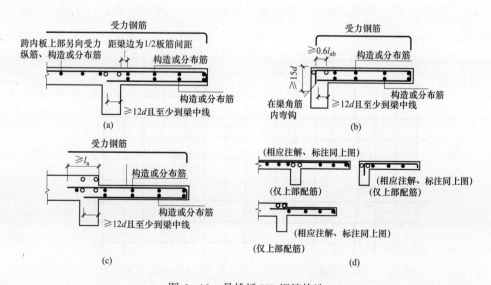

图 6-10　悬挑板 XB 钢筋构造

6.1.7 无支撑板端部封边构造和折板配筋构造

无支撑板端部封边构造和折板配筋构造详见图 6-11，无支撑板端部封边构造有两种形式，一种是 U 型封口，另一种钢筋弯折封口，U 型封口长度≥15d 且≥200mm。折板钢筋内侧锚固长度为 l_a。

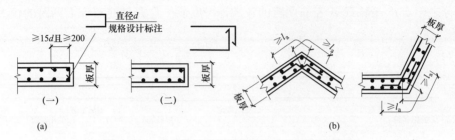

图 6-11 无支撑板端部封边构造和折板配筋构造

（a）无支撑板端部封边构造（当板厚≥150 时）；（b）折板配筋构造

6.1.8 支座负弯矩钢筋构造

中间支座负弯矩钢筋一般构造如图 6-12 所示，其构造要点：中间支座负筋的延伸长度是指支座中心线向跨内的长度，弯折长度为板厚减去两个保护层。支座负筋的分布筋长度为支座负筋的布置范围长度，根数从梁边起布置，按设计间距计算。

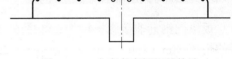

图 6-12 支座负弯矩钢筋构造

6.1.9 HPB300 级板底钢筋构造要求

楼板下部钢筋如果是 HPB300 级钢筋，端部必须做 180°弯钩。对负筋端部是否加弯钩可依据图纸，设计未注明时，一般都不做 180°弯钩。负筋中的分布钢筋一般也不做 180°弯钩。板中负筋布筋范围指的是梁（支座）的净距，净距是指梁间距离，如图 6-13 所示。

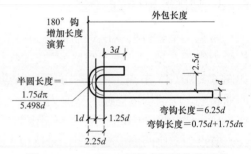

图 6-13 HPB300 级板底钢筋构造要求

6.1.10 板开洞 DB（矩形洞口边长或圆形洞口直径小于 300mm）与洞边加强钢筋

（1）板中开洞：矩形洞口边长或圆形洞口直径小于 300mm 时，不设补强筋，如图 6-14 所示，钢筋计算时按直钢筋计算。

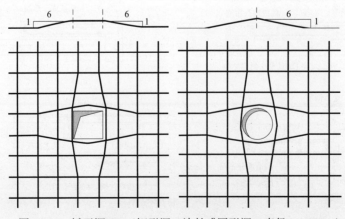

图 6-14 板开洞 DB（矩形洞口边长或圆形洞口直径<300mm）

（2）梁边或墙边开洞：矩形洞口边长或圆形洞口直径小于 300mm 时，不设补强筋，如图 6-15 所示。

（3）梁交角或墙交角开洞：矩形洞口边长或圆形洞口直径小于 300mm 时，不设补强筋，如图 6-16 所示。

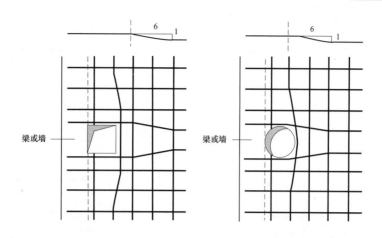

图 6-15　梁边或墙边开洞（矩形洞口边长或圆形洞口直径＜300mm）

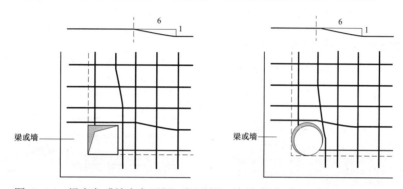

图 6-16　梁交角或墙交角开洞（矩形洞口边长或圆形洞口直径＜300mm）

（4）洞边被切断钢筋端部构造如图 6-17 所示。

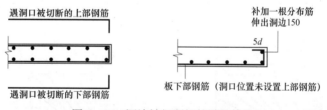

图 6-17　洞边被切断钢筋端部构造

6.1.11　板开洞 DB（矩形洞口边长或圆形洞口直径＞300mm 且≤1000mm）与洞边加强钢筋

（1）板中开洞。矩形洞口边长或圆形洞口直径大于 300mm 但不大于 1000mm 时，洞边增加补强钢筋，规格和长度按设计标注，设计未注明时，按直径不小于 12mm 且不小于洞边被截断的纵筋的 50% 配置，如图 6-18 所示。

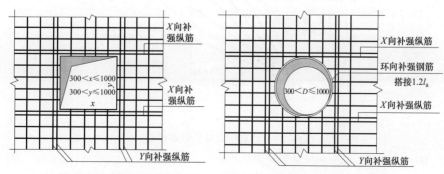

图 6-18　板开洞 DB（300mm＜洞口≤1000mm）与洞边加强钢筋

（2）梁边或墙边开洞。矩形洞口边长或圆形洞口直径大于 300mm 但不大于 1000mm 时，洞边增加补强钢筋，规格和长度按设计标注，设计未注明时，按直径不小于 12mm 且不小于洞边被截断的纵筋的 50%配置，如图 6－19 所示。

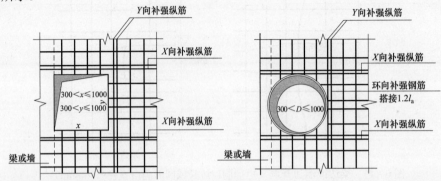

图 6－19　梁边或墙边开洞（300mm＜洞口边长或直径≤1000mm）与洞边加强钢筋

（3）洞边被切断钢筋端部构造如图 6－20 所示。

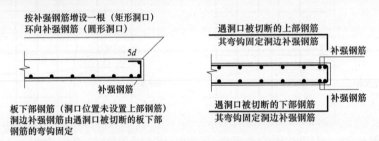

图 6－20　洞边被切断钢筋端部构造

6.1.12　悬挑板阳角放射筋构造

悬挑板阳角放射筋构造详见图 6－21。

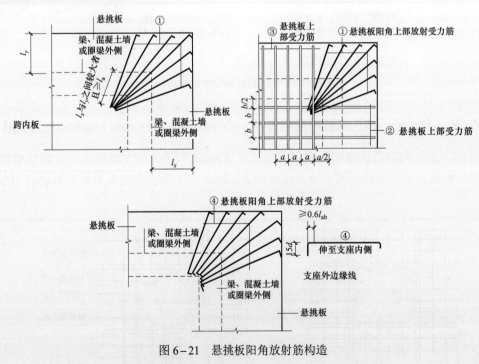

图 6－21　悬挑板阳角放射筋构造

注：1. 悬挑板内，①～③筋应位于同一层面。

2. 在支座和跨内，①号筋应向下斜弯到②号与③号筋下面与两筋交叉并向跨内平伸。

6.2 现浇板受力筋

6.2.1 现浇板下部受力钢筋计算

（1）现浇板下部受力钢筋构造。由图6-22中可知，当板支座为梁、剪力墙和圈梁时，板受力钢筋伸入支座长度为Max（5d，梁中线/墙中线/圈梁中线）；当板支座为砌体结构时，板受力钢筋伸入长度 Max（120，h，墙厚/2）。

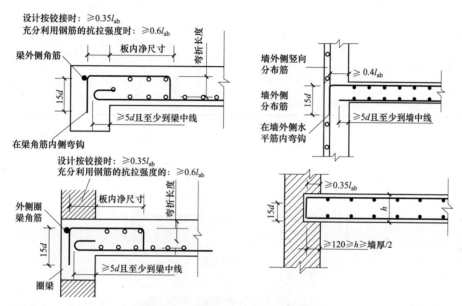

图6-22 现浇板下部受力钢筋构造

（2）现浇板下部受力钢筋计算详见表6-1。

表6-1　　　　　　　　　　　　　　　现浇板下部受力钢筋计算

钢筋部位及其名称	计　算　公　式	备　注	附图
板下部受力钢筋	底筋长度＝净长＋2×Max（支座宽/2，5d） ＋2×6.25d（一级钢筋）＋搭接 根数＝（净长－分布间距）/分布间距＋1	1. 公式为板支座为梁、剪力墙和圈梁情况 2. 如果存在搭接情况，还需要把搭接长度加进去 3. 受力钢筋距梁边分布间距一半位置开始布设	图6-22 图6-23
	底筋长度＝净长＋2×Max（墙厚/2，120，h） ＋2×6.25d（一级钢筋）＋搭接 根数＝（净长－分布间距）/分布间距＋1	1. 公式为板支座为砌体结构情况 2. 如果存在搭接情况，还需要把搭接长度加进去 3. 受力钢筋距梁边分布间距一半位置开始布设	

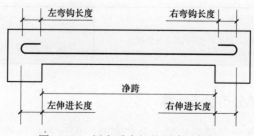

图6-23 板底受力钢筋长度计算图

6.2.2 现浇板上部受力钢筋计算

（1）现浇板上部受力钢筋构造详见图6-22中负弯矩钢筋构造。

（2）现浇板上部受力钢筋计算详见表6-2。

表6-2　　　　　　　　　　　　　　　　　现浇板上部受力钢筋计算

钢筋部位及其名称	计 算 公 式	备 　 注	附图
端支座负筋长度	端支座负筋长度＝净长＋水平锚固 l_a＋15d＋6.25d（一级钢筋）＋（板厚－2×保护层） 根数＝（净长－分布间距）/分布间距＋1	水平锚固长度 l_a 最小取值： （1）端支座为梁/圈梁： l_a＝0.35l_{ab}（设计铰接）/0.6l_{ab}（充分利用钢筋抗拉强度） （2）端支座为剪力墙：l_a＝0.4l_{ab} （3）端支座为砌体：l_a＝0.35l_{ab}	图6-22 图6-23 图6-24
中间支座负筋长度	中间支座负筋长度＝左净长＋右净长＋2×（板厚－2×保护层） 根数＝（净长－分布间距）/分布间距＋1	左净长和右净长从中间支座中线算起 分布筋单独计算，计算方法详见实例计算	图6-24

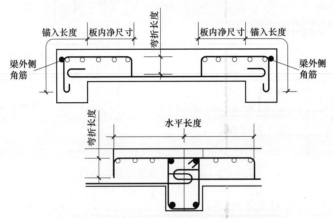

图6-24　现浇板上部受力钢筋计算示意图

6.3　现浇板分布钢筋

6.3.1　现浇板下部受力钢筋上部分布钢筋计算

（1）现浇板下部受力钢筋上部分布钢筋构造。分布钢筋一般没有构造要求，一级钢筋两头有弯钩，搭接长度一般为150mm。

（2）现浇板下部受力钢筋上部分布钢筋计算详见表6-3。

表6-3　　　　　　　　　　　　　　　现浇板下部受力钢筋上部分布钢筋计算

钢筋部位及其名称	计 算 公 式	备 　 注	附图
分布筋长度	面筋长度＝净长＋2×6.25d（一级钢筋）＋搭接 根数＝（净长－分布间距）/分布间距＋1	净长＝板长－2保护层厚度	

6.3.2　现浇板上部负弯矩筋下部分布钢筋计算

（1）现浇板上部负弯矩筋下部分布钢筋构造。分布钢筋一般没有构造要求，一级钢筋两头有弯钩，搭接长度一般为150mm。

（2）现浇板上部负弯矩筋下部分布钢筋计算详见表6-4。

表6-4　　　　　　　　　　　　　现浇板上部负弯矩筋下部分布钢筋计算

钢筋部位及其名称	计　算　公　式	备　　注	附图
分布筋长度	分布筋长度＝净长－两端负筋露出长度 ＋2×150　根数＝左标注/间距＋右标注/间距	分布筋计算一般以梁支座为计算单元，在梁支座左侧的分布筋的宽度成为左标注长度，简称"左标注"；在梁支座右侧的分布筋的宽度成为右标注长度，简称"右标注"	图6-2

6.4　现浇板构造钢筋

现浇板构造钢筋主要指温度筋和悬挑板阳角补充加强钢筋。其支撑钢筋（双层钢筋时支撑上下层）根据实际情况直接计算钢筋的长度、根数即可。

6.4.1　温度钢筋的计算

（1）温度钢筋的构造详见本章6.1节现浇板钢筋构造中单（双）向板配筋构造说明。

（2）温度钢筋的计算详见表6-5。

表6-5　　　　　　　　　　　　　　　　温　度　钢　筋　计　算

钢筋部位及其名称	计　算　公　式	备　　注	附图
温度钢筋计算长度	温度筋长度＝净长－两端端负筋露出长度 ＋2×150＋2×6.25d（一级钢筋） 根数＝（净长－两端端负筋露出长度）/间距	温度筋下部的分布筋单独计算 分布筋长度＝净长＋2×150 根数＝分布筋的布筋宽度/间距	图6-2

6.4.2　现浇板阳角放射筋

（1）现浇板阳角放射筋的构造详见本章6.1节现浇板钢筋构造中图6-21。

（2）现浇板阳角放射筋长度计算如图6-25所示。

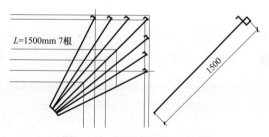

图6-25　现浇板阳角放射筋

现浇板阳角放射筋长度计算见表6-6。

表6-6　　　　　　　　　　　　　　现浇板阳角放射钢筋长度计算　　　　　　　　　　　　　　（单位：mm）

计算方法	长度＝（平板厚－保护层×2）＋标注长＋（平板厚－保护层×2）＋（立板厚－保护层×2） ＋（平板厚＋立板净高－保护层×2）＋（立板厚－保护层×2）				
简化	长度＝平板厚×3＋标注长＋立板厚×2＋立板净高－保护层×10				
计算过程	平板厚	标注长	立板厚	立板净高	保护层	结果
	100	1500	60	200	15	
计算式	长度＝100×3＋1500＋60×2＋200－15×10					1970

（3）根数。每个阳角都有放射筋，假设一块现浇板有4个阳角需要布设放射筋，所以共有$7 \times 4 = 28$（根）。

6.5 现浇板洞口加强钢筋

（1）洞口加强钢筋构造详见本章6.1现浇板构造中现浇板开洞构造。

（2）洞口加强钢筋计算详见表6-7。

表6-7 洞口加强钢筋计算

钢筋部位及其名称	计 算 公 式	备 注	附图
洞口左右端钢筋长度	洞口左端长度=净长-保护层+Max（支座宽/2，5d）+6.25d+（板厚-2×保护层）+5d 洞口右端长度：同左端长度计算 根数=洞口宽/间距+1	图6-18、图6-19补强纵筋	图6-13～ 图6-20

6.6 板钢筋计算实例

[**例6-1**] 附录工程八层结构平面图6～7轴LB5结构平法施工图。板的抗震等级三级抗震，混凝土等级C30，混凝土保护层15mm，板的平面表示法如图6-26所示。计算LB5钢筋工程量（计算与其他板相邻的负筋）。

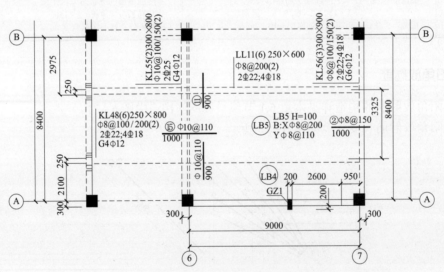

图6-26 附录工程八层结构平面图6～7轴LB5结构平法施工图

注：分布筋为Φ6@250。

[**解**]

（1）X向Φ8@200钢筋

根据表6-1板下部受力钢筋计算，X向Φ8@200钢筋的长度为（不考虑搭接）：

$$L_X = 净长 + 2 \times Max（支座宽/2，5d）+ 2 \times 6.25d（一级钢筋）$$
$$= 9000 + 2 \times Max（300/2，5 \times 8）+ 12.5 \times 8$$
$$= 9400（mm）$$

根数$N = (8400 - 2100 - 250 - 2975 - 200)/200 + 1 = 16$（根）（钢筋距梁边分布间距的一半位置开始布置，下同）

（2）Y向Φ8@200 钢筋

根据表6-1板下部受力钢筋计算，Y向Φ8@110钢筋的长度为（不考虑搭接）：

$$L_Y = (8400-2100-250-2975)+2\times Max（支座宽/2，5d）+2\times 6.25d（一级钢筋）$$
$$= 3075+2\times Max(250/2, 5\times 8)+12.5\times 8$$
$$= 3425（mm）$$

根数 $N = 9000/110+1 = 83$（根）

（3）2号端支座负筋Φ8@150钢筋：

$$l_{ab} = 30d = 30\times 8 = 240（mm）$$
$$0.6l_{ab} = 144（mm）$$
$$0.35l_{ab} = 84（mm）$$

规范要求伸到梁外侧钢筋的内侧，即：

伸入支座最大锚固长度 $=300-25$（梁钢筋保护层）-20（梁钢筋直径）$=255$（mm）$>l_{ab}$

根据平法表示方法1000mm为梁支座中线向跨内的伸出长度，则

跨外净长 $=1000-150 = 850$（mm）

根据表6-2板上部受力钢筋计算：

端支座负筋长度 = 净长 + 水平锚固 $l_a + 15d + 6.25d$（一级钢筋）+（板厚 $-2\times$保护层）
$$= 850+255+15\times 8+6.25\times 8+100-2\times 15$$
$$= 1345（mm）$$

钢筋根数 $N = (8400-2100-250-2975)/150+1 = 22$（根）

由于分布筋在板四角与支座负筋有一个重合区域，分布筋伸过受力筋并搭接150mm截断，所示分布筋计算如下：

分布筋长度 L = 净长 + 搭接 + 搭接
$$= [8400-2100-250-2975-2\times(900-125)]+150+150$$
$$= 1825（mm）$$

根数 $N = (900-125)/250+1 = 4$（根）

（4）15号中间支座负筋Φ10@110钢筋

根据表6-2板上部受力钢筋计算：

中间支座负筋长度 = 左净长 + 右净长 + $2\times$（板厚 $-2\times$保护层）
$$= 1000+1000+100-2\times 15+100-2\times 15$$
$$= 2140（mm）$$

钢筋根数 $N = (8400-2100-250-2975)/110+1 = 29$（根）

由于分布筋在板四角与支座负筋有一个重合区域，分布筋伸过受力筋并搭接150mm截断，所示分布筋计算如下：

分布筋长度 L = 净长 + 搭接 + 搭接（只计算板内部分）
$$= [8400-2100-250-2975-2\times(900-125)]+150+150$$
$$= 1825（mm）$$

根数 $N = (900-125)/250+1 = 4$（根）

（5）11号中间支座负筋Φ10@110钢筋（有两处，本例只算一处）

根据表6-2板上部受力钢筋计算：

中间支座负筋长度 = 左净长 + 右净长 + $2\times$（板厚 $-2\times$保护层）

钢筋长度 $L = 900+900+100-2\times 15+100-2\times 15$
$$= 1940（mm）$$

钢筋根数 $N = 9000/110+1 = 83$（根）

由于分布筋在板四角与支座负筋有一个重合区域，分布筋伸过受力筋并搭接150mm截断，所示分布筋

计算如下：

$$分布筋长度 L = 净长 + 搭接 + 搭接（只计算板内部分）$$
$$= [9000 - 2 \times (1000 - 150)] + 150 + 150$$
$$= 7600（mm）$$
$$根数 N = (1000 - 150)/250 + 1 = 5（根）$$

（6）与软件计算比较

广联达 GGJ 软件，计算过程和结果，如图 6-27 所示，水平钢筋 X 向 $\Phi8@200$ 钢筋，计算结果完全一样。

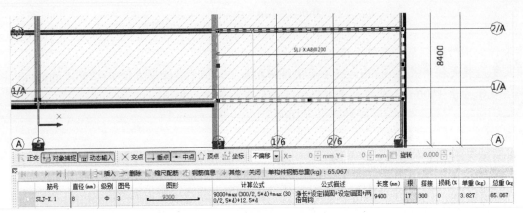

图 6-27 LB5 钢筋量广联达软件计算结果

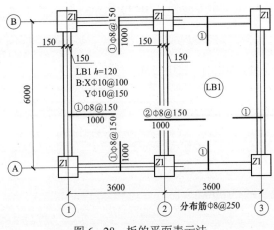

图 6-28 板的平面表示法

[例 6-2]板钢筋计算示例：板的抗震等级为非抗震，混凝土等级 C30，混凝土保护层 15mm，板的平面表示法如图 6-28 所示。

[解]

（1）分析与指导。

1）楼板钢筋平法表示法识读。

根据平法识图规范说明，LB1 板的厚度为 1200mm，底部钢筋 X 方向（水平）配置 $\Phi10@100$，Y 方向（竖向）配置 $\Phi10@150$ 钢筋，支座处负弯矩钢筋有两种，边支座为 1 号筋 $\Phi8@150$，从支座中心线向跨内伸出长度为 1000mm，中间支座负弯矩钢筋为 2 号筋 $\Phi8@150$，从支座中心线向跨内伸出长度为 1000mm。负弯矩钢筋的分布筋为 $\Phi8@250$。

2）双跨板要计算的钢筋量

根据图 6-26 可知计算钢筋为底部钢筋 X 向和 Y 向，支座处负弯矩钢筋 1 号和 2 号钢筋，以及负弯矩钢筋的分布筋，还可能有施工用固定钢筋位置的马凳钢筋，详见表 6-8 板工程量计算内容。

表 6-8　　　　　　　　　　　　　　　　板 工 程 量 计 算 内 容

底部受力钢筋	1～2 轴线	X 方向	计算长度、根数
	A～B 轴线	Y 方向	计算长度、根数
负筋	边支座	1、3、A、B 轴线	计算长度、根数
	中间支座	2 轴线	计算长度、根数
负筋处分布钢筋	边支座和中间支座	1、2、3、A 和 B 轴线	计算长度、根数

（2）双跨板要计算的钢筋量

1）基础数据

下部筋伸入支座：Max [5d, 300/2] = 150（mm）

端支座负筋伸入支座：l_{ab} = 30d = 30 × 8 = 240（mm）

伸入支座最大水平锚固长度 = 300 − 25（柱保护层）− 20（柱钢筋直径）= 245（mm）＞240（mm）

取 l_{ab} = 245（mm）

端支座负筋伸入支座长度为：l_{ab} + 6.25d + 15d = 359（mm）

扣筋弯折长：板厚 − 2 保护层厚度 = 120 − 2 × 15 = 90（mm）

板布筋范围：① Y 方向：6000 − 300 = 5700（mm）

　　　　　　② X 方向（单跨）：3600 − 300 = 3300（mm）

（2）计算结果详见表6−9，现浇板钢筋工程量计算。

表6−9　　　　　　　　　现浇板钢筋工程量计算（双跨板要计算的钢筋量）

部　　位	计　　算
X 方向底筋	长度 = (3300 + 150 × 2 + 6.25d × 2) = 3725（mm） 根数 = [(5700 − 2 × (100)/2)/100 + 1] × 2 = 114（根）
Y 方向底筋	长度 = 5700 + 150 × 2 + 6.25d × 2 = 6125（mm） 根数 = [(3300 − 2 × (150)/2)/150 + 1] × 2 = 44（根）
1、3 轴负筋	长度 = 1000 − 150 + 359 + 90 = 1299（mm） 根数 = [(5700 − 150)/150 + 1] × 2 = 76（根）
1、3 轴分布筋	长度 = (6000 − 1000 × 2 + 150 × 2) = 4300（mm） 根数 = [(1000 − 150 − 250/2)/250 + 1] × 2 = 8（根）
A、B 轴负筋	长度 = 1000 − 150 + 359 + 90 = 1299（mm） 根数 = [(3300 − 150)/150 + 1] × 4 = 88（根）
A、B 轴分布筋	长度 = 3600 − 1000 × 2 + 150 × 2 = 1900（mm） 根数 = [(1000 − 150 − 250/2)/250 + 1] × 4 = 16（根）
2 轴线负筋	长度 = 1000 × 2 + 90 × 2 = 2180（mm） 根数 = (5700 − 150)/150 + 1 = 38（根）
2 轴负筋分布筋	长度 = 6000 − 1000 × 2 + 150 × 2 = 4300（mm） 根数 = [(1000 − 150 − 250/2)/250 + 1] × 2 = 8（根）

思考题

1. 板在端部支座的锚固构造有哪些形式，具体要求是什么？

2. 有梁楼盖楼面板 LB 和屋面板 WB 钢筋构造有哪些要求？

3. 不等跨板上部贯通纵筋连接和板纵向钢筋非接触搭接构造要求是什么？

4. 悬挑板构造有哪些要求？

5. 板中开洞有几种形式，具体构造要求是什么？

6. 计算首层 1～2 轴 LB3 钢筋工程量。

第7章　基础钢筋工程量计算

7.1　独立基础

7.1.1　独立基础钢筋平法识图

1. 独立基础平面标注方式

独立基础的平面注写方式是指直接在独立基础平面图上进行数据项的标注，可分为集中标注和原位标注，如图7-1所示。

2. 集中标注

（1）独立基础集中标注包括编号、截面竖向尺寸和配筋三项必注内容。

（2）独立基础编号及类型：独立基础集中标注的第一项内容为基础编号，基础编号表示了独立基础的类型，可分为普通独立基础和杯口独立基础，各又分为阶形和坡形，见表7-1。

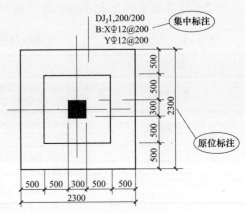

图7-1　独立基础平面标注法

表7-1　　　　　　　　　　　　　　独 立 基 础 类 型

类　型	基础底版截面形式	示意图	代　号	序　号
普通独立基础	阶形		DJ$_j$	
	坡形		DJ$_p$	
杯口独立基础	阶形		BJ$_j$	
	坡形		BJ$_p$	

（3）独立基础截面竖向尺寸。

1）普通独立基础。标注 $h_1/h_2/\cdots\cdots$，具体标注为：当基础为阶形时标注 $h_1/h_2/h_3$ 表示三阶基础，基础总高为 $h_1+h_2+h_3$；当基础为坡形时标注 h_1/h_2 表示坡形基础，基础总高为 h_1+h_2，如图7-2所示。

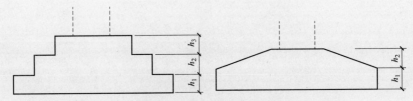

图7-2　阶形截面和坡形截面独立基础竖向尺寸标注

2）杯口独立基础。其竖向尺寸分为两组，一组标注杯口内尺寸，另一组标注阶形或坡形的竖向尺寸。两组尺寸以"，"分隔，标注为：a_0/a_1，$h_1+h_2/\cdots\cdots$。其中杯口深度 a_0 为柱插入杯口的尺寸加 50mm，如图 7-3 所示。

（4）独立基础配筋。独立基础集中标注的第三项标注内容是配筋，如图 7-4 所示。独立基础的配筋有五种情况：

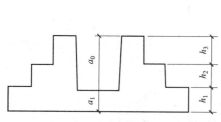

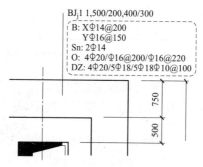

图 7-3　杯口独立基础竖向尺寸标注

图 7-4　独立基础配筋

1）独立基础底板部配筋。独立基础底板部位配筋标注方法：以 B 代表各种独立基础底板的底部钢筋，X 方向配筋以 X 打头，以 Y 方向配筋以 Y 打头标注；当两个方向配筋相同时，则以 $X\&Y$ 打头表示。

[例]独立基础底板配筋标注为 B：$X\Phi16@150$，$Y\Phi16@200$；表示基础底板底部配置 HRB400 级钢筋，X 方向直径为 16mm，分布间距 150mm；Y 方向直径为 16mm，分布间距 200mm。如图 7-5 所示。

2）杯口独立基础顶部焊接钢筋网。以 Sn 打头标注杯口顶部焊接钢筋网的各边钢筋。如 Sn：$2\Phi14$，表示杯口顶部每边配置 2 根 HRB400 级直径为 14 的焊接钢筋网，如图 7-6 所示。

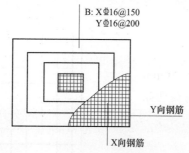

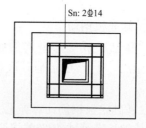

图 7-5　独立基础底板配筋标注方式

图 7-6　杯口独立基础顶部焊接钢筋网标注

3）高杯口独立基础杯壁外侧和短柱配筋。以 O 代表杯壁外侧和短柱配筋。标注顺序为先标注杯壁外侧和短柱配筋，再标注箍筋。标注为：角筋/长边中部筋/短边中部筋，箍筋（两种间距）；当杯壁水平截面为正方形时，标注为：角筋/X 边中部筋/Y 边中部筋，箍筋（两种间距，杯口范围内箍筋间距/短柱范围内箍筋间距）。如图 7-7 所示，表示高杯口独立基础的杯壁外侧和短柱配置 HRB400 级竖向钢筋和 HPB235 级箍筋。其竖向钢筋为：$4\Phi20$ 角筋、$\Phi16@220$ 长边中部钢筋和 $\Phi16@200$ 短边中部钢筋；其箍筋直径为 $\Phi10$，杯口范围及间距 150mm，短柱范围间距 300mm。

4）普通独立柱深基础短柱竖向尺寸和配筋。以 DZ 打头的配筋是指普通独立柱深基础短柱竖向尺寸和配筋，先标注短柱纵筋，再标注箍筋，最后写短柱的标高范围。

短柱竖向尺寸及钢筋标注形式为：角筋/长边中部筋/短边中部筋，箍筋，短柱标高范围。如图 7-8 所示，表示独立基础的短柱设置在 -2.500~-0.050 高度范围内，配置 HRB400 级竖向钢筋和 HPB300 级箍筋。其竖向钢筋为：$4\Phi20$ 角筋、$5\Phi18$ X 边中部筋和 $5\Phi18$ Y 边中部筋；其箍筋直径为 $\Phi10$，间距 100。

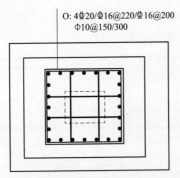

O: 4Φ20/Φ16@220/Φ16@200
Φ10@150/300

图7-7 高杯口独立基础杯壁外侧和短柱配筋标注

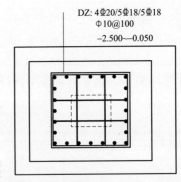

DZ: 4Φ20/5Φ18/5Φ18
Φ10@100
−2.500~−0.050

图7-8 普通独立柱深基础短柱竖向尺寸和配筋标注

5）多柱独立基础底板顶部配筋。以 T 打头的配筋，就是指多柱（2柱或4柱）独立基础底板顶部配筋。标注方法为受力筋级别、直径、根数和间距/分布筋级别、直径和间距，如图7-9所示。

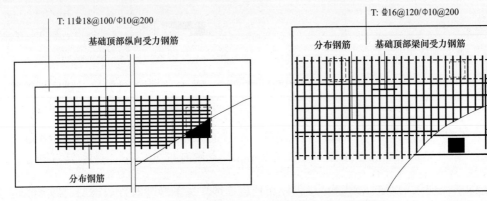

图7-9 多柱独立基础底板顶部配筋标注

7.1.2 独立基础一般构造和计算

1. 矩形独立基础底板钢筋

（1）矩形独立基础底板底部钢筋的起步距离不大于 75mm 且不大于钢筋间距/2，矩形独立基础底板部钢筋的一般构造如图7-10所示。

（2）矩形独立基础底板钢筋计算详见表7-2。

2. 对称独立基础长度缩减 10% 的情形

（1）对称独立基础长度缩减 10% 的构造，当独立基础底板长度≥2500mm 时，除各边最外侧钢筋外，两个方向其他钢筋可相应缩减 10%，底板配筋长度可取相应方向底板长度的 0.9 倍，如图7-11所示。

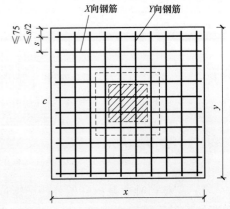

图7-10 矩形独立基础底板钢筋构造

表7-2　　　　　　　　　　　　　　　矩形独立基础底板钢筋计算

钢筋部位及其名称	计算公式	备　注	附图
基础底板钢筋	X向钢筋长度 = X向基础底板长 − 2C 根数 = [Y向基础底边长 − 2×min(75, X向钢筋间距/2)]/钢筋间距 + 1	C为基础的保护层厚度，一般取40mm	图7-10
	Y向钢筋长度 = Y方向基础底板长 − 2C 根数 = [X向基础底边长 − 2×min(75, Y向钢筋间距/2)]/钢筋间距 + 1	C为基础的保护层厚度，一般取40mm	

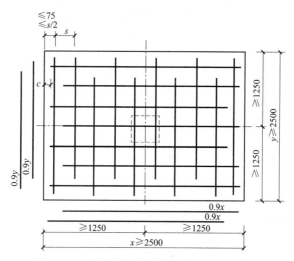

图 7-11　对称独立基础长度缩减 10% 的情形

（2）对称独立基础长度缩减 10% 情形时钢筋计算详见表 7-3。

表 7-3　对称独立基础长度缩减 10% 情形时钢筋计算

钢筋部位及其名称	计算公式	备　注	附图
基础底板钢筋	X 向最外侧 2 根钢筋长度 = X 向基础底板长 - 2C X 向其他钢筋 = 0.9 × X 向基础底板长度 缩减配筋根数 = 不考虑缩减配筋总根数 - 2	C 为基础的保护层，一般取 40mm	图 7-11
	Y 向最外侧 2 根钢筋长度 = Y 向基础底板长 - 2C Y 向其他钢筋 = 0.9 × Y 向基础底板长度 缩减配筋根数 = 不考虑缩减配筋总根数 - 2	C 为基础的保护层，一般取 40mm	

3. 非对称独立基础长度缩减 10% 的情形

（1）非对称独立基础长度缩减 10% 的构造，当独立基础底板长度 ≥2500mm 时，各边最外侧钢筋不缩减；对称方向（如图 7-12 中的 Y 方向）中部钢筋长度缩减 10%；非对称方向；当基础某侧从柱中心至基础底板边缘的距离 <1250mm 时，该侧钢筋不缩减；当基础某侧从柱中心至基础底板边缘的距离 ≥1250mm 时，该侧钢筋隔一根缩减一根，如图 7-12 所示。

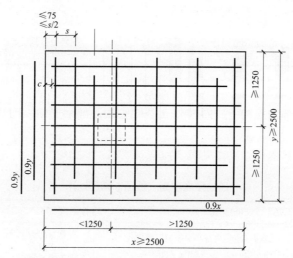

图 7-12　非对称独立基础长度缩减 10% 的情形

（2）非对称独立基础长度缩减 10% 情形时钢筋计算详见表 7-4。

表7-4   非对称独立基础长度缩减 10% 情形时钢筋计算

钢筋部位及其名称	计算公式	备　注	附图
基础底板钢筋	X 向非缩减钢筋长度=X 方向基础底板长-$2C$ X 向其他钢筋=$0.9 \times X$ 向底板长度 缩减配筋根数=不考虑缩减配筋总根数-非缩减配筋根数	C 为基础的保护层厚度，一般取 40mm	图 7-12
	Y 向非缩减钢筋长度=Y 方向基础底板长-$2C$ Y 向其他钢筋=$0.9 \times Y$ 向底板长度 缩减配筋根数=不考虑缩减配筋总根数-非缩减配筋根数	C 为基础的保护层厚度，一般取 40mm	

4. 普通独立深基础短柱钢筋

普通独立深基础短柱钢筋包括纵筋和箍筋，计算方法同柱子钢筋计算。

5. 多柱独立基础顶部钢筋

（1）双柱独立基础底板顶部钢筋。

1）双柱独立基础底板顶部钢筋构造。双柱独立基础底板顶部钢筋由纵向受力筋和横向分布筋组成，详见图 7-13。

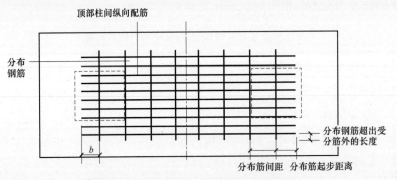

图 7-13　双柱独立基础底板顶部钢筋构造

2）　双柱独立基础底板顶部钢筋计算详见表 7-5。

表 7-5   双柱独立基础底板顶部钢筋计算

钢筋部位及其名称	计算公式	备　注	附图
基础底板顶部纵向受力钢筋	长度=两柱内侧边缘净距+两端锚固 l_a 根数按设计标注确定	布置在柱宽范围内纵向受力筋	图 7-13
	长度=两柱中心线间净距+两端锚固 l_a 根数按设计标注确定	布置在柱宽范围以外纵向受力筋	
基础底板顶部横向分布钢筋	长度=纵向受力筋布置范围长度+两端超出受力筋外的长度（取构造值 150mm）	横向分布筋根数在纵向受力筋的长度范围内布置，起步距离=分布筋间距/2	

（2）四柱独立基础底板顶部钢筋。

1）四柱独立基础底板顶部钢筋构造。四柱独立基础底板顶部钢筋由纵向受力筋和横向分布筋组成，详见图 7-14。

2）四柱独立基础底板顶部钢筋计算详见表 7-6。

表 7-6   四柱独立基础底板顶部钢筋计算

钢筋部位及其名称	计算公式	备　注	附图
纵向受力钢筋	长度=y_u（基础顶部纵向宽度）-$2C$（两端保护层厚度） 根数=（基础顶部横向宽度 x_u-起步距离）/间距+1	纵向受力钢筋为基础顶部梁间受力钢筋，即 Y 方向。起步距离不大于 75mm 且不大于钢筋间距/2	图 7-14
横向分布钢筋	长度=（基础顶部横向宽度）x_u-$2C$（两端保护层） 根数=（两根基础梁之间的净距-起步距离）/间距+1	横向分布钢筋为 X 方向，在两根基础梁之间布置。起步距离不大于 75mm 且不大于钢筋间距/2	

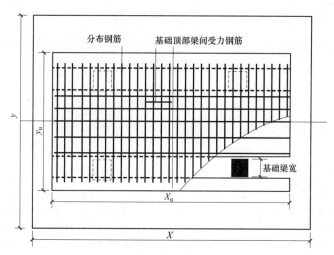

图 7-14 四柱独立基础底板顶部钢筋构造

7.1.3 独立基础钢筋计算实例

1. 矩形独立基础（基础底板边长<2500mm）

［例 1］如图 7-15 所示，普通阶形独立基础 DJ_J1，200/200，B: $X\Phi14@200$，$Y\Phi14@200$，两阶高度为 200/200，其剖面示意图如图 7-15（b）所示，计算其钢筋工程量。

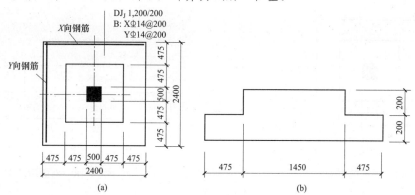

图 7-15 矩形独立基础平法及立面图
（a）平面；（b）剖面

［解］

依据表 7-2 矩形独立基础底板钢筋计算方法，X 方向钢筋和 Y 向钢筋没有锚固，而且独立基础底板长度 2400mm＜2500mm，不考虑长度缩短 10%配筋问题，其长度计算如下：

（1）X 向钢筋：长度 $L=X$ 方向基础底板长 $-2C$（保护层厚度 C 取 40mm）

$$=2400-2\times40=2320（mm）$$

根数 $=[Y$ 方向基础底边长 $-2\times Min(75, X$ 向钢筋间距/2)]/钢筋间距 $+1$

$$=[2400-2\times Min(75,200/2)]/200+1$$

$$=13（根）$$

（2）Y 向钢筋：长度 $L=Y$ 方向基础底板长 $-2C$（保护层 C 取 40mm）

$$=2400-2\times40$$

$$=2320（mm）$$

根数 $=[X$ 方向基础底边长 $-2\times Min(75, Y$ 向钢筋间距/2)]/钢筋间距 $+1$

$$=[2400-2\times Min(75,200/2)]/200+1$$

$$=13（根）$$

（3）与软件计算对比

在广联达 GGJ 软件中绘制的三维立体图、钢筋的三维图形和软件计算结果截图，如图 7-16 所示，手工算量和软件算量完全相同。

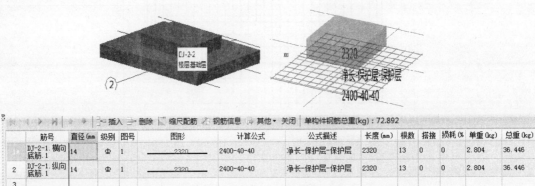

筋号	直径(mm)	级别	图号	图形	计算公式	公式描述	长度(mm)	根数	搭接	损耗(%)	单重(kg)	总重(kg)
1	DJ-2-1.横向底筋.1	14	Φ	1	2320	2400-40-40	净长-保护层-保护层	2320	13	0	0	2.804	36.446
2	DJ-2-1.纵向底筋.1	14	Φ	1	2320	2400-40-40	净长-保护层-保护层	2320	13	0	0	2.804	36.446
3													

图 7-16　基础底板边长<2500mm 时钢筋工程量软件计算结果

2. 矩形独立基础（基础底板边长≥2500mm）

[例 2] 如图 7-17 所示，普通阶形独立基础 DJ_J1，200/200，B: $X\Phi14@200$，$Y\Phi14@200$，两阶高度为 200/200，其剖面示意图如图 7-18 所示，计算其钢筋工程量。

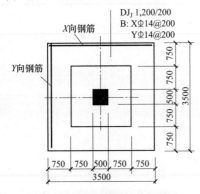

图 7-17　普通阶形独立基础

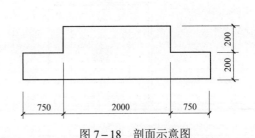

图 7-18　剖面示意图

[解]

依据表 7-3 矩形对称独立基础长度缩减 10%情形时钢筋计算，本例由于独立基础底板长度≥2500mm，所以除各边最外侧钢筋外，X 和 Y 方向其他钢筋缩减 10%，其长度计算如下：

（1）X 向最外侧钢筋钢筋共 2 根：

$$长度 L = X 方向基础底板长 - 2C（保护层 C 取 40mm）$$
$$= 3500 - 2 \times 40 = 3420（mm）$$
$$根数 = 2（根）$$

X 向最外侧以内缩减钢筋的长度 L 和根数分别为：

$$L = 0.9 \times 3500 = 3150（mm）$$

$$根数 = [Y 方向基础底边长 - 2 \times Min(75, Y 向钢筋间距/2)]/钢筋间距 + 1 - 2$$
$$= [3500 - 2 \times Min(75, 100)]/200 - 1$$
$$= 16（根）$$

（2）Y 向最外侧钢筋钢筋共 2 根：

$$长度 L = Y 方向基础底板长 - 2C（保护层厚度 C 取 40mm）$$
$$= 3500 - 2 \times 40 = 3420（mm）$$

Y 向最外侧以内缩减钢筋的长度 L 和根数分别为：

$$L = 0.9 \times 3500 = 3150（mm）$$

$$根数 = [X向基础底边长 - 2 \times Min(75, Y向钢筋间距/2)]/钢筋间距 + 1 - 2$$
$$= [3500 - 2 \times Min(75, 200/2)]/200 - 1$$
$$= 16（根）$$

（3）与软件计算对比。

广联达 GGJ 软件计算如下：在软件中绘制的独立基础三维立体图、三维钢筋图和软件计算结果截图，如图 7-19 所示，手工计算结果与软件计算结果一致。

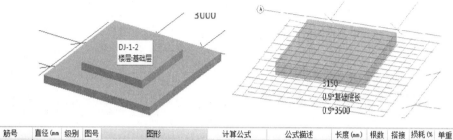

	筋号	直径(mm)	级别	图号	图形	计算公式	公式描述	长度(mm)	根数	搭接	损耗(%	单重(kg)	总重(kg)
1	DJ-1-1.横向内侧底筋.1	14	Φ	1	3150	0.9*3500	0.9*基础底长	3150	16	0	0	3.807	60.904
2	DJ-1-1.纵向内侧底筋.1	14	Φ	1	3150	0.9*3500	0.9*基础底宽	3150	16	0	0	3.807	60.904
3	DJ-1-1.横向外侧底筋.1	14	Φ	1	3420	3500-2*40	基础底长-保护层	3420	1	0	0	4.133	4.133
4	DJ-1-1.纵向外侧底筋.1	14	Φ	1	3420	3500-2*40	基础底宽-保护层	3420	1	0	0	4.133	4.133

图 7-19　底板边长 ≥ 2500mm 的矩形独立柱基础钢筋量广联达软件计算结果

7.2　条形基础

条形基础一般位于砌体墙或混凝土墙下，用以支承墙体构件。可分为梁板式条形基础和板式条形基础两大类，梁板式条形基础钢筋包括基础梁钢筋和条形基础底板钢筋。

7.2.1　条形基础平法识图

1. 条形基础基础梁平法识图

（1）基础梁集中标注示意图。基础梁集中标注包括编号、截面尺寸、配筋三项必注内容，如图 7-20 所示。

（2）基础梁编号表示方法。基础梁集中标注第一项内容是基础梁编号，由"代号"、"序号""跨数及是否有外伸"三项组成，如图 7-21 所示，三项符号的具体表示方法见表 7-7。

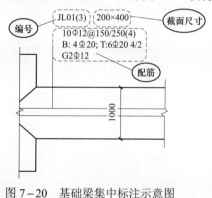

图 7-20　基础梁集中标注示意图

图 7-21　基础梁编号表示方法

表 7-7　基础梁编号

类型	代号	序号	跨数及是否有外伸
基础梁	JL	× ×	（× ×）：端部无外伸，括号内数字表示跨数
		× ×	（× × A）：一端有外伸，括号内数字表示跨数
		× ×	（× × B）：两端有外伸，括号内数字表示跨数

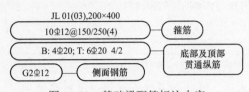

图 7-22 基础梁配筋标注内容

（3）基础梁截面尺寸标注。基础梁集中标注的第二项内容是截面尺寸。基础梁截面尺寸用 $b \times h$ 表示基础梁截面的宽度和高度，当为加腋梁时，用 $b \times hYc_1 \times c_2$ 表示，其中 c_1 为腋长，c_2 为腋高。

（4）基础梁配筋标注。

1）基础梁配筋标注内容。基础梁集中标注的第三项内容是配筋。基础梁的配筋主要标注内容为：箍筋、底部、顶部和侧向纵向钢筋，如图 7-22 所示。

2）基础梁箍筋信息。当设计采用一种箍筋间距时，标注钢筋级别、直径、间距与肢数（箍筋肢数为括号内的数字），如图 7-23 所示。当设计采用两种箍筋时，用"/"分隔不同箍筋，按照从基础梁两端向跨中的顺序标注，如图 7-24 所示。

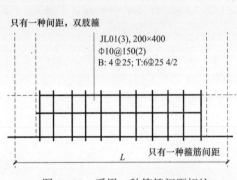

图 7-23 采用一种箍筋间距标注

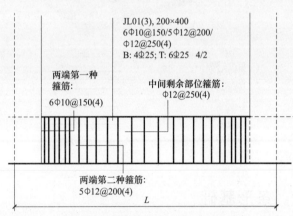

图 7-24 采用两种箍筋标注

3）底部、顶部及侧面纵向钢筋。

以 B 打头，标注梁底部贯通纵筋（不应少于梁底部受力钢筋总截面面积的 1/3）。当跨中所注根数少于箍筋肢数时，需要在跨中增设梁底部架立筋以固定箍筋，采用"+"将贯通纵筋与架立筋相连，架立筋标注在加号后面的括号内。

以 T 打头，标注梁顶部贯通筋。标注时用分号"；"将底部与顶部贯通纵筋分隔开。当梁底部或顶部贯通筋多余一排时"/"将各排纵筋自上而下分开。

以 G 打头标注梁两侧面对称布置纵向构造钢筋的总配筋值（当梁腹板净高 h_w 不小于 450mm 时，根据需要配置）。

（5）基础梁平面表示法原位标注。

1）梁端部及柱下部区域底部全部纵筋。梁端部及柱下部区域底部全部纵筋是指该位置的所有纵筋，包括底部非贯通筋和已在集中标注中标注的底部贯通筋，如图 7-25 所示。

2）基础截面尺寸变化如图 7-25 所示。

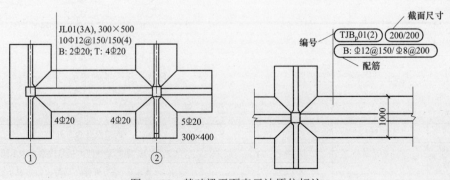

图 7-25 基础梁平面表示法原位标注

2．条形基础底板平法识图

（1）条形基础底板集中标注示意图。条形基础底板集中标注包括编号、截面竖向尺寸、配筋三项必注内容，如图 7-25 所示。

（2）条形基础底板集中标注编号表示方法。条形基础底板集中标注第一项内容是条形基础编号，由"代号"、"序号""跨数及是否有外伸"三项组成，如图 7-25 所示，三项符号的具体表示方法见表 7-8。

表 7-8　　　　　　　　　　　　　　　　条 形 基 础 底 板 编 号

类型		代号	序号	跨数及是否有外伸
条形基础底板	阶形	TJB$_j$	××	（××）：端部无外伸，括号内数字表示跨数
	坡形	TJB$_p$	××	（××A）：一端有外伸，括号内数字表示跨数
				（××B）：两端有外伸，括号内数字表示跨数

（3）条形基础底板截面竖向尺寸标注。条形基础底板截面竖向尺寸用"$h_1/h_2/\cdots\cdots$"自下而上进行标注。

（4）条形基础底板及顶部配筋。

1）条形基础底板底部配筋。以 B 打头，标注条形基础底板底部的横向受力钢筋如图 7-26 所示，当条形基础底板配筋标注为 B：4 ϕ14@150/ϕ8@250，表示条形基础底板底部配置 HRB400 级横向受力钢筋，直径为 ϕ14，分布间距 150mm；分布筋配置 HPB235 级构造钢筋，直径 ϕ8，分布间距 250mm。

2）双梁条形基础（包括顶部配筋）。以 T 打头，标注条形基础底板顶部的横向受力钢筋，如图 7-27 所示。当为双梁（或双墙）条形基础底板时，除在底板底部配置钢筋外，一般尚需在两根梁或两道墙之间的底板顶部配置钢筋，其中横向受力钢筋的锚固从梁的内边缘（或墙边缘）算起。

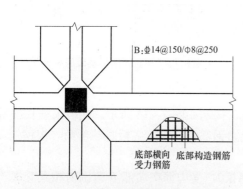

图 7-26　条形基础底部横向受力筋标注

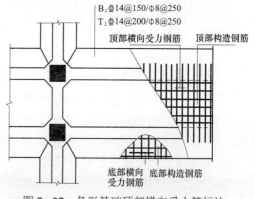

图 7-27　条形基础顶部横向受力筋标注

7.2.2　条形基础构造和计算

1．条形基础钢筋交接处钢筋构造

（1）转角梁板端部无纵向延伸。条形基础钢筋起步距离取 S/2（S 为钢筋间距），交接处两向受力钢筋相互交叉已经形成钢筋网，分布筋则需要切断，与另一方向受力筋搭接 150mm；分布筋在梁宽范围内不布置，如图 7-28 所示。

（2）转角梁板端部均有纵向延伸。条形基础钢筋起步距离取 S/2（S 为钢筋间距），交接处两向受力钢筋相互交叉已经形成钢筋网，分布筋则需要切断，与另一方向受力筋搭接 150mm；分布筋在梁宽范围内不布置；在交叉点处，X 方向（横向）满布，Y 方向（纵向）在交界处伸入 b/4 范围布置，如图 7-29 所示。

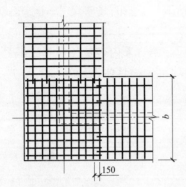
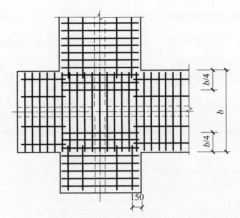

图 7-28 转角梁板端部无纵向延伸（条形基础底板构造）　图 7-29 转角梁板端部均有纵向延伸（条形基础底板构造）

（3）丁字交接基础底板。丁字交接时，横向受力筋贯通布置，竖向受力筋在交接处伸入 $b/4$ 范围布置；外侧分布筋贯通布置，内侧分布筋在交接处与受力筋搭接 150mm；分布筋在梁宽范围内不布置，如图 7-30。

（4）十字交接基础底板。十字交接时，横向受力筋贯通布置，竖向受力筋在交接处伸入 $b/4$ 范围布置；分布筋在交接处与受力筋搭接 150mm；分布筋在梁宽范围内不布置，如图 7-31 所示。

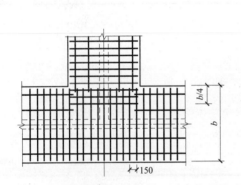
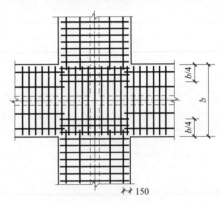

图 7-30 丁字交接基础底板（条形基础底板构造）　　图 7-31 十字交接基础底板（条形基础底板构造）

2. 条形基础底板配筋长度减短 10%构造

当条形基础底板≥2500mm 时，底板配筋长度减短交错配置，构造如图 7-32 所示。底板配筋长度减短10%的构造中，注意配筋长度不减短的位置是：底板交接区的受力钢筋和无交接底板时端部第一根钢筋。

3. 条形基础端部无交接底板钢筋构造

条形基础端部无交接底板，另一向为基础连梁（没有基础底板），受力筋在端部 b 范围内相互交叉，分布筋与受力筋搭接 150mm，钢筋构造如图 7-33。

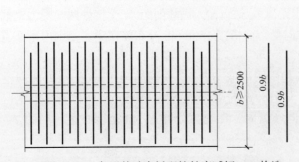
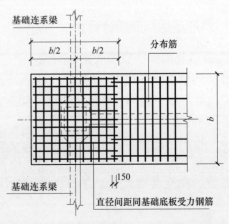

图 7-32 条形基础底板配筋长度减短 10%构造　　图 7-33 条形基础端部无交接底板钢筋构造

4. 条形基础底板不平钢筋构造

条形基础底板不平钢筋构造分为两种情况，如图 7-34。

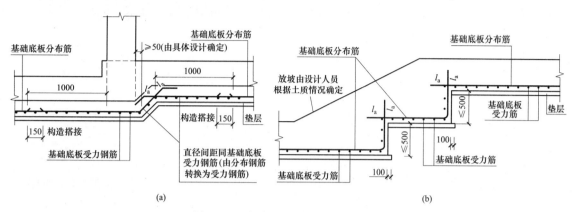

图 7-34　条形基础底板不平钢筋构造

5. 双梁条形基础底板顶部钢筋构造

双梁条形基础底板顶部横向受力钢筋从梁内侧边锚入 l_a，分布筋布置在梁间，如图 7-35。

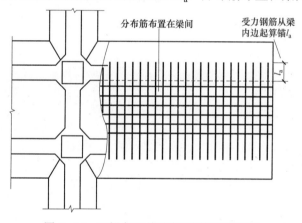

图 7-35　双梁条形基础底板顶部钢筋构造

6. 条形基础底板钢筋计算

条形基础底板钢筋计算。详见表 7-9。

表 7-9　　　　　　　　　　　　　　　　　　　条形基础底板钢筋计算

钢筋部位及其名称	计算公式	备　注	附图
基础底板钢筋	受力钢筋长度=基础宽度−2C 根数=(基础底边长−2×C)/钢筋间距 　　　+1(条形基础直角转角) 根数=基础实际布筋范围/钢筋间距 　　　+1(十字和丁字交叉)	C 为基础的保护层，一般取 40mm 交接处基础实际布筋范围单独计算: 十字交叉水平方向受力筋贯通，竖向向 内延伸 b/4;丁字交叉在节点向内延伸 b/4	图 7-28~ 图 7-31
	分布钢筋长度=跨内净长+2C 　　　+2×分布筋与受力筋搭接长度 　　　+弯钩增加长度(1 级钢筋才有) 根数=(基础宽度−2×C)/钢筋间距+1 丁字交接基础底板外侧分布筋跨内净长按实际确 定，不同于内侧。根数计算要扣除基础梁宽范围	C 为基础的保护层，一般取 40mm 梁宽范围内不布置分布筋，若有基础梁 则按实际修改公式计算 分布筋与受力筋搭接长度 150mm 两端弯钩增加长度为 12.5d	

7.2.3　基础梁构造

1. 基础梁底部贯通纵筋端部构造

（1）基础梁无外伸。基础梁无外伸构造如图 7-36 所示，端部弯折 15d，从柱内侧起，伸入基础梁端部

且不小于 $0.4l_{ab}$。

（2）基础梁等截面外伸。基础梁等截面外伸如图 7-37 所示，伸至基础梁端，弯折 12d；当 $l'_n + h_c \leqslant l_a$ 时，基础梁下部钢筋应伸至端部后弯折，且从柱内边算起水平段长度 $\geqslant 0.4l_{ab}$，弯折长度 15d。

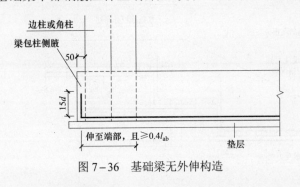

图 7-36 基础梁无外伸构造

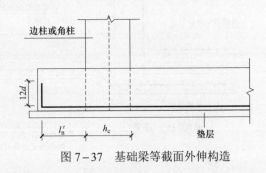

图 7-37 基础梁等截面外伸构造

（3）基础梁变截面外伸。基础梁变截面外伸如图 7-38 所示，伸至基础梁端，弯折 12d；当 $l'_n + h_c \leqslant l_a$ 时，基础梁下部钢筋应伸至端部后弯折，且从柱内边算起水平段长度 $\geqslant 0.4l_{ab}$，弯折长度 15d。

2. 基础梁底部中间变截面贯通纵筋端部构造

（1）梁底有高差。基础梁底部中间变截面，梁底有高差贯通纵筋端部构造构造如图 7-39，梁底高差坡度根据场地可取 30°、45°、60°，计算钢筋时可按 45°取值，注意 l_a 的起算位置。

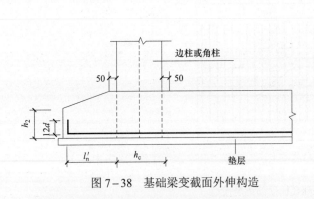

图 7-38 基础梁变截面外伸构造

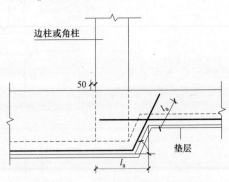

图 7-39 基础梁梁底有高差构造

（2）两侧梁宽不同。基础梁底部中间变截面，两侧梁宽不同贯通纵筋端部构造构造如图 7-40 所示，伸至柱内侧弯折 15d，柱内部位钢筋锚固长度 $\geqslant 0.4l_{ab}$，图中 h_c 为柱宽。

3. 基础梁端部及柱下区域底部非贯通筋构造

（1）基础梁无外伸。基础梁端无外伸基础梁底部非贯通筋构造如图 7-41 所示，非贯通筋伸至端部弯折 15d，且从柱内侧伸入水平段长度 $\geqslant 0.4l_{ab}$，梁包柱侧腋尺寸为 50mm，非贯通筋从支座边缘向跨内的延伸长度为 $l_n/3$，l_n 是两邻跨跨度的较大值。

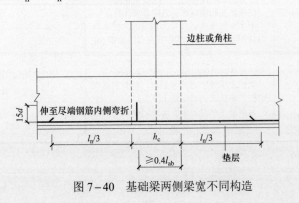

图 7-40 基础梁两侧梁宽不同构造

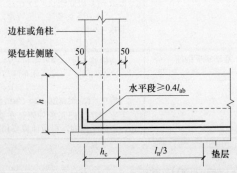

图 7-41 基础梁无外伸端部下部钢筋构造

（2）基础梁等截面外伸。基础梁等截面外伸如图 7-40 所示，底部非贯通筋位于上排，则伸至端部截断；

底部非贯通筋位于下排（与贯通筋同排），则端部构造同贯通筋；非贯通筋从支座边缘向跨内的延伸长度为 $l_n/3$ 且 $\geq l_n'$，l_n 是两邻跨跨度的较大值。

（3）基础梁变截面外伸。基础梁变截面外伸如图7-43所示，底部非贯通筋位于上排，则伸至端部截断；底部非贯通筋位于下排（与贯通筋同排），则端部构造同贯通筋；非贯通筋从支座边缘向跨内的延伸长度为 $l_n/3$ 且 $\geq l_n'$，其中 l_n 是两邻跨跨度的较大值。

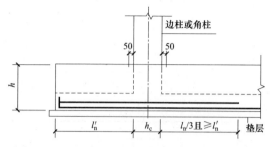

图7-42　基础梁等截面外伸端部下部钢筋构造

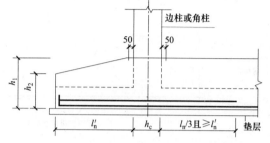

图7-43　基础梁变截面外伸端部下部钢筋构造

（4）中间柱下区域。中间柱下区域非贯通纵筋端部构造如图7-44所示，非贯通筋从支座边缘向跨内的延伸长度为 $l_n/3$，l_n 是两邻跨跨度的较大值。

（5）两侧梁宽不同。基础梁底部中间变截面，两侧梁宽不同非贯通纵筋端部构造构造如图7-45所示，伸至柱内侧弯折 $15d$，柱内部位钢筋锚固长度 $\geq 0.4l_{ab}$，图中 h_c 为柱宽；非贯通筋从支座边缘向跨内的延伸长度为 $l_n/3$，其中 l_n 是两邻跨跨度的较大值。

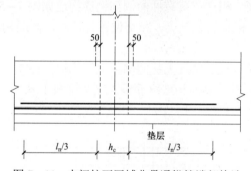

图7-44　中间柱下区域非贯通纵筋端部构造

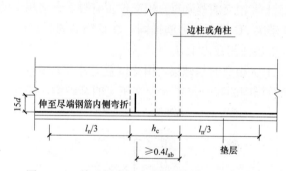

图7-45　基础梁中间支座两侧梁宽不同构造

4. 基础梁顶部贯通纵筋端部构造

（1）基础梁无外伸。基础梁无外伸构造如图7-46所示，伸至尽端钢筋内侧弯折 $15d$，当直段长度 $\geq l_a$ 时可不弯折。当直段长度 $\geq l_a$ 时，直锚，不用弯折。基础梁顶部若配置两排钢筋，与一排钢筋时的构造要求一样。

（2）基础梁等截面外伸。基础梁等截面外伸如图7-47所示，顶部上排钢筋伸至尽端钢筋内侧弯折 $12d$；顶部下排钢筋伸入柱内，从柱内侧起锚固长度为 l_a。

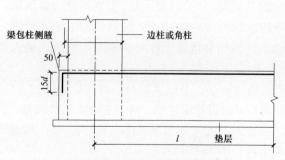

图7-46　基础梁顶部贯通纵筋端部构造

（基础梁无外伸）

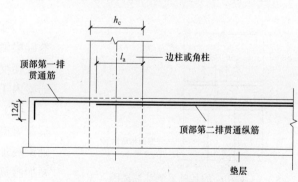

图7-47　基础梁顶部贯通纵筋端部构造

（基础梁等截面外伸）

（3）基础梁变截面外伸。基础梁变截面外伸如图7-48所示,顶部上排钢筋伸至尽端钢筋内侧弯折12d;顶部下排钢筋伸入柱内,从柱内侧起锚固长度为l_a。

（4）两侧梁宽不同。基础梁两侧梁宽不同顶部钢筋构造如图7-49所示,伸至尽端钢筋内侧弯折15d,当从柱内侧伸入柱内直段长度≥l_a时可不弯折。

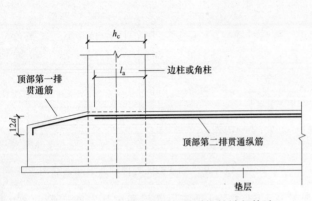

图7-48 基础梁顶部贯通纵筋端部构造
（基础梁变截面外伸）

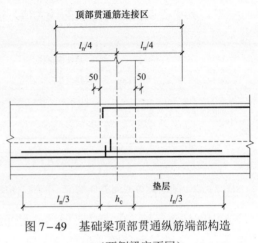

图7-49 基础梁顶部贯通纵筋端部构造
（两侧梁宽不同）

5. 基础梁架立筋、侧部筋、加腋筋构造

（1）侧部筋。

1）十字相交的基础梁,相交位置有柱。十字相交的基础梁,相交位置有柱的侧部钢筋构造如图7-50所示,基础梁JL侧部构造筋锚固,注意锚固的起算位置。十字相交的基础梁,相交位置有柱时,侧面构造纵筋锚入梁包柱侧腋内15d。

2）十字相交的基础梁,相交位置无柱。十字相交的基础梁,相交位置无柱的侧部钢筋构造如图7-51所示,注意锚固的起算位置。十字相交的基础梁,相交位置无柱时,侧面构造纵筋锚入交叉梁内15d。

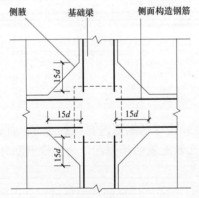

图7-50 十字相交的基础梁侧部筋锚固（有柱）

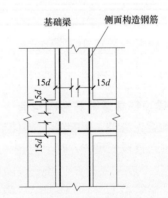

图7-51 十字相交的基础梁侧部筋锚固（无柱）

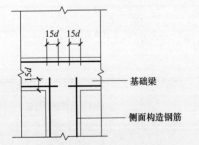

图7-52 丁字相交的基础梁侧部筋锚固（无柱）

3）丁字相交的基础梁,相交位置无柱。丁字相交的基础梁,基础梁侧部钢筋构造如图7-52所示,注意锚固的起算位置。丁字相交的基础梁,当相交位置无柱时,侧面构造纵筋锚入基础梁内15d。

（2）基础梁高加腋筋。基础梁梁高加腋构造如图7-53,基础梁高加腋筋规格,若设计未注明,则同基础梁顶部纵筋;基础梁高加腋筋,根数为基础梁顶部第一排纵筋根数-1;基础梁高加腋筋锚入基梁内长度为l_a。

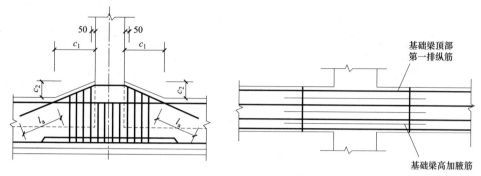

图 7-53　基础梁高加腋筋构造

（3）梁与柱结合部侧加腋筋。

1）十字相交的基础梁与柱结合部侧加腋筋。十字相交的基础梁与柱结合部侧加腋筋构造如图 7-54，由加腋筋和分布筋组成。加腋筋规格≥Φ12 且不小于柱箍筋直径，间距同柱箍筋间距。加腋筋长度为侧腋边长加上两端锚固 l_a，分布筋规格为Φ8@200。

2）丁字相交的基础梁与柱结合部侧加腋筋。丁字相交的基础梁与柱结合部侧加腋筋构造如图 7-55 所示，钢筋的要求同十字相交的基础梁与柱结合部加腋筋的构造。

图 7-54　十字相交的基础梁与柱结合部侧加腋筋构造　　　　图 7-55　丁字相交的基础梁与柱结合部侧加腋筋

3）无外伸基础梁与柱结合部侧加腋筋。无外伸基础梁与柱结合部侧加腋筋构造如图 7-56，钢筋的要求同十字相交的基础梁与柱结合部加腋筋的构造。

4）基础梁中心穿柱侧加腋筋。基础梁中心穿柱侧加腋筋构造如图 7-57 所示，钢筋的要求同十字相交的基础梁与柱结合部加腋筋的构造。

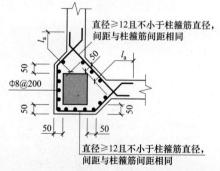
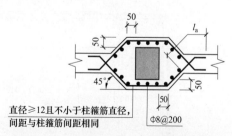

图 7-56　无外伸基础梁与柱结合部侧加腋筋构造　　　　图 7-57　基础梁中心穿柱侧加腋筋构造

5）基础梁偏心穿柱侧加腋筋。基础梁偏心穿柱侧加腋筋构造如图 7-58 所示，钢筋的要求同十字相交的基础梁与柱结合部加腋筋的构造。

6. 基础梁箍筋构造

（1）起步距离。箍筋的起步距离为 50mm，基础梁变截面外伸、梁高加腋位置，箍筋高度渐变，如图 7-59 所示。

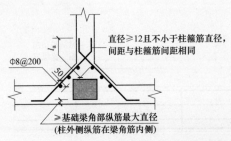

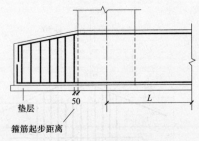

图 7-58 基础梁偏心穿柱与柱结合部侧腋构造 　　　　图 7-59 基础梁箍筋构造

（2）节点区域。节点区域内箍筋按梁端箍筋设置，梁相交叉宽度内的箍筋按截面高度较大的基础梁设置，同跨箍筋有两种时，各自设置范围按设计标注，如图 7-60 所示。

（3）纵向受力钢筋搭接区箍筋构造。受拉搭接区的箍筋间距不大于搭接钢筋较小直径的 5 倍，且不大于 100mm；受压搭接区的箍筋间距，不大于搭接钢筋较小直径的 10 倍，且不大于 200mm，如图 7-61 所示。

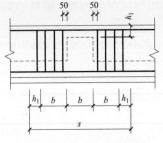

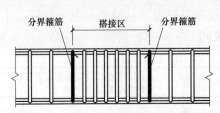

图 7-60 节点区域内箍筋 　　　　　　　图 7-61 纵向受力钢筋搭接区箍筋构造

7. 基础梁钢筋计算

基础课钢筋计算详见第 5 章梁钢筋计算。

7.2.4 条形基础钢筋计算实例

1. 基础梁 JL 钢筋计算实例

[例] 附录工程中基础平面布置图（一）中基础梁 DL5 为例计算钢筋工程量，其截面尺寸和配筋信息如图 7-62 所示，两端支座为框架柱截面尺寸见图 7-62。已知基础梁混凝土 C30，纵筋连接方式为对焊，螺纹钢筋的定尺长度为 9000mm，梁两端柱的截面尺寸如图 7-62 所示。

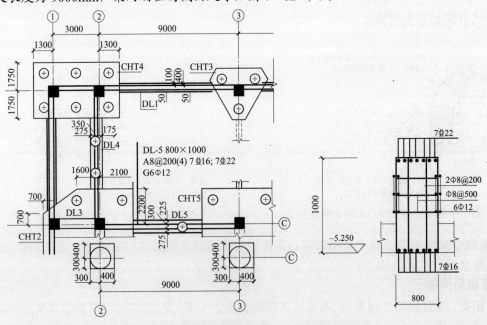

图 7-62 基础平面布置图（一）中基础梁 DL5

[解]

（1）下部通长筋计算

基础梁无外伸构端部弯折 $15d$，从柱内侧起，伸入基础梁端部且 $\geqslant 0.4l_{ab}$。

查表 1-10 知：

$$受拉钢筋的基本锚固长度 l_{ab}=35d=35\times16=560（mm）$$
$$0.4l_{ab}=224（mm）$$

柱宽为 700mm，满足构造要求，所以端部弯折 $15d$（若不满足构造要求可加大弯折长度来满足锚固长度）。

$$下部通长筋长度 L=构件长度-2\times保护层+2\times15d$$
$$=9700-2\times40+2\times15\times16$$
$$=10\,100（mm）$$

由于钢筋长度 $L>9000$mm，需计算钢筋接头个数：

$$接头个数=10\,100/9000-1=2（个）（向上取整）$$

（2）上部通长筋计算

根据基础梁构造要求，基础梁无外伸构造如图 7-46，伸至尽端钢筋内侧弯折 $15d$，当直段长度 $\geqslant l_a$ 时可不弯折。

$$梁直段长度=700-40$$
$$=660（mm）$$
$$l_a=35d=35\times22=770（mm）$$

则梁直段长度 $<l_a$，上部通长筋伸至尽端弯折 $15d$。

由于基础梁和承台部分重合，实际上是基础梁锚固在两端的承台里，本例没有考虑承台对基础梁的影响，只考虑柱作为它的锚固端。

$$上部通长筋长度 L=构件长-2\times保护层+2\times15d$$
$$=9700-2\times40+2\times15\times22$$
$$=10\,280（mm）$$
$$接头个数=10\,280/9000-1=2（个）（向上取整）$$

（3）侧面构造筋计算

根据构造钢筋要求，构造钢筋只要满足构造要求不必伸入端部或弯折，构造钢筋支座锚固长度为 $15d$，由于本例为一级钢筋两端有弯钩。

$$构造钢筋长度 L=构件净长（去掉两端支座长度）+2\times15d+12.5d$$
$$=8300+2\times15\times12+12.5\times12$$
$$=8810（mm）$$

（4）箍筋计算

1）长度计算。本例箍筋为 4 肢箍，分为 1 号外箍筋和 2 号内箍筋。根据第 3 章柱箍筋计算公式：

$$外箍长度=(B-2\times b+H-2\times b)\times2+2\times1.9d+2\times Max(10d,75)$$
$$内箍长度=[(B-2b-2d-D)/(J-1)\times(j-1)+D+2d]\times2+(H-2b)\times2+2\times1.9d+2\times Max(10d,75)$$

式中　B、H——分别为柱截面宽度；

$\quad\quad$ J、j——分别为柱中大箍和小箍中所含的受力筋根数；

$\quad\quad$ b——保护层厚度；

$\quad\quad$ d——箍筋直径；

$\quad\quad$ D——受力筋直径（不同钢筋取直径较大者）。

$$1 号外箍筋 L=(B-2\times b+H-2\times b)\times2+2\times1.9d+2\times Max(10d,75)$$
$$=2\times[(800)+(1000-2\times40)]+2\times(11.9\times d)=3470(mm)$$
$$2 号内箍筋 L=[(B-2b-2d-D)/(J-1)\times(j-1)+D+2d]\times2+(H-2b)\times2+2\times1.9d+2\times Max(10d,75)$$
$$=[(800-2\times40-2\times8-22)/(7-1)\times(3-1)+22+2\times8]\times2+(1000-2\times40)\times2+2\times11.9\times8$$
$$=3470（mm）$$

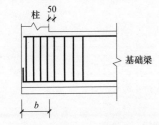

图 7-63 基础梁中箍筋计算示意图

2）根数计算。箍筋位置分为支座内箍筋和支座外箍筋，支座外箍筋从柱边 50mm 开始布筋，故：

支座外箍筋根数 $N=(9000-300-400-50-50)/200+1$
$=42$（根）

由图 7-63 知：

支座内布筋范围＝柱宽＋支座外第一根钢筋布置起点 50mm
－箍筋间距－柱外侧保护层
$=700+50-200-40=510$（mm）

左支座内箍筋根数 $N=$ 支座内实际布筋范围$/200+1$
$=(700+50-200-40)/200+1$
$=4$（根）

（5）拉筋计算

拉筋只在净跨内布置，其计算过程如下：

拉筋长度 $L=H-2\times b+2\times 1.9d+2\times \text{Max}(10d,75)$
$=(H\times 2b)+2\times 1.9d+2\times 10d$
$=(800-2\times 40)+2\times(1.9\times d)$
$=910$（mm）

拉筋根数 $N=3\times[(8200/500)+1]$
$=54$（根）

（6）与软件计算对比

广联达 GGJ 软件计算过程和结果如图 7-64 所示，与手算计算结果相同。

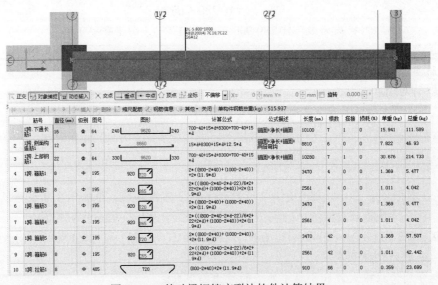

图 7-64 基础梁钢筋广联达软件计算结果

2. 条形基础钢筋计算实例

[例] 如图 7-65 所示，条形基础平法施工图 TJB$_p$01（2）200/200，B:Φ14@150/Φ8@250，计算条形基础钢筋工程量。已知条形基础混凝土 C30，纵筋连接方式为对焊，螺纹钢筋的定尺长度为 9000mm，钢筋保护层为 40mm。

[解]

由于本例没有基础梁，则根据构造要求分布筋在基础宽的范围内布设，且分布筋与同向受力钢筋搭接长度为 150mm（若有基础梁则分布筋在基础梁宽以内不布设，而在基础梁宽以外两侧布设）。受力钢筋和分布筋起始布距取保护层40mm，广联达软件取50mm，图集上没有明确具体值。

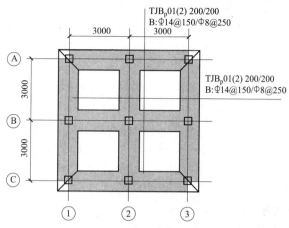

图7-65 条形基础平法施工图

（1）A、C、1和3轴钢筋计算完全一样，均属于直角转角型，现以C轴为例。

1）根据表7-9条形基础底板钢筋计算方法计算：

$$受力钢筋长度＝基础宽度－2C$$
$$＝1000－2×40＝920（mm）$$
$$根数＝(基础底边长－2×保护层)/钢筋间距+1$$
$$＝(3000×2+2×500－2×40)/150+1$$
$$＝47（根）$$

C轴，1、2轴段，2、3轴段分布筋计算：

$$分布钢筋长度＝跨内净长+2C+2×分布筋与受力筋搭接长度150+两端弯钩12.5d$$
$$＝3000－1000+2×40+2×150+12.5×8$$
$$＝2480（mm）$$
$$根数＝(基础宽度－2×保护层)/钢筋间距+1$$
$$＝(1000－2×40)/250+1$$
$$＝5（根）$$

2）与软件计算对比

广联达GGJ软件计算结果和钢筋三维显示如图7-66所示。受力钢筋计算完全一样，但分布钢筋在计算软件计算时是通长布置，不符合构造要求。

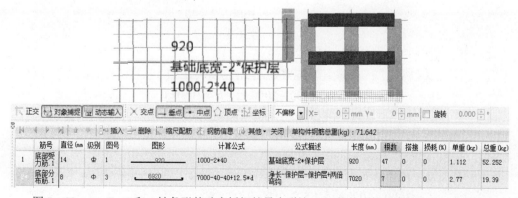

图7-66 A、C、1和3轴条形基础底板钢筋量广联达GGJ软件计算结果和钢筋三维显示

（2）B和2轴钢筋计算完全一样，均属于十字交叉形和丁字形，十字交叉形和丁字形根据构造要求，交叉节点的水平方向受力钢筋贯通；竖向受力钢筋在十字交叉型两个方向向节点中心延伸$b/4$（b为基础宽度），丁字形一个方向向节点中心延伸$b/4$。

1）根据表 7-9 条形基础底板钢筋计算方法 B 轴底板钢筋：

B 轴为水平方向，B 轴与 1 轴和 3 轴丁字相交，受力筋分别向 1 轴和 3 轴内延伸 $b/4$，B 轴与 2 轴十字相交，且为水平方向，则受力筋在节点处连续通过。

$$受力钢筋长度 = 基础宽度 - 2C$$
$$= 1000 - 2 \times 40$$
$$= 920（mm）$$

$$根数 = 实际布筋范围/钢筋间距 + 1$$
$$= (6000 - 1000 + 2 \times b/4)/150 + 1$$
$$= (6000 - 1000 + 2 \times 1000/4)/150 + 1$$
$$= 38（根）$$

B 轴、1、2 轴段，2、3 轴段分布筋计算：

$$分布钢筋长度 = 跨内净长 + 2C + 2 \times 分布筋与受力筋搭接长度 150mm + 两端弯钩 12.5d$$
$$= 3000 - 1000 + 2 \times 40 + 2 \times 150 + 12.5 \times 8$$
$$= 2480（mm）$$

$$根数 = (基础宽度 - 2 \times 保护层)/钢筋间距 + 1$$
$$= (1000 - 2 \times 40)/250 + 1$$
$$= 5（根）$$

2）B 轴底板钢筋计算与软件计算对比

广联达 GGJ 软件计算结果和钢筋三维显示如图 7-67。受力钢筋计算完全一样，但分布钢筋在计算软件计算时是通长布置，不符合构造要求。

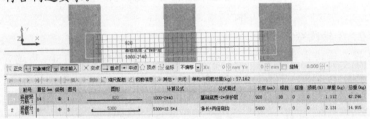

图 7-67　B 轴条形基础底板钢筋量广联达 GGJ 软件计算结果和钢筋三维显示

3）2 轴条形基础底板钢筋计算

2 轴为竖向方向，2 轴与 A 轴和 C 轴丁字相交，受力筋分别向 A 轴和 C 轴内延伸 $b/4$，2 轴与 B 轴十字相交，且为竖向方向，则受力筋在节点两个方向延伸 $b/4$。

$$受力钢筋长度 = 基础宽度 - 2C$$
$$= 1000 - 2 \times 40$$
$$= 920（mm）$$

根数要分跨计算，AB 和 BC 跨完全一样，以 AB 跨为例：

$$根数 = 实际布筋范围/钢筋间距 + 1$$
$$= (3000 - 1000 + 2 \times b/4)/150 + 1$$
$$= (3000 - 1000 + 2 \times 1000/4)/150 + 1$$
$$= 18（根）$$

2 轴，A 和 B 轴段，B 和 C 轴段分布筋计算：

$$分布钢筋长度 = 跨内净长 + 2C + 2 \times 分布筋与受力筋搭接长度 150mm + 两端弯钩 12.5d$$
$$= 3000 - 1000 + 2 \times 40 + 2 \times 150 + 12.5 \times 8$$
$$= 2480（mm）$$

$$根数 = (基础宽度 - 2 \times 保护层)/钢筋间距 + 1$$
$$= (1000 - 2 \times 40)/250 + 1$$
$$= 5（根）$$

4）2 轴条形基础底板钢筋计算与软件计算对比

广联达 GGJ 软件计算结果和钢筋三维显示如图 7-68 所示，受力钢筋计算完全一样，但分布钢筋在计算软件计算时是通长布置，不符合构造要求。

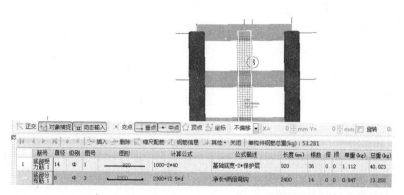

图 7-68　2 轴条形基础底板钢筋广联达 GGJ 软件计算结果和钢筋三维显示

7.3　筏形基础

筏形基础一般用于高层建筑框架柱或剪力墙下，可分为梁板式筏形基础和平板式筏形基础两大类，梁板式筏形基础由基础主梁、基础次梁和基础平板组成，平板式筏形基础有两种组成形式，一是由柱下板带、跨中板带组成；二是不分板带，直接由基础平板组成。

7.3.1　筏形基础平法识图

1. 筏形基础基础主次梁平法识图

（1）基础主/次梁平法标注方式。基础主/次梁平法标注方式如图 7-69 所示。

（2）基础主/次梁平法集中标注。基础主/次梁平法集中标注包括编号、截面尺寸、配筋三项主要内容，以及基础梁底面标高差（相对于筏形基础平板底面标高）一项选注内容，如图 7-70 所示。

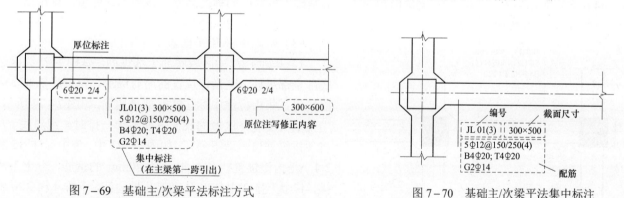

图 7-69　基础主/次梁平法标注方式　　　　　　　　图 7-70　基础主/次梁平法集中标注

1）基础主/次梁编号。基础主/次梁编号由"代号"、"序号"和"跨数及是否有外伸"三项构成，如图 7-70 所示。其具体表示方法见表 7-10。

表 7-10　　　　　　　　　　　　　　　　基础梁编号

类型	代号	序号	跨数及是否有外伸
基础主梁	JL	××	（××）：端部无外伸，括号内数字表示跨数
基础次梁	JCL	××	（××A）：一端有外伸
			（××B）：两端有外伸

2）基础主/次梁截面尺寸。基础主/次梁截面尺寸用 $b \times h$ 表示梁截面宽度和高度，当为加腋梁时，用 $b \times h Y c_1 \times c_2$ 表示。其中 c_1 为腋长，c_2 为腋高。

3）基础主/次梁配筋

① 基础主/次梁箍筋信息。当设计采用一种箍筋间距时，标注钢筋级别、直径、间距与肢数（箍筋肢数为括号内的数字），如图 7-71 所示。当设计采用两种箍筋时，用"/"分隔不同箍筋，按照从基础梁两端向跨中的顺序标注如图 7-72 所示。

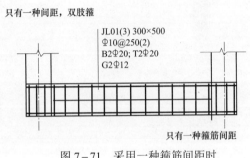

图 7-71 采用一种箍筋间距时

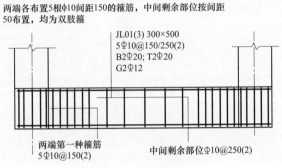

图 7-72 采用两种箍筋

② 底部、顶部及侧面纵向钢筋。基础主/次梁的底部以 B 打头，标注梁底部贯通纵筋（不应少于梁底部受力钢筋总截面面积的 1/3）。当跨中所注根数少于箍筋肢数时，需要在跨中增设梁底部架立筋以固定箍筋，采用"+"将贯通纵筋与架立筋相连，架立筋标注在加号后面的括号内。基础次梁的箍筋只在净跨范围内设置，基础主梁的箍筋标注只含净跨内箍筋，在两向基础主梁相交的柱下区域，应有一向按梁端箍筋全面贯通（不标注）。

基础主/次梁的顶部钢筋以 T 打头，标注梁顶部贯通筋。标注时用分号"；"将底部与顶部贯通纵筋分隔开。当梁底部或顶部贯通筋多余一排时"/"将各排纵筋自上而下分开。

以 G/N（抗扭）打头标注梁两侧面对称布置纵向构造钢筋的总配筋值（当梁腹板净高 $h_w \geqslant 450mm$ 时，根据需要配置）。侧部纵向构造钢筋的拉筋不进行标注，根据 11G101-3 第 73 页中要求，钢筋直径为 8mm，间距为箍筋间距的 2 倍。当为梁端侧面构造钢筋 G 时，其搭接与锚固长度可取 15d；当为梁侧受扭纵向钢筋时，其锚固长度为 l_a，搭接长度为 l_l；其锚固方式同基础梁上部纵筋。

4）梁底面标高差。基础主/次梁底面相对于筏形基础平板底面的标高高差，该项为选注值，有标高差时写入括号内，无高差时不注。

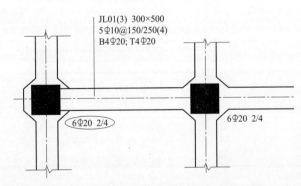

图 7-73 基础主/次梁平面表示法原位标注

（3）基础主/次梁平面表示法原位标注。

1）基础主/次梁区域底部全部纵筋。基础主/次梁区域底部全部纵筋，是指该位置的所有纵筋，包括底部非贯通筋和已在集中标注中标注的底部贯通筋，如图 7-74 所示。当梁端（支座）区域的底部纵筋多于一排时，用斜线"/"将各排纵筋自上而下分开。如图 7-73 中，集中标注 6Φ20 2/4，是指该位置共有 6 根直径 20mm 的钢筋，分上下两排，其中上排 2 根Φ20 是底部非贯通筋，下排 4 根Φ20 就是集中标注中的底部贯通纵筋。梁中间支座两边底部纵筋配筋相同时，只标注在一侧即可，若梁中间支座两边底部纵筋配筋不同时，须在支座两侧分别集中标注如图 7-73 所示。集中标注时，若由两种不同直径钢筋组成，用"+"连接。

2）基础梁截面尺寸变化如图 7-74 所示。

基础主/次梁外伸部位如有变截面，在该部位原位标注 $b \times h_1/h_2$，其中 h_1 为支座处截面高度，h_2 为外伸端部截面高度，如图 7-74 所示。

当在基础梁中集中标注的尺寸在某个部位发生变化，在该部位原位标注来修正集中标注，也就是原位标注级别高于集中标注。

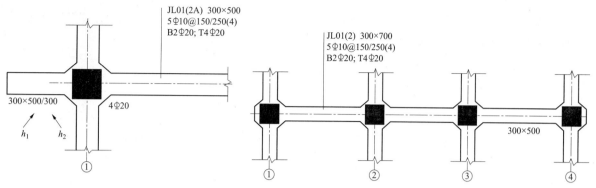

图 7-74　基础梁截面尺寸变化标注

（4）基础主/次梁交叉位置附加箍筋或吊筋。

1）附加箍筋。基础主/次梁附加箍筋的平法标注如图 7-75 所示，表示每边各加 4 根，共 8 根附加箍筋，且为 4 肢箍筋。

2）附加吊筋。基础主/次梁附加吊筋的平法标注如图 7-76 所示，表示每边各加 1 根，共 2 根附加吊筋。

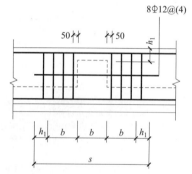

图 7-75　基础主/次梁附加箍筋的平法标注

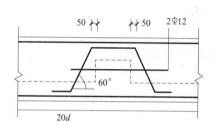

图 7-76　基础主/次梁附加吊筋的平法标注

2. 梁板式筏形基础平板平法识图

梁板式筏形基础平板 LPB 的平面标注，分板底部及顶部贯通纵筋的集中标注与板底附加非贯通筋的原位标注两部分内容。当仅设置贯通纵筋而未设置附加非贯通纵筋时，则仅集中标注。

（1）梁板式筏形基础平板标注方式如图 7-77 所示。

1）集中标注应在所表达的板区双向均为第一跨（X 与 Y 双向首跨）的板上引出（图上从左至右为 X 方向，从下至上为 Y 方向）如图 7-77 所示。筏形基础平板"板区"的划分条件：板厚相同、基础平板底部与顶部贯通纵筋配置相同的区域为同一板区。

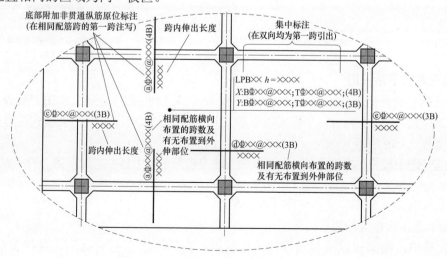

图 7-77　梁板式筏形基础平板标注方式

2）原位标注在配置相同的若干跨的第一跨下，垂直于基础梁的部位标注，标注钢筋的编号、配筋信息、横向分布的跨数及是否布置到外伸部位，如图7-78所示。

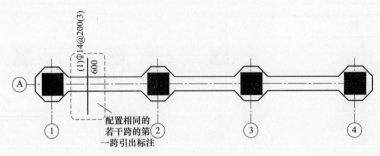

图7-78　原位标注

（2）集中标注。集中标注包括编号、截面尺寸、底部与顶部贯通纵筋及其总长度。集中标注应在双向均为第一跨引出。集中标注说明见表7-11。

表7-11　　　　　　　　　　　　梁板式筏形基础平板 LPB 集中标注说明

标注形式	表达内容	附加说明
LPB××	基础平板编号，包括代号和序号	为梁板式基础的基础平板
$H=\times\times\times$	基础平板厚度	—
X/Y：B$\Phi\times\times@\times\times$；T$\Phi\times\times@\times\times$；（×、×A、×B）	X 方向/Y 方向底部与顶部贯通纵筋强度等级、直径、间距（总长度和跨数及有无外伸）	（××A）：表示一端有外伸；（××B）：表示两端有外伸；（××）无外伸，括号内数字表示跨数

（3）原位标注。原位标注应在基础梁下相同配筋跨的第一跨下标注，用于标注板底部附加非贯通筋和修正集中标注内容见表7-12。

表7-12　　　　　　　　　　　　梁板式筏形基础平板 LPB 原位标注说明

标注形式	表达内容	附加说明
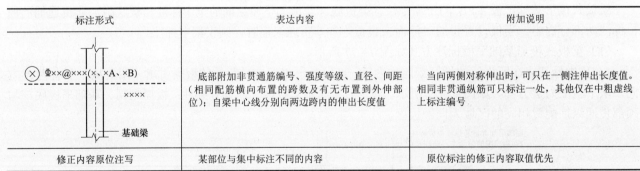	底部附加非贯通筋编号、强度等级、直径、间距（相同配筋横向布置的跨数及有无布置到外伸部位）；自梁中心线分别向两边跨内的伸出长度值	当向两侧对称伸出时，可只在一侧注伸出长度值。相同非贯通纵筋可只标注一处，其他仅在中粗虚线上标注编号
修正内容原位注写	某部位与集中标注不同的内容	原位标注的修正内容取值优先

3. 平板式筏形基础平法识图

平板式筏形基础有两种构造形式：一种是由柱下板带（ZXB）与跨中板带（KZB）组成；另一种是不分板带，直接由基础平板（BPB）组成。平板式筏形基础 BPB，其平法标注方法同梁板式筏形基础 LBP，只是板的代号不同，如图7-79所示。

（1）柱下板带（跨中板带）集中标注。柱下板带（跨中板带）集中标注，应在第一跨（X 方向为左端跨，Y 方向为下端跨）开始标注。由编号、截面尺寸、底部和顶部贯通纵筋三项内容组成，如图7-80所示。

柱下板带（跨中板带）集中标注，应注意以下两点：

1）板带宽度 b 是指板短向的边长。

2）板带的配筋中，底部和顶部贯通纵筋是指沿板长向的配筋，且只有沿长向的配筋，沿短向没有配筋。

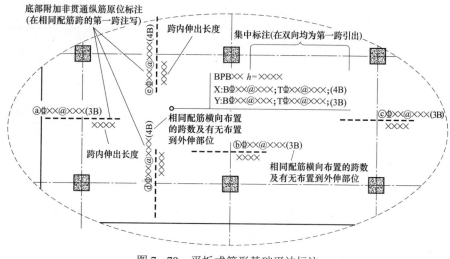

图 7-79　平板式筏形基础平法标注

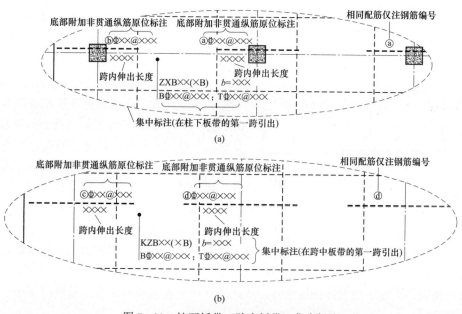

(a)

(b)

图 7-80　柱下板带（跨中板带）集中标注

（a）柱下板带；（b）跨中板带

（2）柱下板带（跨中板带）原位标注。柱下板带（跨中板带）原位标注方式，同梁板式筏形基础平板 LPB 原位标注说明。

4. 筏形基础相关构件平法识图

筏形基础相关构件是指上柱墩、下柱墩、基坑（沟）、后浇带和窗井墙构造，这些相关构件的平法标注，采用"直接引注"的方法，"直接引注"是指在平面图构造部位直接引出标注该构造的信息，如图 7-81 所示。基础相关构造类型与编号见表 7-13。

11G101-3 中，对筏形基础相关构件的直接引注法，有专门的图示讲解，本书不再讲解，参见 11G101-3 图集第 93～98 页。

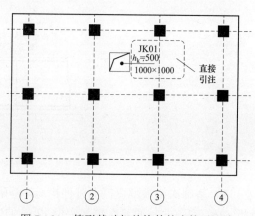

图 7-81　筏形基础相关构件的直接引注法

表7-13   基础相关构造类型与编号

构造类型	代号	序号	说　明
后浇带	HJD	××	用于梁板、平板筏形基础、条形基础
上柱墩	SZD	××	用于平板筏形基础
下柱墩	XZD	××	用于梁板、平板筏形基础
基坑（沟）	JK	××	用于梁板、平板筏形基础
窗井墙	CJQ	××	用于梁板、平板筏形基础

7.3.2　筏形基础构造

在实际工程中，主要采用梁板式筏形基础，平板式筏形基础应用相对较少，故本节主要介绍梁板式筏形基础。

1. 基础主梁构造

基础主梁构造，详见本章7.2节基础梁构造。

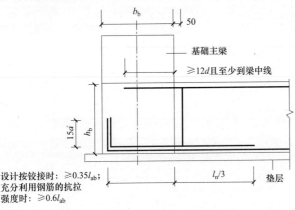

设计按铰接时：≥$0.35l_{ab}$；
充分利用钢筋的抗拉
强度时：≥$0.6l_{ab}$

图7-82　基础次梁端部无外伸构造

2. 基础次梁构造

（1）基础次梁端部无外伸构造。基础次梁端部无外伸构造如图7-82所示。当设计按铰接时，底部贯通筋在端部水平锚固长度≥$0.35l_{ab}$；当充分利用钢筋抗拉强度时，底部贯通筋在端部水平锚固长度≥$0.6l_{ab}$，弯折15d。当设计按铰接时，底部非贯通筋在端部水平锚固长度≥$0.35l_{ab}$，弯折15d；当充分利用钢筋抗拉强度时，底部非贯通筋在端部水平锚固长度≥$0.6l_{ab}$，弯折15d，伸入跨内$l_n/3$截断。顶部非贯通钢筋伸入支座长度≥12d且至少到主梁中线。

（2）基础次梁端部等截面外伸构造。基础次梁端部等截面外伸构造如图7-83所示，底部贯通筋在端部弯折12d。底部非贯通筋在端部弯折12d，伸入跨内$l_n/3$且≥l'_n（l_n左右净跨的较大值）再截断。顶部贯通钢筋弯折12d。基础次梁端部等截面外伸构造中，当$l'_n+b_b≤l_a$时，基础梁下部钢筋应伸至端部后弯折15d；从梁内边算起水平长度按设计而定，当设计按铰接时，基础梁下部钢筋伸至端的水平长度应不小于0.35l_{ab}，当充分利用钢筋抗拉强度时，水平长度≥0.6l_{ab}。

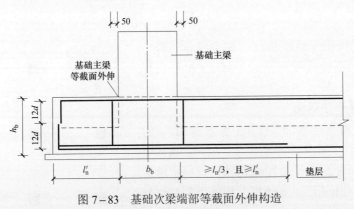

图7-83　基础次梁端部等截面外伸构造

（3）基础次梁端部变截面外伸构造。基础次梁端部变截面外伸构造如图7-84所示，底部贯通筋在端部弯折12d。底部非贯通筋在端部弯折12d，伸入跨内$l_n/3$且≥l'_n（l_n左右净跨的较大值）截断。顶部贯通钢筋弯折12d。基础次梁端部变截面外伸构造中，当$l'_n+b_b≤l_a$时，基础梁下部钢筋应伸至端部后弯折15d；从梁内边算起水平长度按设计而定，当设计按铰接时，基础梁下部钢筋伸至端部的水平长度应不小于0.35l_{ab}，当充分利用钢筋抗拉强度时，其水平长度≥0.6l_{ab}。

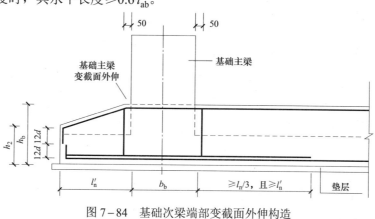

图 7-84　基础次梁端部变截面外伸构造

（4）基础次梁中间支座构造。基础次梁中间支座构造如图 7-85 所示，底部非贯通筋左右伸入跨内 l_n/3（l_n 左右净跨的较大值）截断。

（5）基础次梁梁顶有高差构造。基础次梁梁顶有高差构造如图 7-86 所示，底部非贯通筋左右伸入跨内 l_n/3（l_n 左右净跨的较大值）截断；低梁顶部纵筋锚固长度≥l_a 且至少到主梁中心线，高梁上部钢筋伸至尽端钢筋内侧弯折 15d。

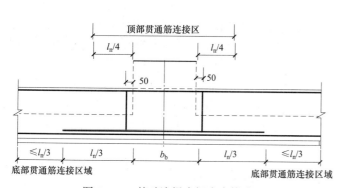

图 7-85　基础次梁中间支座构造

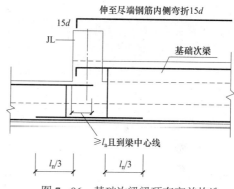

图 7-86　基础次梁梁顶有高差构造

（6）基础次梁梁底有高差构造。基础次梁梁底有高差构造如图 7-87 所示，底部非贯通筋左右伸入跨内 l_n/3（l_n 左右净跨的较大值）截断；低梁底部纵筋锚固长度≥l_a，高梁伸至尽端主梁内 l_a。

（7）基础次梁梁底梁顶均有高差构造。基础次梁梁底梁顶均有高差构造时，顶部钢筋和下部钢筋如图 7-88 所示。

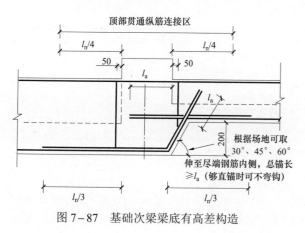

图 7-87　基础次梁梁底有高差构造

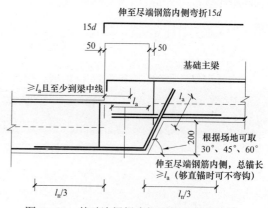

图 7-88　基础次梁梁底梁顶均有高差构造

（8）基础次梁梁支座两边梁宽不同时构造。基础次梁梁支座两边梁宽不同时构造如图7-89所示。

3. 基础次梁箍筋构造

基础次梁箍筋构造如图7-90所示，箍筋起步距离为50mm，基础次梁变截面外伸、梁高加腋位置，箍筋高度渐变；基础次梁节点区不设箍筋。

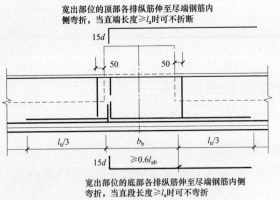

图7-89 基础次梁梁支座两边梁宽不同时构造

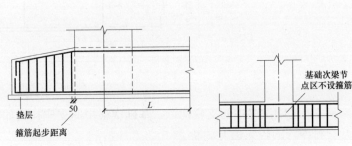

图7-90 基础次梁箍筋构造

4. 梁板式筏形基础平板LPB钢筋构造

（1）端部无外伸构造。

1）端部无外伸构造。梁板式筏形基础平板端部无外伸时钢筋构造如图7-91所示，顶部受力纵筋伸入基础梁内长度≥12d且至少过梁中线；下部受力纵筋水平锚固长度0.35l_{ab}（设计铰接）/0.6l_{ab}（充分利用钢筋的抗拉强度），端部弯折15d；板的第一根筋，距基础梁边为1/2板筋间距且不大于75mm。

2）端部无外伸梁板式筏形基础平板LPB板钢筋计算详见表7-14。

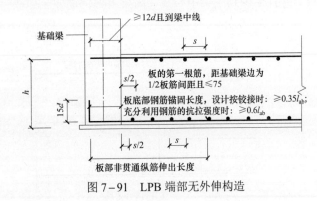

图7-91 LPB端部无外伸构造

表7-14　端部无外伸梁板式筏形基础平板LPB板钢筋计算

钢筋部位及其名称	计算公式	说明	附图
LPB底部钢筋	通常钢筋长度=基础长度-2C+2×15d 非通长受力钢筋长度=按设计长度确定 根数=(实际布筋范围)/钢筋间距+1	1. C为基础的保护层厚度，一般取40mm 2. 梁宽范围内不布置受力筋，受力筋起点位置距梁边 Max（75，S/2），S为板分布筋间距 3.（基础梁宽-C）≥0.3l_{ab}（0.6l_{ab}），否则增大弯折长度	图7-91
LPB顶部钢筋	受力钢筋长度=基础长度-2b_b+2×Max(12d,b_b/2) 其中：b_b为基础两端梁宽 根数=(实际布筋范围)/钢筋间距+1	1. C为基础的保护层，一般取40mm 2. 梁宽范围内不布置分布筋，受力筋起点位置距梁边 Max（75，S/2），S为板分布筋间距	

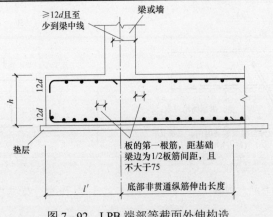

图7-92 LPB端部等截面外伸构造

（2）端部等截面外伸构造。

1）端部等截面外伸构造如图 7−92 所示，筏板顶部非贯通筋伸入梁或墙内 12d 且至少到梁或墙中线；贯通筋伸到尽端钢筋内侧弯折 12d。筏板底部非贯通筋伸入跨内长度 Max（ l'_n，$l_n/3$）；筏板底部贯通筋贯通筋伸到尽端钢筋内侧弯折 12d。

2）端部等截面外伸梁板式筏形基础平板 LPB 板钢筋计算详见表 7−15。

表 7−15　　　　　　　　　　　端部等截面外伸梁板式筏形基础平板 LPB 板钢筋计算

钢筋部位及其名称	计算公式	说　明	附图
LPB 底部钢筋	通长受力钢筋长度＝基础长度 − 2C+2×12d 非通长受力钢筋长度＝L 通+底部非贯通筋伸出长度 +12d 根数＝实际布筋范围/钢筋间距+1	1. C 为基础的保护层厚度，一般取 40mm 2. 梁宽范围内不布置受力筋，受力筋起点位置距梁边 Max（75，S/2），S 为板分布筋间距 3. l′ 为基础梁轴线以外的外伸长度	图 7−96
LPB 顶部钢筋	通长受力钢筋长度＝基础长度 − 2C+2×12d 非通长受力钢筋长度＝基础无外伸长度 − 2b_b +2×Max（12d，b_b/2）。 其中：b_b 为基础梁宽 根数＝实际布筋范围/钢筋间距+1	C 为基础的保护层，一般取 40mm 梁宽范围内不布置分布筋，受力筋起点位置距梁边 Max（75，S/2），S 为板分布筋间距	

（3）端部变截面外伸构造。

1）端部变截面外伸构造如图 7−93 所示，筏板顶部非贯通筋伸入梁或墙内 12d 且至少到梁或墙中线；变截面处非贯通筋伸到尽端钢筋内侧弯折 12d，伸入梁或墙内 12d 且至少到梁或墙中线。筏板底部非贯通筋伸入跨内长度由设计确定；筏板底部贯通筋和非贯通筋伸到尽端钢筋内侧弯折 12d。

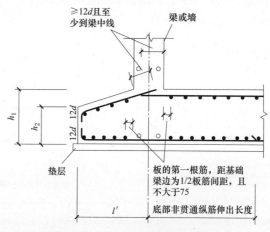

图 7−93　LPB 端部变截面外伸构造

2）端部变截面外伸梁板式筏形基础平板 LPB 板钢筋计算详见表 7−16。

表 7−16　　　　　　　　　　　端部变截面外伸梁板式筏形基础平板 LPB 板钢筋计算

钢筋部位及其名称	计算公式	说　明	附图
LPB 底部钢筋	通长受力钢筋长度＝基础长度 − 2C+2×12d 非通长受力钢筋长度＝L′+底部非贯通筋伸出长度+12d 根数＝实际布筋范围/钢筋间距+1	1. C 为基础的保护层厚度，一般取 40mm 2. 梁宽范围内不布置分布筋，受力筋起点位置距梁边 Max（75，S/2），S 为板分布筋间距	图 7−93
LPB 顶部钢筋	变截面处非通长受力钢筋长度＝斜面长度+12d +Max（12d，b_b/2） 非通长受力钢筋长度＝基础无外伸长度 − 2b_b +2×Max（12d，b_b/2） （b_b 为基础梁宽） 根数＝实际布筋范围/钢筋间距+1	1. C 为基础的保护层，一般取 40mm 2. 梁宽范围内不布置分布筋，受力筋起点位置距梁边 Max（75，S/2），S 为板分布筋间距	

（4）中部变截面构造。

1）板顶有高差构造如图 7-94 所示，筏板顶部高梁纵筋伸至尽端钢筋内侧弯折 15d（当直锚长度≥l_a 时可不弯折）；筏板顶部低梁锚固长度为 l_a。

2）板底有高差构造如图 7-95 所示，筏板底部低梁纵筋弯折伸至高梁内锚固长度为 l_a；筏板底部高梁直锚长度为 l_a。

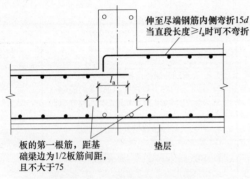

图 7-94　LPB 板顶有高差构造

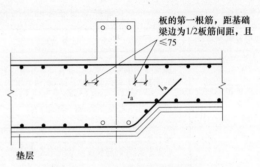

图 7-95　LPB 板底有高差构造

3）板底板顶均有高差构造，板顶钢筋和板底钢筋如图 7-96 所示。

4）板底/板顶有高差梁板式筏形基础平板 LPB 板钢筋计算时，高差部位钢筋单独计算，其长度包括锚固或弯折。

5）变截面处计算单独灵活处理。

5. 平板式筏形基础平板 ZXB、KZB 和 BPB 钢筋构造

（1）端部等截面外伸构造同图 7-92。

（2）端部无外伸构造（二）同图 7-91 的钢筋构造。端部无外伸构造（一）与端部无外伸构造（二）的唯一区别只是底部受力钢筋的锚固长度≥0.4l_{ab}，如图 7-97 所示。

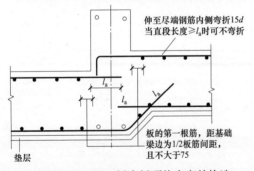

图 7-96　LPB 板底板顶均有高差构造

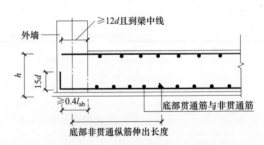

图 7-97　ZXB、KZB 和 BPB 端部无外伸构造（一）

（3）板边缘侧面封边构造。板边缘侧面封边构造有两种方式，纵筋弯钩交错封边方式和 U 形筋构造封边方式，如图 7-98 所示。

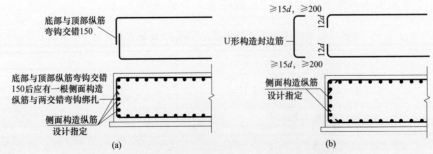

图 7-98　ZXB、KZB 和 BPB 板边缘侧面封边构造

（a）纵筋弯钩交错封边方式；（b）U 形筋构造封边方式

（4）中层筋端头构造。中层筋端头构造如图 7-99 所示，端部弯折 12d。

（5）变截面部位构造。

1）板顶有高差构造如图 7-100 所示，顶部钢筋锚固长度均为 l_a。

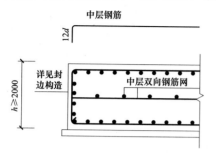

图 7-99 ZXB、KZB 和 BPB 中层筋端头构造

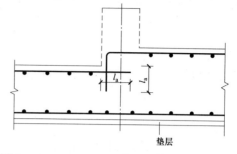

图 7-100 ZXB、KZB 和 BPB 板顶有高差构造

2）板底有高差构造如图 7-101 所示，底部钢筋锚固长度均为 l_a。

3）板顶和板底均有高差构造，如图 7-102 所示，顶部和底部钢筋锚固长度均为 l_a。

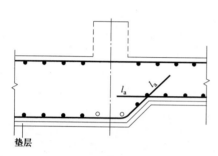

图 7-101 ZXB、KZB 和 BPB 板底有高差构造

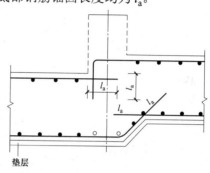

图 7-102 ZXB、KZB 和 BPB 板顶和板底均有高差构造

（6）变截面部位中层钢筋构造。

1）板顶有高差构造如图 7-103，顶部钢筋锚固长度均为 l_a。

2）板底有高差构造如图 7-104 所示，中部钢筋搭接长度均为 l_l。

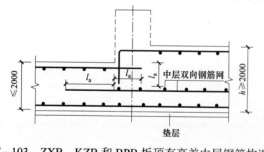

图 7-103 ZXB、KZB 和 BPB 板顶有高差中层钢筋构造

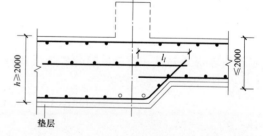

图 7-104 ZXB、KZB 和 BPB 板底有高差中层钢筋构造

3）板顶和板底均有高差构造如图 7-105 所示，中部钢筋搭接长度为 l_l。

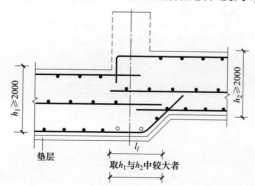

图 7-105 ZXB、KZB 和 BPB 板顶和板底均有高差中层钢筋构造

（7）特殊节点的钢筋需单独计算。

7.3.3 筏形基础钢筋计算实例

［例］如图7-106所示，LPB01平法施工图，外伸端采用U形封边构造，U形钢筋为Φ20@300，封边处侧部构造筋为2Φ8，筏形基础混凝土C30，假设一级抗震，$l_{aE}=33d$，钢筋定尺长度9000mm，直径14mm及以上钢筋采用对焊，直径14mm以下为搭接，计算筏板钢筋工程量。

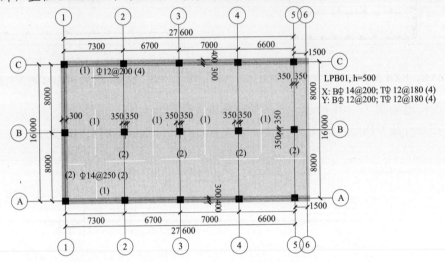

图7-106　LPB01平法施工图

［解］

（1）X向板底贯通筋Φ14@200

1）计算过程。

计算依据：左端无外伸，底部贯通筋伸至端部弯折15d；右端外伸，采用U形封边方式，底部贯通纵筋伸至端部弯折12d。

$$L=7300+6700+7000+6600+1500+400-2\times40+15d+12d$$
$$=29\,798（mm）$$

$$接头个数=29\,798/9000-1=3（个）$$

钢筋根数要分跨计算，由于纵筋的起步距离为 Min（75，$S/2$）=Min（75，100）=75（mm）

AB跨和BC跨钢筋根数相等：

$$N=（8000-350-300-2\times75)/200+1=37（根）$$

合计：37×2=74（根）

2）与软件计算对比。

广联达GGJ软件计算结果和钢筋三维图形如图7-107所示，与手算相比长度完全一样，根数也一样。

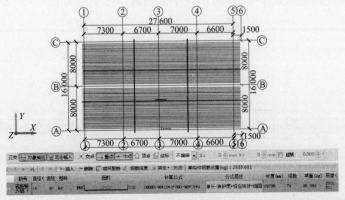

图7-107　X向板底贯通筋量广联达GGJ软件计算结果和钢筋三维图形

（2）X向板顶贯通筋Φ12@180。

1）计算过程。

计算依据：左端无外伸，顶部贯通筋锚入梁内 Max（12d，0.5 梁宽）；右端外伸，采用 U 形封边方式，顶部贯通纵筋伸至端部弯折12d。梁宽为 700mm。

$$L = 7300+6700+7000+6600+1500-300-40+\text{Max}(12d, 0.5\ \text{梁宽})+12d$$
$$= 29\,254（\text{mm}）$$

$$搭接次数 = [\,29\,254/9000\,]-1 = 3\ 次$$

其中：[29 254/9000] 为向上取整。

钢筋直径为 12mm（直径 14mm 以下搭接），查表 1-12 纵向受拉钢筋最小搭接长度：

$$搭接长度 = l_{lE} = 1.2l_{aE} = 1.2 \times 33 \times 12 = 475.12（\text{mm}）$$

$$考虑搭接后钢筋总长 l = 29\,254+3\times475$$
$$= 30\,679（\text{mm}）$$

钢筋根数要分跨计算，由于纵筋的起步距离为 Min（75，S/2）= Min（75，90）= 75（mm）

AB 跨和 BC 跨钢筋根数相等：

$$N = (8000-350-300-2\times75)/180+1 = 41（\text{根}）$$

合计：41×2 = 82（根）

2）与软件计算对比。

广联达 GGJ 软件计算结果如图 7-108 所示，与手算相比长度完全一样，根数也一样。

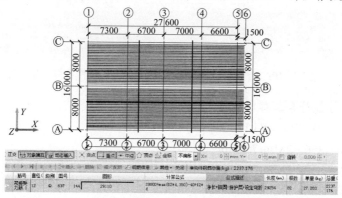

图 7-108　X 向板顶贯通筋量广联达 GGJ 软件计算结果

（3）Y向板底贯通筋Φ12@200

1）计算过程。

计算依据：两端无外伸，底部贯通筋伸至端部弯折15d。

$$长度 L = 8000+8000+400+400-2\times40+2\times15d$$
$$= 17\,080（\text{mm}）$$

计算搭接长度同本例中 X 向板顶贯通筋Φ12@180：

$$l_{lE} = 475\text{mm}$$

$$搭接次数 = [\,17\,080/9000\,]-1 = 1\ 次$$

$$考虑搭接后钢筋长度 l = 17\,080+475$$
$$= 17\,555（\text{mm}）$$

根数一定要分跨计算才能符合工程实际值。

根数 $N = [7300-300-350-2\text{Min}(75,200/2)]/200+1+[6700-350-350-2\text{Min}(75,200/2)]/200+1$

　　　$+[7000-350-350-2\text{Min}(75,200/2)]/200+1+[6600-350-350-2\text{Min}(75,200/2)]/200+1$

　　　$+(1500-350-\text{Min}(75,200/2)-40)/200+1$

　　$= 133（\text{根}）$

2）与软件计算对比。

广联达 GGJ 软件计算结果如图 7-109 所示，与手算相比长度完全一样。

（4）Y 向板顶贯通筋 Φ12@180。

1）计算过程。

计算依据：两端无外伸，顶部贯通筋伸入支座长度为 Max（12d，0.5 梁宽）。

$$长度 L = 净长 + 2 \times Max(12d, 0.5 \text{梁宽})$$
$$= 16\,000 - 600 + 2 \times 350$$
$$= 16\,100 \text{（mm）}$$

计算搭接长度同（2）X 向板顶贯通筋 Φ12@180。

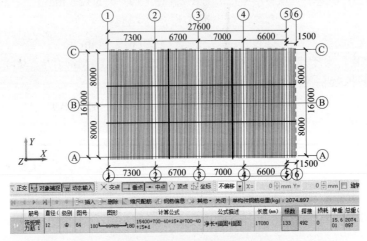

图 7-109　Y 向板底贯通筋量广联达 GGJ 软件计算结果

根数一定要分跨计算才能符合工程实际值。

$$根数 N = [7300 - 300 - 350 - 2Min(75, 180/2)]/180 + 1$$
$$+ [6700 - 350 - 350 - 2Min(75, 180/2)]/180 + 1$$
$$+ [7000 - 350 - 350 - 2Min(75, 180/2)]/180 + 1$$
$$+ [6600 - 350 - 350 - 2Min(75, 180/2)]/180 + 1$$
$$+ (1500 - 350 - Min(75, 180/2) - 40)/180 + 1$$
$$= 148 \text{（根）}$$

2）与软件计算对比。

广联达 GGJ 软件计算结果如图 7-110 所示，与手算相比长度完全一样。

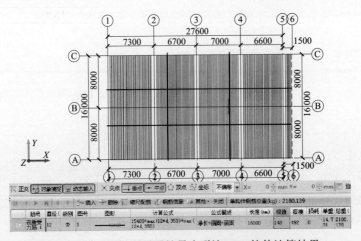

图 7-110　Y 向板顶贯通筋量广联达 GGJ 软件计算结果

7.4　桩基承台

7.4.1　桩基承台平法识图

桩基承台常用于高层建筑框架柱或剪力墙下，桩基承台分为独立承台和承台梁。

1. 独立承台平法识图

（1）独立承台集中标注方式。独立承台集中标注指在承台平面上集中引注：独立承台编号、截面竖向尺寸、配筋三项必注内容，以及承台板底面标高（与承台底面基准标高不同时）和必要的文字注解两项选注内容。

1）标注独立承台编号见表 7-17。

表 7-17　　　　　　　　　　　独 立 承 台 编 号

类型	独立承台截面形状	代　号	序　号	说　明
独立承台	阶形	CT_J	××	单阶截面即为平板式独立承台
	坡形	CT_P	××	

注：杯口独立承台代号可为 BCT_J 和 BCT_P。

独立承台的截面形式通常有两种：阶形截面，编号加下标"J"，如 $CT_J××$；坡形截面，编号加下标"P"，如 $CT_P××$。

2）注写独立承台截面竖向尺寸。即注写 $h_1/h_2/\cdots$。当独立承台为阶形截面时，各阶尺寸自下而上用"/"分隔顺写，如图 7-111 所示。当阶形截面独立承台为单阶时，截面竖向尺寸仅为一个，且为独立承台总厚度，如图 7-112 所示。当独立承台为坡形截面时，截面竖向尺寸为注写 h_1/h_2，如图 7-113 所示。

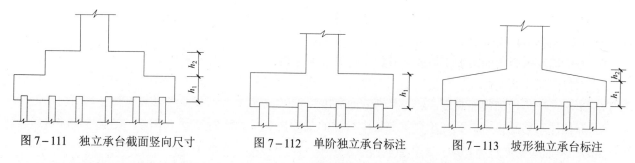

图 7-111　独立承台截面竖向尺寸　　　图 7-112　单阶独立承台标注　　　图 7-113　坡形独立承台标注

3）注写独立承台配筋。底部与顶部双向配筋应分别注写，顶部配筋仅用于双柱或四柱等独立承台。当独立承台顶部无配筋时则不注顶部。

以 B 打头注写底部配筋，以 T 打头注写顶部配筋；矩形承台 X 向配筋以 X 打头，Y 向配筋以 Y 打头，当两向配筋相同时，则以 X&Y 打头；当为等边三桩承台时，以"△"打头，注写三角布置的各边受力钢筋（注明根数并在配筋值后注写"×3"），并在"/"后注写分布钢筋。当为多边形（五边形或六边形）承台或异形独立承台，且采用 X 向和 Y 向正交配筋时，注写方式与矩形独立承台相同。两桩承台可按承台梁进行标注。

〔例〕　△×× $\underline{\Phi}$ ××@×××　×3/ϕ××@×××。

4）注写基础底面标高和必要的文字注解。当独立承台的底面标高与桩基承台底面基准标高不同时，应将独立承台底面标高注写在括号内。当独立承台的设计有特殊要求时，宜增加必要的文字注解。

（2）独立承台的原位标注。独立承台的原位标注是指在桩基承台平面布置图上标注独立承台的平面尺寸，相同编号的独立承台，可选择一个进行标注，其他仅注编号，本文从略。

2. 承台梁平法识图

（1）承台梁 CTL 集中标注方式。承台梁 CTL 集中标注内容为：承台梁编号、截面尺寸、配筋三项必注内容，以及承台梁底面标高（与承台底面基准标高不同时）、必要的文字注解两项选注内容。

1）标注承台梁编号见表 7-18。

表 7-18　　　　　　　　　　　　　　　　承 台 梁 编 号

类型	代　号	序　号	说　明
承台梁	CTL	××	（××）端部无外伸 （××A）一端有外伸 （××B）两端有外伸

2）标注承台梁截面尺寸，即注写 $b×h$，表示梁截面宽度与高度。

3）标注承台梁配筋。

① 注写承台梁箍筋：当设计仅有一种箍筋间距时，注写钢筋级别、直径、间距与肢数；当设计有两种箍筋间距时，用"/"分隔不同箍筋的间距，此时应指定其中一种箍筋间距的布置范围。

② 注写承台梁底部、顶部及侧面纵向钢筋：以 B 打头，注写承台梁底部贯通纵筋；以 T 打头，注写承台梁顶部贯通纵筋。

[例] B: 5Φ25; T: 7Φ25，表示承台梁底部配置贯通纵筋 5Φ25，梁顶部配置贯通纵筋 7Φ25。

当梁底部或顶部贯通纵筋多于一排时，用"/"将各排纵筋自上而下分开。以大写字母 G 打头注写承台梁侧面对称设置纵向构造钢筋的总配筋值（当梁腹板净高 h_w≥450mm，根据需要配置）。

[例] G8Φ14，表示梁每个侧面配置纵向构造钢筋 4Φ14，共配置 8Φ14。

4）标注承台梁底面标高。当承台梁底面标高与桩基承台底面基准标高不同时，将承台梁底面标高注写在括号内。

5）必要的文字注解。当承台梁的设计有特殊要求时，宜增加必要的文字注解。

（2）承台梁 CTL 原位标。

1）原位标注承台梁的附加箍筋或（反扣）吊筋总配筋值。

2）原位注写承台梁外伸部位的变截面高度尺寸。当承台梁外伸部位采用变截面高度时，在该部位原位注写 $b×h_1/h_2$，h_1 为根部截面高度，h_2 为尽端截面高度。

3）原位注写修正内容。当在承台梁上集中标注的某项内容（如截面尺寸、箍筋、底部与顶部贯通纵筋或架立筋、梁侧面纵向构造钢筋、梁底面标高等）不适用于某跨或某外伸部位时，将其修正内容原位标注在该跨或外伸部位。

7.4.2 桩基承台构造

1. 矩形承台配筋构造和计算

（1）矩形承台配筋构造。矩形承台配筋构造如图 7-114 所示，X 方向钢筋锚固长度：方桩时，X 方向钢筋锚固长度≥25d，圆桩时；X 方向钢筋锚固长度≥25d+0.1D，D 为圆桩直径，向上弯折 10d（若方桩时，伸至端部直段长度≥35d 或圆桩时伸至端部直段长度≥35d+0.1D，可不弯折）。Y 向钢筋没有锚固要求。

当桩直径或桩截面边长＜800mm 时，桩顶嵌入承台 50mm；当桩直径或桩截面边长≥800mm，桩顶嵌入承台 100mm，钢筋锚固长度为 l_a 且≥35d。

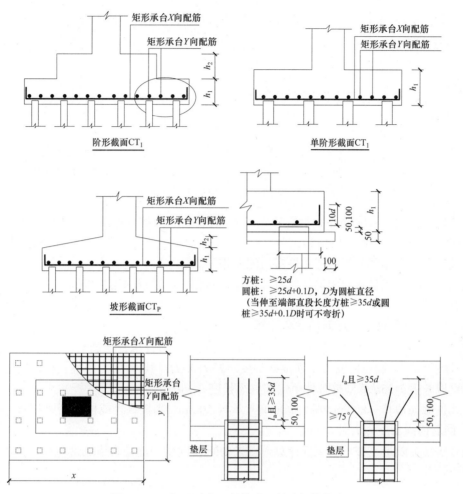

图7-114　矩形承台配筋构造及桩头钢筋构造

（2）矩形承台配筋计算详见表7-19。

表7-19　　　　　　　　　　　　矩形承台钢筋计算

钢筋部位及其名称	计算公式	说　明	附　图
矩形承台钢筋	X受力钢筋长度＝基础宽度－$2C$＋$10d$ 根数＝[承台Y向边长－$2C$]/钢筋间距＋1	1. C为基础的保护层厚度，一般取40mm 2. 若方桩时，伸至端部直段长度≥35d或圆桩时，伸至端部直段长度≥35d＋0.1D，可不弯折，此时： 　　X受力钢筋长度＝基础宽度－$2C$	图7-114
	Y向分布钢筋长度＝基础底边长－$2C$ 根数＝[承台X向边长－$2C$]/钢筋间距＋1	1. C为基础的保护层厚度，一般取40mm 2. 梁宽范围内不布置分布筋	
桩钢筋	桩受力纵筋＝桩长－C＋Max（l_a，35d）	螺旋箍筋、加劲内箍筋和桩顶钢筋网片计算方法：螺旋箍筋按本书1.3.5中螺旋箍筋公式计算；加劲内箍筋计算参考本章7.4.3中的实例计算方法 桩顶钢筋网片按第3章板钢筋工程量计算方法计算	图7-118

2. 等边（腰）阶形三桩承台配筋构造和计算

（1）等边（腰）阶形三桩承台配筋构造。等边（腰）阶形三桩承台配筋构造如图7-115所示，方桩时受力钢筋锚固长度≥25d，圆桩时，受力钢筋锚固长度≥25d＋0.1D，其中D为圆桩直径，向上弯折10d（若方桩时伸至端部直段长度≥35d或圆桩时伸至端部直段长度≥35d＋0.1D，可不弯折）。

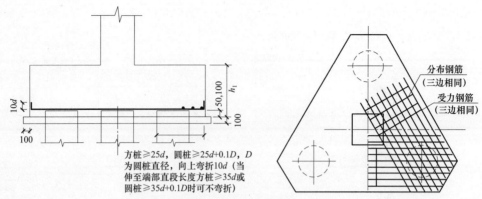

图 7-115　等边（腰）阶形三桩承台配筋构造

当桩直径或桩截面边长<800mm 时，桩顶嵌入承台 50mm；当桩直径或桩截面边长≥800mm，桩顶嵌入承台 100mm，钢筋锚固长度为 l_a 且≥35d。

等边三角桩三边配筋相同，等腰三角桩对边配筋相同。

（2）等边（腰）阶形三桩承台配筋计算时，首先判断受力筋是直锚还是弯锚，弯锚要加 10d，具体长度按几何知识计算。

3. 六边（等边）阶形桩承台配筋构造和计算

（1）六边（等边）阶形三桩承台配筋构造。六边（等边）阶形桩承台配筋构造如图 7-116 所示，方桩时受力钢筋锚固长度≥25d，圆桩时受力钢筋锚固长度≥25d+0.1D，其中 D 为圆桩直径，向上弯折 10d（若方桩时伸至端部直段长度≥35d 或圆桩时伸至端部直段长度≥35d+0.1D，可不弯折）。

当桩直径或桩截面边长<800mm 时，桩顶嵌入承台 50mm；当桩直径或桩截面边长≥800mm，桩顶嵌入承台 100mm，钢筋锚固长度为 l_a 且≥35d。

（2）六边（等边）阶形三桩承台配筋计算，首先判断 X 向受力筋是直锚还是弯锚，弯锚要加 10d，具体长度按几何知识计算。

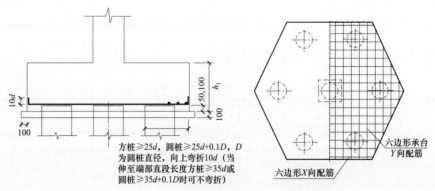

图 7-116　六边（等边）阶形桩承台配筋构造

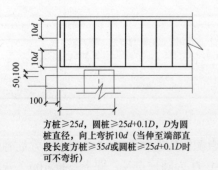

方桩≥25d，圆桩≥25d+0.1D，D 为圆桩直径，向上弯折10d（当伸至端部直段长度方桩≥35d 或圆桩≥25d+0.1D时可不弯折）

图 7-117　墙下单/双排桩承台梁 CTL 配筋构造

4. 墙下单/双排桩承台梁 CTL 配筋构造和计算

（1）墙下单/双排桩承台梁 CTL 配筋构造。墙下单/双排桩承台梁 CTL 配筋构造如图 7-117 所示，方桩时，受力钢筋锚固长度≥25d，圆桩时，受力钢筋锚固长度≥25d+0.1D，其中，D 为圆桩直径，向上弯折 10d（若方桩时，受力钢筋伸至端部直段长度≥35d 或圆桩时，受力钢筋伸至端部直段长度≥35d+0.1D，可不弯折）。

当桩直径或桩截面边长<800mm 时，桩顶嵌入承台 50mm；当桩直径或桩截面边长≥800mm，桩顶嵌入承台 100mm，钢筋锚固长度为 l_a 且≥35d。

CTL 拉筋为直径 Φ8，间距为箍筋的 2 倍。

（2）墙下单/双排桩承台梁 CTL 配筋计算。

1）顶部/底部纵筋长度 = 梁长 $- 2C + 2 \times 10d$

或

　　顶部/底部长度 = 梁长 $- 2C$（当伸至端部直段长度方桩 $\geqslant 35d$ 或圆桩 $\geqslant 25d + 0.1D$ 时可不弯折）

2）侧面构造钢筋长度 = 梁长 $- 2C$

3）单排桩箍筋为 6×4 肢箍，双排桩为 8×4 肢箍，箍筋具体计算参见 5.4 节框架梁箍筋计算方法；拉筋具体计算参见 5.3 节框架梁附加钢筋中拉筋计算方法。

7.4.3　桩基承台钢筋计算实例

[例] 以附录工程中基础平面布置图桩承台 CHT1 为例，计算桩承台钢筋工程量和桩 Z1 钢筋工程量，如三维立体图 7-118。依据附录图纸信息，桩 Z1 纵筋为 8Φ14，螺旋箍筋 Φ8@100，焊接加劲箍为 Φ14@2000，桩顶部钢筋网片本例不考虑。桩承台 CHT1 配筋，矩形承台 X 向配筋 X：Φ20@200，Y 向配筋 Y：Φ20@140。分别计算 CHT1 和 4 根桩 Z1 钢筋工程量。桩的混凝土为 C30，桩承台混凝土为 C40。

[解]

（1）桩钢筋量计算。

1）纵筋计算。

桩长 = 24 000mm，钢筋锚固到承台内长度为 500mm（设计长度）。

锚固长度规范要求：钢筋锚固长度为 l_a 且 $\geqslant 35d$。

查表 1-10 受拉钢筋的基本锚固长度 l_{ab}、l_{abE} 可知：

$$l_a = l_{ab} = 31d$$

所以：钢筋锚固长度 = $35d = 35 \times 14 = 490$（mm）

因设计锚固长度为 500（mm），所以锚固长度取设计值为 500（mm）。

$$\text{纵筋长度 } L = \text{桩长} - \text{桩底保护层厚度} + \text{桩顶锚固长度}$$
$$= 24\,000 - C + l_a$$
$$= 24\,000 - 40 + 500$$
$$= 24\,460 \text{（mm）}$$

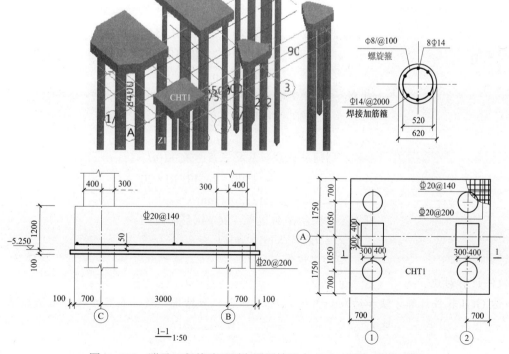

图 7-118　附录工程基础平面布置图桩承台 CHT1 和桩 Z1 施工图

2）螺旋箍筋（假设一根螺旋筋没有搭接，若有搭接，搭接长度为 l_{aE}（l_a）且≥300）

螺旋箍筋公式：

$$L = N\sqrt{\pi^2(D-2a-d)^2 + P^2}$$

式中　N——螺旋箍筋圈数，$N = \dfrac{L}{P} = 23\,960/100 = 239.6$（圈）；

　　　D——圆形桩（柱）直径，620mm；

　　　P——螺距，100mm。

$$L = 239.6\sqrt{\pi^2(620-2\times40-8)^2 + 100^2}$$

$$= 401\,166（mm）$$

端部 3 圈水平段长度 $= 3\times3.14\times(620-80) = 5086.8$（mm）

端部 135° 弯钩增加长度 $= 2\times11.9d = 2\times11.9\times8 = 190.4$（mm）

螺旋箍筋长度合计：$401\,166+5086.8+190.4 = 406\,443.2$（mm）

3）焊接加劲筋。

钢筋单面焊搭接长度为 $10d$，双面焊搭接长度为 $5d$（d 是钢筋直径），本例假设单面焊接，$d=14$，钢筋末端设 135° 弯钩。

$$L = 3.14\times(540+2\times d)+140+2\times11.9\times d = 2258（mm）$$

$$根数 = 23\,960/2000+1 = 13（根）$$

$$总长 = 13\times2258 = 29\,354（mm）$$

4）与软件计算对比。

由广联达 GGJ 软件计算结果如图 7-119，二者结果一致。

	筋号	直径(mm)	级别	图号	图形	计算公式	公式描述	长度(mm)	根数	搭接	损耗(%)	单重(kg)	总重(kg)
1	1	14	Φ	1	24460	24460		24460	8	1064	0	30.844	246.749
2	2	8	Φ	8	23960 100 540 钢筋分 1 段	SQRT(SQR(PI*(540-d))+SQR(1 00))*(23960)/100/1		401166	1	16848	0	164.942	164.942

图 7-119　桩钢筋量广联达 GGJ 软件计算结果

（2）承台钢筋量计算。

1）计算过程。

根据表 7-19 矩形承台钢筋计算：

$$X\ 方向钢筋长度 = 基础宽度-2C+10d$$

$$= 4400-2\times40+10\times20$$

$$= 4720（mm）$$

$$根数 = (承台\ Y\ 向边长-2C)/钢筋间距+1$$

$$= (3500-2\times40)/200+1$$

$$= 18（根）$$

$$Y\ 方向钢筋长度 = 基础长度-2C+10d$$

$$= 3500-2\times40+10\times20$$

$$= 3820（mm）$$

$$根数 = (承台\ X\ 向边长-2C)/钢筋间距+1$$

$$= (4400-2\times40)/140+1$$

$$= 32（根）$$

2）与软件计算对比。

由广联达 GGJ 软件计算方法和结果如图 7-120 所示，二者结果一致，而且在软件中能显示钢筋的三维立体图形。

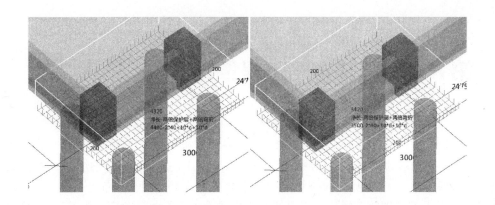

	筋号	直径(m)	级别	图号	图形	计算公式	公式描	长度(mm)	根数	搭接	损耗 (%)	单重 (kg)	总重 (kg)
1	横向底筋.1	20	Φ	64	200└ 4320 ┘200	4400-2*40+10*d+10*d	净长-两倍保护层+两倍弯折	4720	18	0	0	11.64	209.525
2	纵向底筋.1	20	Φ	64	200└ 3420 ┘200	3500-2*40+10*d+10*d	净长-两倍保护层+两倍弯折	3820	32	0	0	9.421	301.463

图 7-120　承台钢筋量广联达 GGJ 软件计算方法和结果

 思考题

1. 独立基础钢筋有哪些构造要求？如何计算？
2. 条形基础钢筋有哪些构造要求？如何计算？
3. 基础主梁和基础次梁钢筋有哪些构造要求？
4. 筏形基础钢筋有哪些构造要求？如何计算？
5. 桩基承台钢筋有哪些构造要求？如何计算？
6. 计算附录工程 3 轴 CHT3 和 CHT5 桩基承台钢筋工程量。

第8章 楼梯钢筋工程量计算

楼梯中的钢筋主要有楼梯板钢筋、楼梯梁钢筋、楼梯柱钢筋和休息平台板钢筋。楼梯梁钢筋计算参考本书 5.5 其他梁钢筋计算中的非框架梁钢筋计算，楼梯柱钢筋计算参考本书 3.1.2 抗震框架柱钢筋计算和 3.2.2 箍筋计算，休息平台板钢筋计算参考本书 6.2 现浇板受力筋和 6.3 现浇板分布筋计算。本章主要介绍楼梯板钢筋计算，楼梯板钢筋计算包括以下部位钢筋：梯板下部纵筋、下梯梁端上部纵筋（负弯矩钢筋）、上梯梁端上部纵筋（负弯矩钢筋）和梯板分布钢筋。

楼梯类型很多，有 AT、BT、CT、DT、ET、FT、GT、HT、ATa、BTa 和 CTa 11 种类型，后三种为抗震设计，本文主要以 AT/ATa 为例介绍楼梯钢筋的计算。

8.1 楼梯平法识图

8.1.1 平面注写方式

平面注写方式是在楼梯平面布置图上注写截面尺寸和配筋，包括集中标注和外围标注。

（1）楼梯集中标注。楼梯集中标注的内容有五项，具体规定如下：

1）梯板类型代号与序号，如 AT××。

2）厚度，注写为 $h=×××$。当为带平板的梯板且梯段板厚度和平板厚度不同时，可在梯段板厚度后面括号内以字母 P 打头注写平板厚度。

[例]

$h=130$（P150），130 表示梯段板厚度，150 表示楼梯平板段的厚度。

3）踏步段总高度和踏步级数，之间以"/"分隔。

4）梯板支座上部纵筋，下部纵筋，之间以"；"分隔。

5）梯板分布筋，以 F 打头注写分布钢筋具体值。

[例]

平面图中梯板类型及配筋的完整标注示例如下（AT 型）：

AT1，$h=120$ 为梯板类型及编号，梯板厚度。

1800/12，踏步段总高度/踏步级数。

Φ10@200；Φ12@150 上部纵筋；下部纵筋。

FΦ8@250 板分布筋。

（2）楼梯外围标注。楼梯外围标注的内容包括楼梯间的平面尺寸、楼层结构标高、层间结构标高、楼梯的上下方向、楼梯的平面几何尺寸、平台板配筋、梯梁及梯柱配筋等。

（3）各类型梯板的平面注写方式详见 11G101-2 图集。

8.1.2 AT/ATa 型楼梯截面形式与支座位置示意图

AT/ATa 型楼梯截面形式与支座位置示意图如图 8-1 所示。

8.1.3 AT/ATa 型楼梯平面注写方式

（1）AT 型楼梯平面注写方式。AT 型楼梯平面注写方式，如图 8-2 所示，图 8-2（a）为注写方式，图 8-2（b）为示例。

（2）ATa 型楼梯平面注写方式。ATa 型楼梯平面注写方式如图 8-3 所示。其中注写的内容有 5 项，第一项为梯板类型代号与序号 ATa××；第二项为梯板厚度 h；第三项为踏步段总高度 H_s/踏步级数（m+1）；第四项为上部纵筋及下部纵筋；第五项为梯板分布筋。

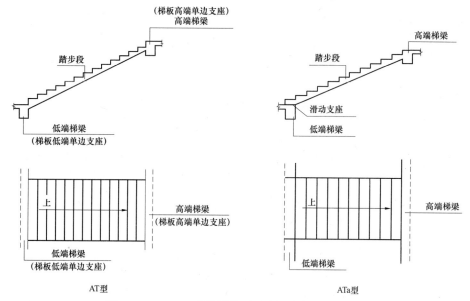

图 8-1　AT/ATa 型楼梯截面形式与支座位置示意图

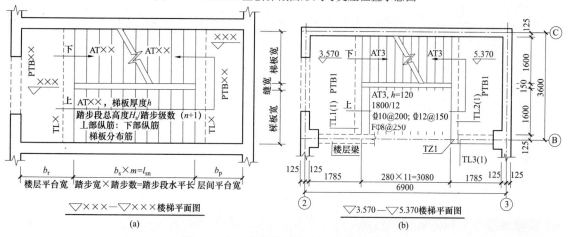

图 8-2　AT 型楼梯平面注写方式及示例

（a）注写方式；（b）设计示例

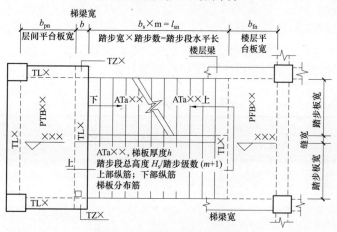

图 8-3　ATa 型楼梯平面注写方式

8.2 楼梯钢筋构造和钢筋计算

8.2.1 各型楼梯第一跑与基础连接构造

各型楼梯第一跑与基础连接构造，有四种类型如图 8-4 所示。图 8-4（a）、图 8-4（b）用于固定支座（当梯板型号为 ATc 时，l_{ab} 应改为 l_{abE}，下部纵筋锚固要求同上部纵筋），图 8-4（c）和图 8-4（d）用于滑动支座。

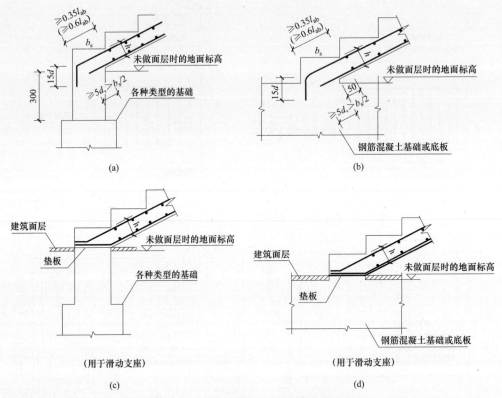

图 8-4　各型楼梯第一跑与基础连接构造

8.2.2 AT 型楼梯板配筋构造和钢筋计算

（1）AT 型楼梯板配筋构造如图 8-5 所示，梯板底部钢筋在支座的锚固长度 $\geq 5d$ 且至少伸过支座中线；梯板顶部负弯矩钢筋在支座的锚固长度，低端梯梁 $l_a \geq 0.35 l_{ab}$（设计铰接）或 $l_a \geq 0.6 l_{ab}$（充分利用钢筋抗拉强度），下部弯折 15d，上部弯折长度为斜板净厚减去两个保护层的长度。高端梯梁 $l_a \geq 0.35 l_{ab}$（设计铰接）或 $l_a \geq 0.6 l_{ab}$（充分利用钢筋抗拉强度），下部弯折长度为斜板净厚减去两个保护层的长度，上部弯折 15d 或直锚在板内。

（2）AT 型楼梯板配筋计算详见表 8-1 AT 型楼梯板配筋计算。

表 8-1　　　　　　　　　　　　　　　　AT 型楼梯板配筋计算

钢筋部位及其名称	计算公式	说　明	附　图
梯板钢筋	底部受力钢筋长度 = 梯板斜长 + 2Max(5d, 支座宽度斜长一半) 根数 = (梯板宽度 − 2C)/钢筋间距 + 1 分布筋长度 = 梯板宽 − 2C + 12.5d 根数 = (梯板斜长 − 2×50×斜率)/ 钢筋间距 + 1	如果钢筋级别为一级钢筋，则计算公式中需要加 12.5d（两端）或 6.25d（一端）	图 8-5
	梁端负弯矩钢筋长度 = ($b − c + l_n$/4)×斜率 + 15d + 斜板厚度 − 2C 根数 = (梯板宽度 − 2C)/ 钢筋间距 + 1 分布筋长度 = 梯板 − 2C + 12.5d 根数 = (梯板斜长/4)/钢筋间距 + 1	支座负筋在支座水平段锚固长度 $\geq 0.35(0.6) l_{ab}$，否则，加大弯折长度 高端梯梁的负弯矩筋有两种锚固形式，直铺计算长度为： (l_d/4 + l_a)×斜率 + 15d + 斜板长度 − 2C	

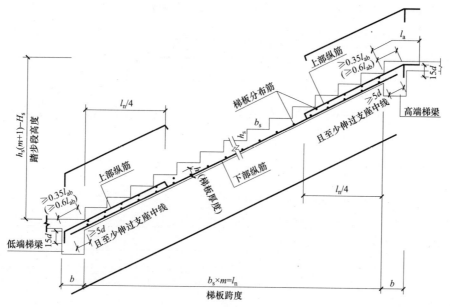

图 8-5 AT 型楼梯板配筋构造

注：1. 当采用 HPB300 光面钢筋时，除梯板上部纵筋的跨内端头做 90°直角弯钩外，所有末端应做 180°的弯钩。

2. 图中上部纵筋锚固长度 0.35l_{ab} 用于设计按铰接的情况，括号内数据 0.6l_{ab} 用于设计考虑充分发挥钢筋抗拉强度的情况，具体工程中设计应指明采用何种情况。

3. 上部纵筋有条件时可直接伸入平台板内锚固，从支座内边算起总锚固长度不小于 l_a，如图中虚线所示。

4. 上部纵筋需伸至支座对边再向下弯折。

5. 踏步两头高度调整见 03G101-2 第 45 页。

8.2.3 ATa 型楼梯板配筋构造和钢筋计算

（1）ATa 型楼梯板配筋构造如图 8-6 所示，梯板底部钢筋和梯板顶部负弯矩钢筋在支座的锚固长度；低端梯梁伸入梁内尽端；高端梯梁锚固长度≥l_{aE}。

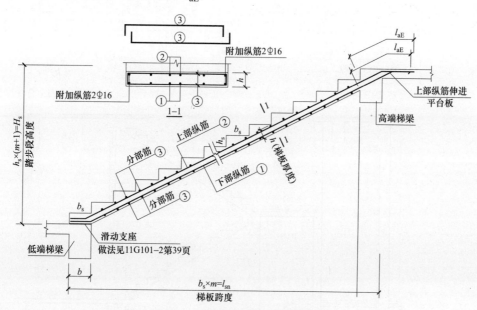

图 8-6 ATa 型楼梯板配筋构造

注：1. 当采用 HPB300 光面钢筋时，除梯板上部纵筋的跨内端头做 90°直角弯钩外，所有末端应做 180°的弯钩。

2. 踏步两头高度调整见本图集第 45 页。

（2）ATa 型楼梯板配筋计算详见表 8-2 ATa 型楼梯板配筋计算。

表 8-2   **ATa 型楼梯板配筋计算**

钢筋部位及其名称	计算公式	说　明	附图
楼梯板钢筋	底部受力钢筋长度=梯板斜长+l_{aE}+b-c 根数=(梯板宽度-2C)/钢筋间距+1 分布筋长度=梯板宽-2C+2 梯板厚-2C 根数=(梯板斜长-2×50×斜率)/钢筋间距+1	如果钢筋级别为一级钢筋，则计算公式中需要加 12.5d（两端）或 6.25d（一端）数据项；分布筋端部弯折 90°	图 8-6
	梁端负弯矩钢筋长度=梯板斜长+l_{aE}+b-c 根数=(梯板宽度-2C)/钢筋间距+1 分布钢筋长度=梯板宽度-2C+2 梯板厚度-2C 根数=2(板斜长-2×50×斜率)/钢筋间距+1		
	附加 4 根纵筋长度=斜板长+2l_a		

8.3　楼梯计算实例

[**例**] 附录工程文件楼梯结构图中 AT2 梯段板如图 8-7 所示，计算钢筋工程量，楼梯的混凝土为 C30，TL1 截面尺寸为 $b×h$：250×300，一级抗震 l_{ab}=33d。

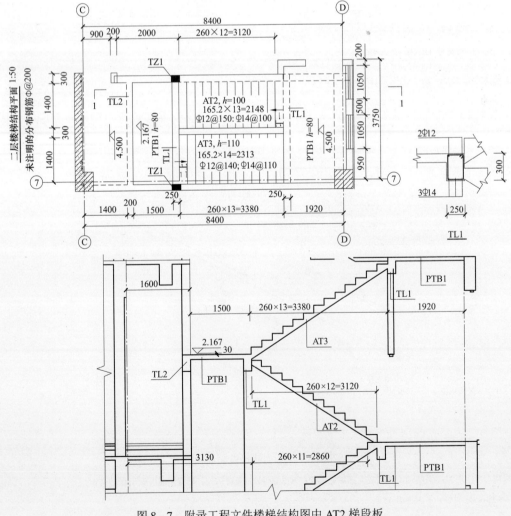

图 8-7　附录工程文件楼梯结构图中 AT2 梯段板

[**解**] 由于楼梯为斜板，根据已知数据，求出板的斜率（图 8-8）。

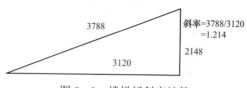

图 8-8　楼梯板斜率计算

（1）梯板下部纵筋。

$$L = 梯板斜长 + 2Max(5d, 支座宽度斜长一半)$$
$$= 3788 + 2 \times Max（5 \times 12, 1.214 \times 250 \times 0.5）$$
$$= 3940（mm）$$

$$根数 N = (1400 - 2 \times 15)/150 + 1 = 11（根）$$

（2）梯板下部分布筋。

$$L = (梯板宽度 - 保护层) + 两端弯钩 12.5d$$
$$= (1400 - 30) + 12.5 \times 8$$
$$= 1470（mm）$$
$$根数 N = (3788 - 2 \times 15)/200 + 1 = 20（根）$$

（3）下梯梁端上部纵筋。

$$钢筋基本锚固长度 l_{ab} = 33d = 33 \times 14 = 462（mm）$$

则
$$0.35 l_{ab} = 162（mm）$$
$$0.6 l_{ab} = 277（mm）$$

则锚固长度 = $(250 - 15) \times 1.214 = 285（mm）$ 满足构造要求。

弯折长度为 15d，否则加大弯折长度满足构造要求。

$$梁端负弯矩钢筋长度 L = (b - c + l_n/4) \times 斜率 + 15d + 斜板厚度 - 2C$$
$$= (250 - 15 + 3120/4) \times 1.214 + 15 \times 14 + 100 - 2 \times 15$$
$$= 1512（mm）$$

$$根数 N = (梯板宽度 - 2C)/钢筋间距 + 1$$
$$= (1400 - 2 \times 15)/100 + 1$$
$$= 15（根）$$

$$分布筋 L = (梯板宽度 - 保护层) + 两端弯钩 12.5d$$
$$= (1400 - 30) + 12.5 \times 8$$
$$= 1470（mm）$$

$$根数 N = (3788/4)/200 + 1$$
$$= 6（根）$$

（4）上梯梁端上部纵筋。计算过程和结果与下梯梁端上部纵筋完全一样。

思考题

1. 各型楼梯第一跑与基础连接构造形式有哪些？
2. AT 型楼梯板配筋构造具体要求是什么？钢筋如何计算？
3. ATa 型楼梯板配筋构造具体要求是什么？钢筋如何计算？
4. 计算附录工程文件楼梯结构图中 AT3 梯段板钢筋工程量。

第9章　计算机辅助钢筋工程量计算

近几年来，随着计算机技术的快速发展和网络技术的广泛应用，我国的建筑业也面临着前所未有的机遇和挑战，工程造价管理的改革使得 IT 技术在工程造价领域的应用取得了很大的成就。在短短十几年的时间里，不断涌现出更多、更好的一系列计算机辅助工程造价系统软件，如工程概预算软件、工程量自动计算软件、钢筋计算软件、概预算审核软件、施工预算软件、施工统计软件等，它们积极有效地推动了建设行业的进步，把造价人员从繁琐的手工劳动中解脱出来，提高了信息化的水平。

钢筋工程量又是工程量确定过程中最为繁琐的部分，因为这不仅需要识图以及对规范、标准图集的深入理解，更需要对工程结构、力学知识以及钢筋工程施工过程相当熟悉。钢筋工程量的计算在工程造价确定的分工协作中常常是一个独立的分支，也是许多造价工作者的核心能力之一。在建筑业信息化发展和造价改革的新时期，不仅要求钢筋工程量的计算更加快速和准确，更要求造价工作者迅速构建起全面工程造价管理的体系能力，并要掌握先进的计算机辅助钢筋工程量计算工具。

9.1　计算机辅助钢筋计算

9.1.1　计算机辅助钢筋计算基本过程

计算机辅助钢筋计量系统是建设项目管理信息系统的重要组成部分，是计算机信息技术在工程计价方面的具体应用。计算机辅助钢筋计量系统可以帮助造价人员进行快速准确钢筋工程量的计算。计算机辅助钢筋计量系统的应用，不仅可以提高工程计价效率、降低企业成本，而且对工程计价的方式、过程和作用都会产生深远影响。

1．计算机辅助钢筋计算软件的核心要求

（1）必须要符合手工进行钢筋工程量计算习惯。

（2）必须符合国家规范（如最新结构设计规范 GB 50010—2010）及有关图集（如平法图集 11G101）。

（3）钢筋计算软件的计算结果必须要准确，也就是必须要达到直观易懂、易校对。

（4）钢筋计算软件必须界面简洁，操作简单，且能够进行灵活调整。

（5）报表必须要美观、实用，且能够进行自由设计，以满足不同的数据统计需求。

随着工程造价改革的不断深入，信息化技术在建筑业内应用的不断发展，软件产业更加完善，用软件进行钢筋工程量的计算成为整个行业发展的必然趋势。从个人来说，提高钢筋工程量的计算效率，从繁琐的手工劳动中解放出来，有更多的时间和精力学习新的必需的造价知识，是在新一轮竞争中立足的必经之路。从整个建筑业来说，只有提高钢筋工程量的计算效率，才能把更充分的时间和精力放在组价以及工程招投标中，改善工作方法，提高工作效率，明确工作重心，在激烈的市场竞争中立于不败之地。

2．计算机辅助钢筋软件设计原理

手工抽钢筋一般经历识图——查规范与图集（11G101 系列）——按照结构设计要求计算每根钢筋的长度——利用钢筋长度乘以比重算出钢筋重量——汇总统计，制作各类报表。计算机辅助钢筋软件在体现计算高效的同时，尽量沿用手工抽钢筋的流程和思维方式，开发研制计算机钢筋计算软件，手工与计算机钢筋软件计算钢筋相对应的工作流程如图 9-1 所示。

在使用计算机钢筋软件计算钢筋的过程中，一般会涉及两种量：

（1）根据结构设计要求，利用规范、图集（11G101 系列）所查出的量，如锚固、搭接、弯钩、比重值、钢筋长度的计算方法与规范要求等。在软件中，内置了所有的计算规则，在进行钢筋量的计算时，软件会自动套用这些规则。

（2）对于不同的工程、不同的图纸设计，钢筋的长度、布筋范围等量会不断地发生变化，而这些量的值需要通过人机交互的形式根据图纸手工输入，然后与软件中的内置规则结合起来，算出正确的钢筋量。

正是由于以上两种量的相互作用，软件才能快速、准确地将各类构件中的每根钢筋量计算出来，并自动进行汇总、打印（图9–1）。

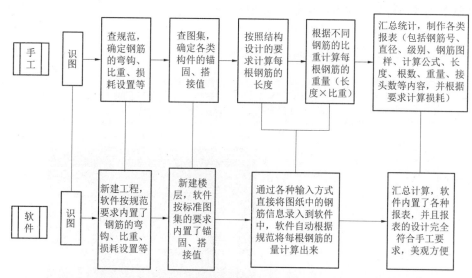

图9–1　手工与计算机钢筋软件计算钢筋相对应的工作流程

3. 两种处理方法介绍：建模与非建模

在计算机辅助钢筋软件中，可以将构件分为两类：建模构件和非建模构件。通俗地讲，建模构件就是将图纸上的信息以构件图元的形式在软件中画出来，画多少算多少，主要是确定钢筋的长度和布筋范围等，而钢筋的配筋信息等一般通过属性定义的方式来表达，也就是说，对构件进行完属性定义后再将它画出来，就可以把我们所需的量计算出来了。建模构件一般包括板、剪力墙、暗柱、连梁等。非建模构件一般在软件中已经有了基本模型，对于它的所有信息可以利用表格输入法、参数输入法等来表达，然后根据录入的信息按规则进行计算。非建模构件一般包括梁、柱、楼梯以及零星构件等。

针对这两类构件，计算机辅助钢筋软件常常提供了多种输入方法，建模构件一般选中楼层后直接画就可以了，和图形算量软件类似，先新建轴网，再

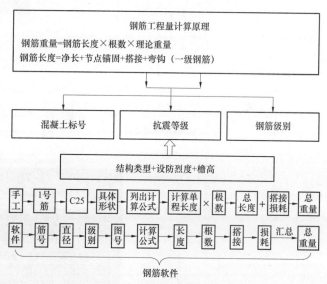

图9–2　钢筋工程量计算原理

对该构件进行属性定义，最后画出构件图元进行汇总计算就可以了。在非建模构件中，梁、柱一般采用平法输入法，软件严格按照标准图集上的各项规定进行设置，大家只需要输入对应的各项信息，软件就会自动按照图集上的规定进行精确的计算；楼梯和零星构件一般采用参数输入法，点击选图集按钮，在标准图集中选择您所需要的构件模型，输入对应的各项信息就可以了。

无论是建模构件或非建模构件、定量或变量，和手工抽钢筋的习惯一样，软件对于各类构件中的每根钢筋量都严格按照标准图集中规定来进行计算。只是在手工抽钢筋时，要不断地查阅相关图集，而软件则自动将所有的规则内置，只需输入基本的钢筋信息，软件就会自动按照图集中的要求来进行钢筋量的计算，并快速按照各种需要将数据分类汇总，如图9–2所示。

9.1.2 计算机钢筋计算软件特点

为了更好地了解钢筋软件，就要从钢筋抽样软件的特点入手讲解钢筋软件，本文以广联达钢筋计量软件GGJ为例，介绍计算机钢筋软件特点：

（1）整体建模自动算量。广联达钢筋软件GGJ和图形软件GCL一脉相承，共有平台和建模数据，墙、梁、板、柱、基础等构件，可采用建模（绘图）方法整体处理，大大提高工作效率。也就是说图形和钢筋软件只要学会其中任何一个，都可以不用再学习另外一个，直接上手就行了。如图9-3广联达图形算量GCL界面，图9-4为广联达钢筋算量GGJ的界面，两者是很具有类比性的。

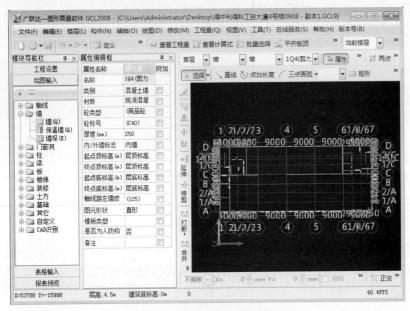

图9-3 广联达图形算量软件GCL

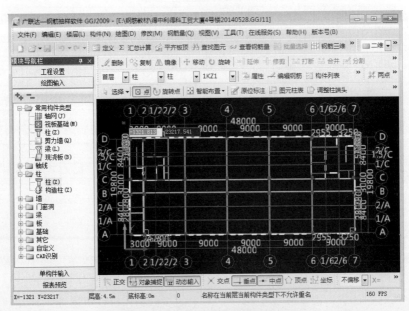

图9-4 广联达钢筋算量软件GGJ

（2）数据共享工程量计算效率高。可与图形软件互导工程数据，利用图形软件的建模数据，直接输入钢筋信息后快速计算所有钢筋工程量。

（3）适合不同计算规则。可根据设计要求选择计算规则，根据地区要求，选择地区报表，能够满足实际工程的不同需要，如图9-5所示。

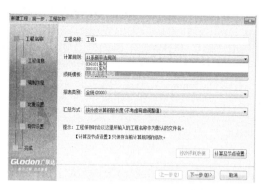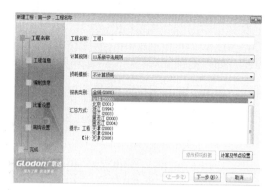

图 9-5　计算规则和报表类别设置

（4）楼层控制设置灵活。抗震等级、混凝土标号及搭接锚固等信息可按楼层、构件类型统一设置、修改，严谨不失灵活。梁、柱箍筋组合简单、灵活，如图 9-6 所示。

（5）复杂箍筋软件内置。用户只需输入箍筋肢数如 8 或 4×4 即可，所有箍筋长度及根数软件自动计算，如图 9-7 所示。

（6）异型截面智能处理。自动判断、处理剪力墙变截面，智能识别顶层柱、顶层墙及钢筋计算。变截面柱钢筋处理更加全面、灵活、准确，软件可以自动处理。斜墙、跨层连梁、转角墙洞、双洞口连梁、墙上柱、梁上柱等处理完善，计算准确。

（7）钢筋标注与图吻合。钢筋数据信息同步显示，完全与施工图标注方法相同，在图上进行原位集中标注显示，核查方便，如图 9-8 所示。

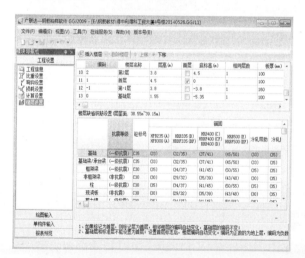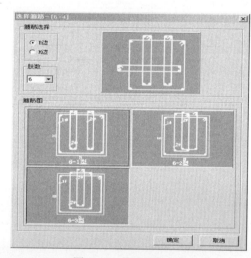

图 9-6　楼层设置　　　　　　　　　　　图 9-7　箍筋设置

图 9-8　软件中框架梁平法标注

（8）公式明细一目了然。钢筋长度、根数、搭接计算公式更加清楚、明了。甲、乙及中介三方核查更方便。每一个构件，一般都有十几种甚至几十种钢筋，每一根钢筋代表不同的部位或作用，软件对钢筋号采用全汉字显示，如"支座负筋"、"贯通筋"等，一目了然。便于各方交流和查看历史工程，如图9-9所示。

	筋号	直径(mm)	级别	图号	图形
	1.上通长筋1	25.0	Φ	64	375 ⌐ 29050 ⌐ 375
	1.左支座筋1	25.0	Φ	18	375 ⌐ 2716
	1.左支座筋4	25.0	Φ	18	375 ⌐ 2181
	1.腰筋(构造)	14.0	Φ	1	28320
	1.下部钢筋1	25.0	Φ	18	375 ⌐ 7775
	1.架立钢筋	12.0	Φ	1	2400
	1.箍筋	10.0	Φ	195	650 □167
	1.拉筋	6.0	Φ	4	405

图9-9　软件中钢筋信息

（9）计算公式过程表示。用软件进行钢筋工程量的计算，"计算准确"是首要的要求，软件中每一根钢筋的每一个数据都按照该数据的计算来源进行清晰显示和表达，如钢筋锚固按判断过程显示等。真正是"易看得懂"的钢筋计算工具，使"计算准确"真正掌握在使用者手中，如图9-10所示。

	筋号	图形	计算公式
	1.上通长筋1	375 ⌐ 29050 ⌐ 375	27900+(575+15*d)+(575+15*d)
	1.左支座筋1	375 ⌐ 2716	2141+(575+15*d)
	1.左支座筋4	375 ⌐ 2181	1606+(575+15*d)
	1.腰筋(构造)	28320	27900+(15*d)+(15*d)
	1.下部钢筋1	375 ⌐ 7775	6425+(575+15*d)+(31*d)
	1.架立钢筋	2400	6425-4325+2*150
	1.箍筋	650 □167	(650+167)*2+(2* 11.9+8)*d
	1.拉筋	405	(300-2*25)+(2*11.9+2)*d

图9-10　软件中钢筋计算公式

（10）箍筋根数更易理解。在一个工程的钢筋工程量中，箍筋数量是比较多的，软件可查看箍筋根数的详细计算过程，提高了校对的工作效率，便于各方之间校对数据和查看历史工程，如图9-11所示。

	筋号	图形	长度(mm)	根数
	1.上通长筋1	375 ⌐ 29050 ⌐ 375	29800	2
	1.左支座筋1	375 ⌐ 2716	3091	2
	1.左支座筋4	375 ⌐ 2181	2556	2
	1.腰筋(构造)	28320	28320	2
	1.下部钢筋1	375 ⌐ 7775	8150	4
	1.架立钢筋	2400	2400	2
	1.箍筋	650 □167	1952	(Ceil(6325/100)+1)*2 …
	1.拉筋	405	405	33

图9-11　软件中箍筋计算公式和数量

（11）多样报表满足需求。钢筋工程量的计算需要从各个角度对数据进行统计分析，如分楼层统计、按不同构件、不同钢筋直径类型统计等。钢筋软件全面优化计算算法，计算速度更快，同时提供更加多样、完善、实用的报表，从工程、楼层、构件多方式显示钢筋信息报表，满足您不同的业务需求。同时，可定制各种报表，且内置了外观设计器，可设计各种美观的报表，如图 9-12 所示。

图 9-12　钢筋的报表统计

9.2　钢筋计算软件应用

9.2.1　常用钢筋计算软件

通过市场调查，本文选择市场占有率较高的几家软件进行分析，现在仅对软件的功能完备性和可操作性进行分析。

1. 清华斯维尔算量软件

清华斯维尔算量软件，是基于 CAD 平台二次开发的，目前国内设计软件大都在 CAD 平台上开发，这样算量软件对设计院电子文档识别成为可能。与众不同的是清华斯维尔把工程量和钢筋整合在一个软件中，在建筑构件图上直接布置钢筋，可输出钢筋施工图，工程量计算与钢筋抽量计算在一套软件中无缝集成，大幅度提高钢筋抽量工作效率。

（1）针对该软件的功能完备性，它的可视化检验功能具有预防多算、少扣、纠正异常错误、排除统计出错等特点，算量人员可方便直观的查看和检查各构件相互间的三维空间关系和计算结果，但其三维算量软件在技术上并没有太大突破。

（2）针对软件的可操作性方面，清华斯维尔软件具有智能识别功能表现在：采用了最新的人工智能技术，智能识别工程设计图的电子文档，可以高效识别出轴网、柱、梁、墙、板、洞口、柱筋、梁筋、墙筋、板筋等。利用智能识别技术，可以极大地提高算量人员的工作效率。

2. 鲁班算量软件

鲁班软件属于后起之秀，它得到美国国际风险基金的支持。它的算量软件也是在 AUTOCAD 平台上开发的。

（1）对其完备性而言，当然鲁班软件能提供自动识别 CAD 电子文档的功能，能够输出工程量标注图和算量平面图，能计算任何复杂的构件，甚至像多孔集水坑、线条等都能计算，其缺点是不能三维显示整幢楼，而仅显示当前层，楼梯、集水坑无三维显示。其原因是由于鲁班算量建立在 CAD 平台上，难以保证鲁班用户都使用正版 CAD，导致使用不太稳定，经常出现随机致命错误，计算速度慢。另外有些图形绘制的基础功能不太完美，很不符合预算人员的绘图习惯，多是设计人员使用。

（2）关于该软件的可操作性，适用性得到用户的公认。鲁班软件在自己的软件之间也实现了数据的交换和共享。在新版钢筋软件自主平台上开发中能通过三维建模计算复杂构件的钢筋，能识别设计院电子文档，能调用算量中的图纸和数据，实用型得到了很大提高。

3. PKPM 软件

中国建科院开发的 PKPM 软件最大的特点是一次建模全程使用，各种 PKPM 软件随时随地调用。其软件具有自主开发平台，而不用第三方中间软件支撑，同时又具有强大的绘图和计算功能。

（1）针对功能完备性而言，PKPM 的三维具有独特的三维模型立体显示，便于以后的审查校核，且能够实现真正的三维扣减计算，结果相对准确，视觉效果形象生动。而且它能够依据构件的属性自动套取子目、提供装修预制构件等的标准图集、提供多种不同地区的规则库进行选择，减少了区域限制。另外，PKPM 软件在新版本中，外装修可以在立面投影图上布置，做到了很直观、方便，且在土方算量及桩基础计算方面分别推出了新的特有软件，绝对是对自己图形算量软件的一个更高水平的挑战和完善。

（2）对于软件的可操作性，该软件可以提供 PKPM 成熟的三维图形设计技术，方便快速的录入建筑、结构、基础模型。良好的接口使得软件可以直接读取结构设计软件的设计数据，省去了重新录入模型工程量的麻烦，同鲁班一样实现了 AUTOCAD 设计图形直接导入然后转化为数据，快速统计工程量的功能，大大减少了工程量的录入时间。但软件比较难学，缺乏有效的培训渠道和学习环境，算量软件细节考虑欠缺，并没有得到普遍的认可。

4. 广联达软件

广联达算量软件在自主平台上开发。

（1）对于软件自身的功能完备性，它可以做到内置计算规则，这样计算清单可以一气呵成，而且子目指引做得相当完善，方便以后的组价及导入导出，与其他配套软件的交接很方便。内部开放了 100 多个代码，便于预算人员根据自己的不同情况进行编辑，基本能够达到最大限度的算量要求，少画图多算量，提高算量的效率，而且汇总表达式符合手工算量的习惯，方便后期查验核对。此外还有三维图的打印功能、钢丝网片的计算、拉框布置房间装修、板的合并、基础梁自动生成基槽、满基垫层生成大开挖、独基、桩承台垫层的布置、满基和垫层的分割、面状构件的操作（偏移与分割）、楼层图元的复制（即块复制）、地沟与墙的扣减、统一钢筋图形的参数化图库、增加连体式条基等很多细节功能的改进。

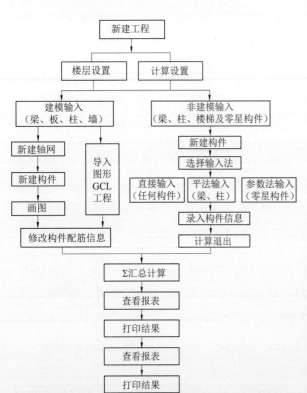

图 9-13　广联达 GGJ 钢筋计算软件工作流程

（2）对于软件的可操作性，软件的绘图过程简单易操作，初学者可以通过三个简单功能——点、线、面，即可以把所有图绘制出来，而不需要把所有功能都去了解。软件近期推出的新版本又实现了图形与表格双重输入，界面功能汉字化，这样更加适合初学者很明朗地用最基本的工具达到百分百算量。

9.2.2　广联达钢筋计算软件 GGJ 应用

广联达 GGJ 钢筋计算软件的基本处理思路为：建立工程项目—建立楼层信息—建立构件信息—根据构件的特点按不同的输入法录入钢筋信息—汇总计算—输出报表，如图 9-13 所示。

1. 建立工程

在软件中，工程按项目为单元进行管理。需要按照软件设置好的各项信息，如：工程名称、工程信息、钢筋损耗设置、钢筋比重调整、钢筋弯钩调整和计算汇总方式等进行填写。这样，计算机就会按设定好的信息进行整个工程的钢筋量计算，如图 9-14 左图为建立工程第一步工程名称，右图建立工程之后的全部信息。右图中重要信息的部分以及计算规则必须认真填写，否则影响计算结果。

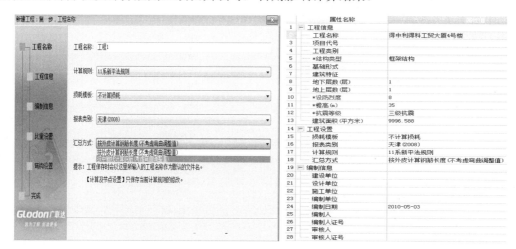

图 9-14　建立工程

2. 建立楼层

软件中是按照层的概念来管理构件，所以只需要在这里输入所建楼层的各项信息。在该对话框上部分为楼层信息设置，如：楼层编码、楼层名称、层高、首层确定、底标高、相同层数、建筑面积、板厚。在该对话框下部为该楼层钢筋设置信息如：抗震等级、砼标号、各类钢筋的锚固长度和搭接长度、各类构件保护层厚度等，软件就会自动按照实际工程的需要来进行计算，如图 9-15 所示。

图 9-15　楼层管理

在本图界面，"楼层编码"用于对楼层进行排序；"抗震等级"和各类构件的混凝土标号结合起来确定各类构件的锚固搭接值；"楼层高度"根据工程的实际情况进行输入，可以确定墙、柱的高度。设置完楼层属性后，该楼层下的每一个构件都会默认自动取楼层属性值。

3. 计算设置

钢筋计算，对于每一类构件，对于不同部位其计算规则就有可能不同，软件根据前边工程设置中选取的计算规则（如 11G101），将钢筋计算中各种情况一一列出，供用户选择，如图 9-16 所示。计算设置包括了全部构件的具体的计算规则细化，这部分的设置关系到计算结果的准确。

计算设置 | 节点设置 | 箍筋设置 | 搭接设置 | 箍筋公式

	类型名称	设置值
1	□ 公共设置项	
2	柱/墙柱在基础插筋锚固区内的箍筋数量	间距500
3	梁(板)上柱/墙柱在插筋锚固区内的箍筋数量	间距500
4	柱/墙柱第一个箍筋距楼板面的距离	50
5	柱/墙柱箍筋根数计算方式	向上取整+1
6	柱/墙柱箍筋弯勾角度	135°
7	柱/墙柱纵筋搭接接头开百分率	50%
8	柱/墙柱搭接部位箍筋加密	是
9	柱/墙柱箍筋加密范围包含错区开距离	是
10	绑扎搭接范围内的箍筋间距min(5d,100)中,纵筋d的取值	上下层最小直径
11	柱/墙柱螺旋箍筋是否连续通过	是
12	柱/墙柱圆形箍筋的搭接长度	max(Lae,300)
13	层间变截面钢筋自动判断	是
14	□ 柱	
15	柱纵筋伸入基础锚固形式	全部伸入基底弯折
16	柱基础插筋弯折长度	按规范计算
17	矩形柱基础锚固区只计算外侧箍筋	是
18	抗震柱纵筋露出长度	按规范计算
19	纵筋搭接范围箍筋间距	min(5*d,100)
20	不变截面上柱多出的钢筋锚固	Lae
21	不变截面下柱多出的钢筋锚固	Lae
22	箍筋加密区设置	按规范计算
23	基础顶部按嵌固部位处理	是
24	非抗震柱纵筋露出长度	按规范计算
25	□ 墙柱	
26	暗柱/端柱基础插筋弯折长度	按规范计算
27	抗震暗柱/端柱纵筋露出长度	按规范计算
28	暗柱/端柱垂直筋搭接长度	按搭接错开百分率计算
29	暗柱/端柱纵筋搭接范围箍筋间距	min(5*d,100)
30	暗柱/端柱顶部锚固计算起点	从板底开始计算锚固

图 9-16　计算设置

4. 建立构件

软件中钢筋是按照构件来计算的,因此我们要建立每一个构件的信息,如图 9-17 所示,窗口左侧是构件树,窗口右侧为构件属性栏。

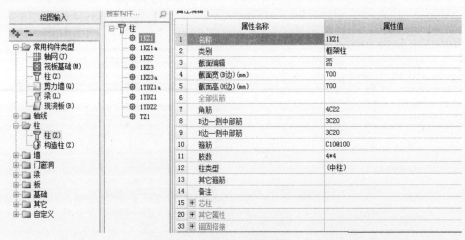

图 9-17　建立构件

构件名称:输入实际图纸中构件的名称,例如输入 1KZ1,在整个楼层中必须唯一;尽量输得详细,方便核对。

构件类别:可以在下拉选择框选择输入,类型必须选择准确,软件是按类型设置钢筋计算规则的。

箍筋:输入格式为:级别+直径@加密间距/非加密间距,如 A12@100/200 或 A12-100/200 或 13A12-100/200。

汇总信息:默认为与构件类型同名,用于按汇总信息名进行汇总钢筋,作用是将汇总信息相同的构件汇总在一起,得出一个总的吨数,如将楼梯板、楼梯梁、楼梯柱三种构件的汇总信息都设为楼梯,即可将三者的钢筋总重汇总在一起。

混凝土标号:默认状态为构件所在楼层中设置的构件类型的混凝土标号,如构件类型选择连续梁,则混凝土标号为 C30。

锚固搭接：默认状态为构件所在楼层中设置的构件类型的锚固搭接。

保护层：默认状态为构件所在楼层中设置的构件类型的保护层厚度。

5. 根据不同输入法录入各项信息

（1）非建模方式：单构件输入。在软件中，将构件分为梁、暗梁、连梁、圈梁、拉结筋、柱、板、墙、楼梯和其他构件。每一类型的构件都有各自的特点。根据不同的构件特点，软件设计了不同的钢筋输入方法。如：梁、柱一般采用平法输入；楼梯等零星构件一般采用参数法输入。

在实际工作中，经常会出现类似或相同的情况，所以软件也提供了楼层复制、构件复制、选配等功能，节省了很多重复工作所占用时间，大大提高了工作效率。

（2）建模方式：绘图输入。计算钢筋也可全部应用画图的方式，将建筑物的结构图画上或从图形算量软件中导入，即可由图形间的相互关联关系，计算出相应构件的钢筋长度及数量。

6. 汇总计算报表分析

当整个工程的钢筋量计算完毕后，软件还提供了常用的多种报表。可以根据实际需要来选择打印相应的报表。一般较常用的有：钢筋明细表，钢筋直径级别汇总表，钢筋统计校对表等，如图 9-18 所示。

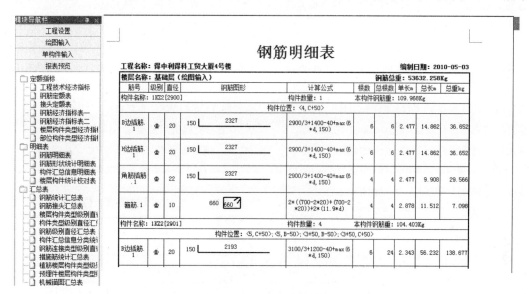

图 9-18 汇总计算报表分析

附录 工程施工图

结构设计总说明

注：如遇到本说明与详图不符时，以详图为准。

一、项目概况

新建厂区坐落于天津×××工业园区，本工程为4号楼九层生产车间，带地下室，地下室为地下车库。结构型式：框架剪力墙结构。钢筋混凝土框架抗震等级为二级，剪力墙抗震等级为二级。

二、设计依据

（1）《建筑结构荷载规范》（GB 50009—2001）（2006 修订版）。

（2）《建筑抗震设计规范》（GB 50011—2001）。

（3）《建筑地基基础设计规范》（GB 50007—2002）。

（4）《建筑桩基技术规范》（JGJ 94—1994）。

（5）《预应力混凝土管桩技术规程》（DB 29—110—2004）。

（6）《混凝土结构设计规范》（GB 50010—2002）。

（7）《高层建筑混凝土结构技术规程》（JGJ 3—2002）。

（8）《建筑工程抗震设防分类标准》（GB 502233—2004）。

（9）天津市工程建设标准《岩土工程技术规范》（DB 29—20—2000）。

（10）《人民防空地下室设计规范》（GB 50038—2005）。

（11）《防空地下室设计（2007 年合订本）》（FG01-05）。

（12）×××勘察院提供的《×××工程岩土工程勘察报告》（工号×××）。

国家其他规范、设计条例、规定。

三、自然条件

（1）建筑结构安全等级为二级；建筑物设计年限均为50年。

（2）基本风压：0.5kN/m²。

（3）基本雪压：0.4kN/m²。

（4）抗震设防烈度：7 度（0.15g）。

（5）建筑抗震设防类别：丙类。

（6）地面粗糙度均为 B 类。

四、楼面使用活荷载标准值

（1）楼梯：3.5kN/m²。

（2）办公室：2.0kN/m²。

（3）卫生间：2.0kN/m²。

（4）休息：2.0kN/m²。

（5）会议室：2.0kN/m²。

（6）浴室：2.0kN/m²。

（7）健身房：4.0kN/m²。

（8）不上人屋面：0.5kN/m²。

（9）上人屋面：2.0kN/m²。

（10）电梯机房：7.0kN/m²。

（11）屋顶花园：3.0kN/m²（不包括花园土石自重）。

所有生产车间均属轻工厂房，车间活荷载限定值为3.0kN/m²，使用期间由业主专业人员负责控制使用。

（12）计算软件为中国建筑科学研究院 2005 版 PKPM 系列软件：SATWE；JCCAD。

五、材料选用及要求

1. 混凝土材料

4号楼混凝土强度等级采用见附表1：

附表 1　　4 号楼混凝土强度等级

楼层	框架柱、剪力墙	框架梁、楼板	楼梯	构造柱、过梁
1～4 层（及地下室）	C40	C30	C30	C20
5～9 层出屋面部分	C30	C30	C30	C20

地下室及半地下室、电梯基坑及集水坑混凝土采用抗渗混凝土，抗渗等级为 S6。

2. 钢筋

（1）所有工程的纵向受力钢筋（梁，柱，剪力墙）均为 HRB400，箍筋 HPB235。

板的钢筋：直径≤10mm，HPB235；直径≥12mm，HRB335。

（2）Φ 表示 HRB235 钢筋（f_y=210N/mm²）；Φ 表示 HRB335 钢筋（f_y=300N/mm²）；Φ 表示 HRB400 钢筋（f_y=360N/mm²）。钢筋混凝土结构所用钢筋应符合《混凝土结构工程施工质量验收规范》（GB 50204—2002）及国家有关其他规范。

（3）纵向受力钢筋的抗拉强度实测值与屈服强度实测值的比值不应小于 1.25，且钢筋的屈服强度实测值与强度标准值的比值不应大于 1.3。

（4）施工时任何钢筋的替换，均应经设计单位同意方可进行。

（5）纵向受拉钢筋锚固长度和搭接长度见 03G101-1 第 33～35 页。

（6）受力预埋件的锚筋应采用 HPB235 级、HRB335 级或 HRB400 级钢筋，严禁采用冷加工钢筋。

（7）焊条：电弧焊所采用的焊条，其性能应符合现行国家标准《碳钢焊条》（GB 5117）或《低合金钢焊条》（GB 5118）的规定，其型号应根据设计确定。HPB235 级钢筋用 E43 型焊条，HRB335 级钢筋用 E50 型焊条，HRB400 级钢筋用 E50 型焊条。

3. 填充墙

采用轻骨料混凝土空心砌砖，控制容重 ≤7kN/m²，M5 混合砂浆砌筑；±0.000 以下页岩烧结砖，M7.5 水泥砂浆。砌体施工等级均为 B 级。

4. 环境类别

地下部分为二（b）类，地上部分为一类，地上外露部分为二（a）类；

地下工程混凝土碱骨料反应工程分类为二类。

5. 沉降观测

（1）本工程在施工和使用期间必须进行建筑物的长期沉降观测，做法应符合天津市建委发布的《天津市加强建筑工程变形观测控制的规定》（天津市建委派建资安管［1997J529号］文件，要及时向设计提供信息，并应以实测资料作为地基基础工程质量验收的依据之一。

（2）观测周期：施工阶段，以基础完工为第一次，以后每加一层观测一次，主体完工和装修完工后各一次；使用阶段，第一年四次，第二年两次，以后每年一次至沉降稳定为止。

六、基础部分

（1）本工程依据《×××工程岩土工程勘察报告》采用桩基础。

（2）本工程地基基础设计等级为乙级，桩基安全等级为二级。

（3）本工程桩基采用钻孔灌注桩，桩端持力层为第 6 层，桩长 28m，单桩竖向承载力特征值为 1300kN。

（4）施工前应了解工程地质勘察报告，做好施工方案及安全措施。

（5）桩顶入承台梁不小于 50mm，冻土深 0.60m。

（6）基槽（坑）开挖后，应组织有关单位进行基槽检验，经验收合格后方可进行下一道工序。

（7）本工程回填土均采用好土按各有关规范要求进行回填，建筑物桩基四周及室内回填土均应分层压实，压实系数>0.9，地基承载力特征值>100kPa。

（8）本工程允许沉降量为 150mm。

（9）其他说明详见桩平面定位图。

七、构造要求

1. 混凝土保护层

环境类别		板、墙、壳			梁			柱		
		≤20	C25～C45	≥50	≤20	C25～C45	≥50	≤20	C25～C45	≥50
一		20	15	15	30	25	25	30	30	30
二	a	—	20	20	—	30	30	—	30	30
	b	—	25	20	—	35	30	—	35	30
三		—	30	25	—	40	35	—	40	35

注：1. 基础中纵向受力钢筋的混凝土保护层厚度不应小于 40mm；当无垫层时不应小于 70mm。

2. 混凝土保护层厚度（钢筋外边缘至混凝土表面的距离）不应小于钢筋的公称直径。

2. 钢筋接头

钢筋锚固、搭接长度详 03G101-1 第 53、55 页。框架柱竖筋接头采用焊接接头。

框架梁的受力主筋当直径 $d \geqslant 2mm$ 时，应采用焊接接头，当直径 $d < 22mm$，优先采用搭接接头。

结构楼板及次梁的受力钢筋均可采用搭接接头。上部结构接头位置：板、梁底筋在支座；板、梁上筋在跨中 1/3 跨度范围内搭接。基础部分接头位置：板、梁上筋在支座；板、梁底筋在跨中 1/3 跨度范围内搭接。接头位置应错开，同一截面接头面积不应超过 50%。

八、楼板

（1）现浇钢筋混凝土板的板底钢筋不得在跨中搭接，其在支座的锚固长度 $\geqslant 10d$，且应伸过梁中心线，板顶钢筋不得在支座处搭接，锚入梁内 $\geqslant 35d$，且端部垂直段应 $>10d$，见图一，在非支座处板顶钢筋下弯长度比板厚小 15mm，结构平面图中板支座钢筋锚固长度从梁边算起。

（2）楼板上的孔洞应配合设备专业图纸，预留当洞口尺寸不大于 300mm 时图中未留，不另加钢筋，板内钢筋由洞边绕过，不得截断，当洞口尺寸大于 300mm 时，做法见图十五。水、电专业管井处楼板钢筋连续铺设，待设备安装完毕后，后浇混凝土，见图二。

（3）板上在有轻隔墙处，在板下排设置两根通筋锚入两端梁内，位置详见建筑施工图。附加钢筋：2Φ4（板跨长度 ≤3.6m）2Φ8（板跨长度>3.6m）。

（4）楼板及梁混凝土宜一次浇注，当浇注间隔超过 2h，则应设施工缝，施工缝位置应符合施工验收规范。

施工缝处应增加插铁，数量为主筋面积的 30%，长度 1600mm，伸入施工缝两侧各 800mm，板附加筋 2Φ12。放于板厚中间，梁附加筋 2Φ16 放于梁的上下部位。

（5）双向板的板底筋短向筋放在底层长向筋放在短向筋

的上面；各板角负筋纵横两向必须重叠设置成网格状；施工中必须采取有效措施确保板面钢筋的正确位置。

九、梁、柱

（1）梁柱内采用封闭式箍筋见图三。

（2）主梁在次梁或插柱的两侧，每侧另加各3组@50的附加箍筋，形式、直径同该梁段内箍筋。梁上插柱柱顶梁纵筋不得在柱顶断开。

（3）凡梁入支座处的箍筋应在距支座边缘50mm处开始设箍筋。

（4）吊筋的弯折角度当梁高≥800mm时为60°，否则为45°，≥6m跨的次梁在支座处下部中间钢筋上弯2根。

（5）梁纵筋应均匀布置在梁截面中心线两侧，阳台及悬挑构件主筋置于框架梁主筋之上。

（6）遇到梁两侧板上皮标高不一致时，梁上皮标高与板上皮平齐，板筋如图五所示。

（7）悬挑梁及跨度>4m的梁应起拱0.3%L（L为梁的跨度或悬挑梁跨度的2倍），拱高≥20mm。

（8）架立筋与受力筋的搭接长度：次梁≥300mm；框架梁为40d（d为相互搭接的较小钢筋直径）。

（9）当梁与柱墙外皮齐时应将梁外侧纵筋稍作弯折，置于柱墙主筋的内侧。

（10）梁的腰筋两端应锚入柱或墙内20d。

（11）柱应按过梁或填充墙的要求预留插铁。

（12）水平、竖向折梁转折处配筋构造详图集。

（13）梁应按填充墙构造柱位置预留插筋或埋件。

（14）框架梁两个方向在柱子处相交时，沿跨度较大的梁筋应放在另一方向主筋之上。

（15）主梁与次梁同高时，次梁下筋应置于主梁下筋之上。梁钢筋位置应安装准确，确保受力高度及保护层厚度。

十、剪力墙

（1）剪力墙水平分布钢筋在端部的锚固见图六。

（2）墙体有暗柱时，暗柱箍筋作封闭箍见图七。

（3）墙内水平分布钢筋在端部及转角处作且满足 L_{aE} 见图八。

（4）墙体竖向钢筋的搭接位置错开，每次搭接的钢筋数量不超过50%。

（5）墙上穿套管的小洞处设置钢套管，套管外设加筋见图九，当套管直径>200mm时，按洞口处理。

（6）墙体洞口加筋见图十，当洞口一边长度>800mm时，按门洞处理，设置暗柱及连梁。

（7）当剪力墙墙肢<1500mm时，其水平筋做封闭套。

（8）当墙体钢筋被套管断掉时，将钢筋与钢套管焊接。

（9）墙体及连梁上预留设备洞或套管时必须配合设备专业图纸施工，以免有误。

十一、填充墙

（1）填充墙材料及位置应严格按照施工图要求。

（2）本工程抗震烈度七度（0.15g）III 类场地，抗震构造要求按八度执行，填充墙拉接详图十一。

（3）填充墙之门窗洞口若需过梁详图十二，过梁支撑长度每侧240mm（当与框架梁距离较小时，与框梁连为一体，）若支撑长度不足者应在柱中预留与过梁相同之钢筋，甩出500mm以便与过梁筋搭接。

（4）外檐填充墙应在窗下设一道通长压带梁，高120mm，配筋为 2×3Φ10/Φ6@200，钢筋锚入构造柱中。二层内隔墙，墙高大于4m时，在檐口标高处另设一道混凝土腰带。

（5）填充墙应在≥500门洞两侧及秃头墙端设构造柱，截面为墙厚×250mm，配筋为4Φ12/Φ6@200，墙转角处及当单片墙长度>4m时沿墙每隔4m左右设置构造柱。

十二、施工中与建筑专业配合，预留风道、孔洞位置见建筑施工图，雨篷、阳台板上预留雨水管其位置见建筑施工图，且不得切断钢筋。各专业在混凝土梁及结构板上的留洞位置须核对准确无误后方可施工，不得事后剔凿。

（1）图中所有未注明分布筋均为Φ6@200。

（2）楼梯在施工中与建筑紧密配合，预留埋件，具体见建施图。

（3）所有设备洞口的位置见建筑施工图，且当洞口宽度≥300mm时需加设过梁。

（4）梁板柱上埋件及甩筋详见建筑施工图。

十三、其他

（1）在施工中，不应以强度等级较高的钢筋代替原设计中的纵向受力钢筋，如必须代换时，应征得设计人的同意，按钢筋受拉承载力设计值等的原则进行代换。

（2）所有外露的钢筋混凝土构件如女儿墙、挑檐板、雨篷板，以及各种装饰构件，当长度较大时，均应沿纵向每隔12m，留一道温度缝，缝宽10mm。拆模后用沥青麻丝填充。

（3）施工悬挑构件时，应有可靠的措施确保负筋位置的准确，待混凝土强度达到100%后，方可拆模。

（4）穿梁电器竖管直径<DN40，管间距>200mm。水、电、煤气等管线的施工安装时，不应损伤柱体。

十四、图中标高以 m 为单位，定位尺寸以 mm 为单位。

十五、本工程施工时应严格执行《混凝土结构工程施工质量验收规范》（GBJ 50204—2002）中有关规定。

十六、框架梁内不应沿纵向埋设线管，框架梁竖向穿管直径<25mm，间距>500mm。

十七、本工程施工时应参照《混凝土结构施工图平面整体表示方法制图规范和构详图造》（03G101-1）和《混凝土结构施工图平面整体表示方法制图规则和构造详图》（04G101-4）。

十八、未尽事宜应严格按照国家现行有关规范执行。

十九、结构设计抗裂专篇

在结构设计中除严格执行国家及本地区颁布的有关设计规范、规程外，同时按照天津市建委颁布的关于控制建筑物墙体及楼板裂缝的建质安管〔1999〕29 号和建质安管〔1999〕529 号文件及基础及上部结构有关规定，对建筑物的构造均采取了一系列的结构加强构造措施及监控手段，以提高其整体刚度和抗裂能力。

（1）墙体（包括构造柱，圈梁，和砖墙）拉结及连接节点执行图集 03G329。

（2）填充墙应在主体结构施工完毕后由上而下逐层砌筑，防止下层梁承受上层梁以上的荷载。砌至板、梁附近后，应待砌体沉实后（约 5 天），再用斜砌法把下部砌体与上部板梁间用砌块逐块敲紧填实。

（3）所有暗埋于墙内宽度大于 300mm 的电表箱上设过梁，如图十三。

（4）现浇板中管线应居中设置，尽量避免交叉设置，并在电线管部位加设铅丝网片，做法见详图（二）。

（5）当混凝土挑檐沟长度超过 12m 时应沿檐沟方向每小于 12m 设缝，缝宽 10mm，拆模后用沥青麻丝填充，砂浆钩缝。

（6）电线管应竖直埋设于墙体内，严禁水平方向埋设于墙体内。

（7）砌体内预埋电线管与砌体交接部位，用 C20 细石混凝土（内掺 8%UEA）灌实，直径大于 30mm 线管两侧每隔 4 皮砖各加 1Φ6，长度 800mm，不得事后剔凿埋管，如图（十四）。

（8）现浇楼板浇注后应在混凝土初凝前，用木抹抹压板表面两遍。

（9）砌筑墙体时要求砖充分浇水，灰缝平直，砂浆饱满，质量应满足有关施工验收规范。

（10）屋面现浇板跨中无上部钢筋处应加设Φ6 钢筋网片，间距同上部受力钢筋间距，与支座盖筋搭接 300mm。

（11）混凝土浇筑应加强振捣工艺，严格控制混凝土坍落度，混凝土养护措施应按《混凝土结构工程施工质量验收规范》（GB 50204—2002）第 7.4.7 条的内容严格要求，混凝土强度达到 80%时，方可施工下道工序，严格控制施工荷载不得超过施工荷载规定，否则应采取措施。悬挑构件混凝土强度应达到 100%方可拆模，严禁提前拆模。

（12）严格按照施工规范、规程的有关要求进行施工。

（13）外装修挂石材及埋件，安装均由厂家配合进行二次设计。

（14）女儿墙露台处墙>500mm 高均设 GZ 柱 240mm×240mm，主筋 4Φ10，箍筋为Φ6@200。

（15）本说明中未包括的部分应严格执行天津市建设工程质量监督管理总站编制的《天津市住宅示范工程统一细部做法标准图集》。

注：本书中 172 页、173 页为构造通用图。

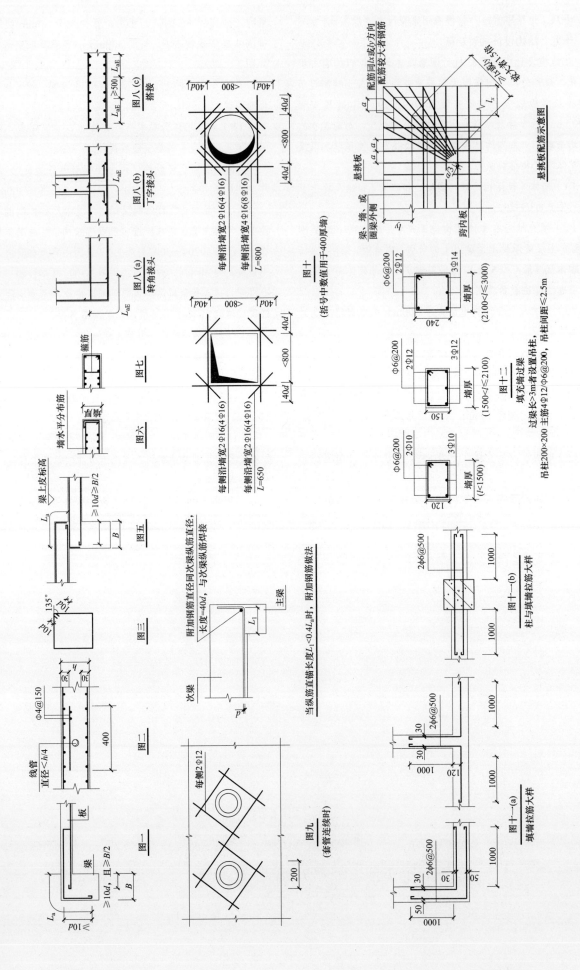

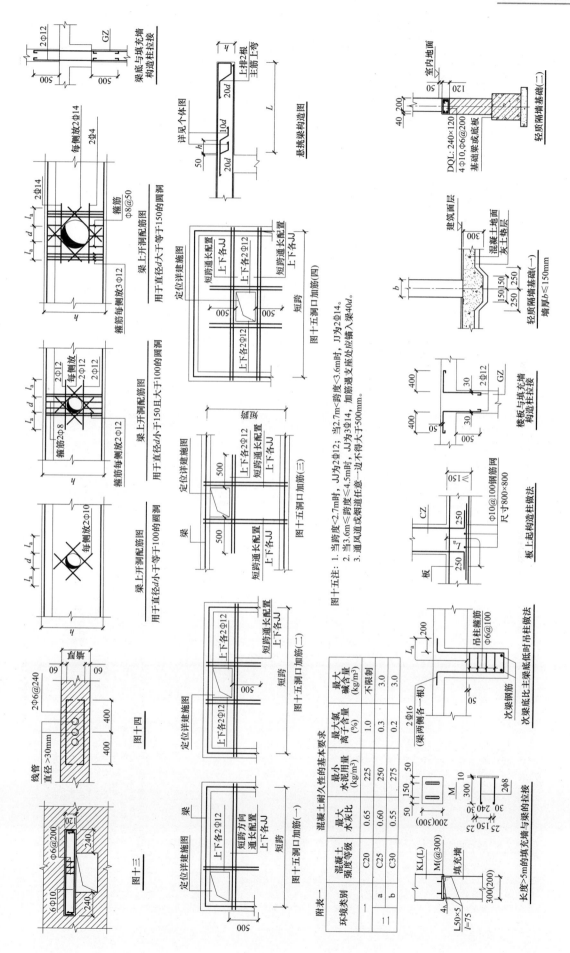

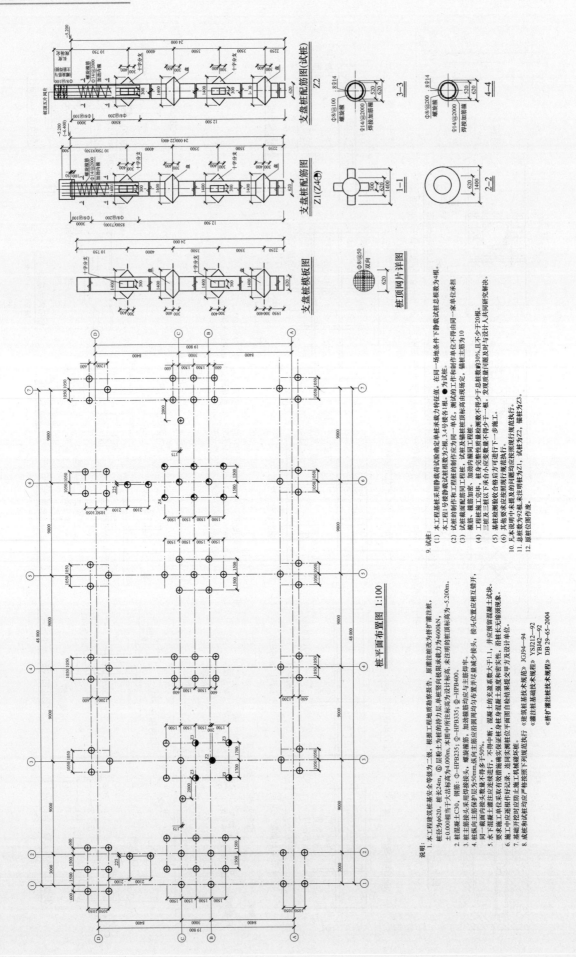

说明：
1. 本工程建筑桩基安全等级为二级，根据工程地质勘察报告，原灌注桩改为挤扩支盘桩，桩径为φ620，桩长24m，⑥层粉土为桩的持力层，桩根竖向极限承载力为4600kN。
2. 桩混凝土采用C30，螺旋箍筋Φ—HPB235，加劲箍筋及主筋HPB400。
3. 桩主筋接头采用机械连接头，螺旋箍筋为主筋档次。
4. 桩纵向主筋保护层为50mm，纵向主筋数量不得多于50%。
5. 要求施工单位对接头应逐个检查，接头位置量应互相错开，同一截面内接头的应向与桩身位置量并尽量少接头，混凝土的充置系数大于1.1，非应预留混凝土试块。
6. 施工中应逐根作好记录，连同实测现浇证桩身身度和密实性，沿桩长布桩单位。
7. 要求施工时应做有效措施确实保证桩身不留中断，不得中断，沿桩长连续浇注桩。
8. 成桩和成孔均应严格按照下列规范执行《灌注桩基础技术规程》DB 29-65-2004
9. 试桩：
   (1) 本工程基础采用静载荷试验验确定单桩承载力特征值，在同一场地条件下静载试验载总载荷为4根。
   (2) 试桩的制作和工程桩的制作应为同一单位，3、4号楼各1根；●为试桩。
   (3) 试桩截面配筋间工程桩。试桩及上锚桩的工作应在现场完定，锚定主筋为10根。
   (4) 工程桩施工完毕，加劲箍加密。桩身完整性质量检测数不得少于桩总根数30%，且不少于20根；三桩及三桩以下承台小应数量不得少于1根。发现质量问题及时并与设计人共同研究解决。
   (5) 基桩检测验收合格后方可进行下一步施工。
   (6) 其他施工要求及有的问题均应按规范进行现范执行。
10. 无桩说明中未提及的均应按现行规范执行。
11. 总桩数为92根，未注明桩作业。
12. 原桩位图作废。

《建筑桩基技术规程》 JGJ94—94
《混凝土结构设计规范》 YSJ212—92
《挤扩灌注桩技术规程》 YBJ42—92

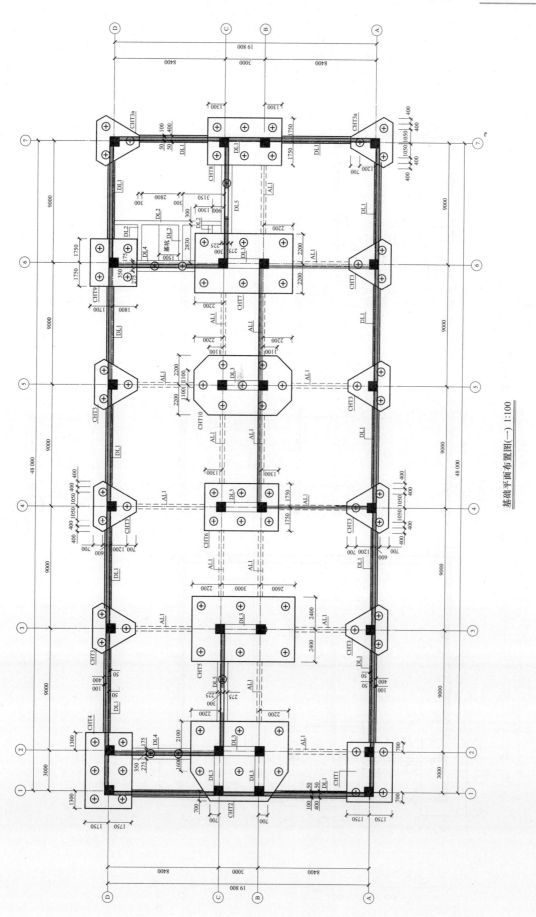

基础平面布置图(一) 1:100

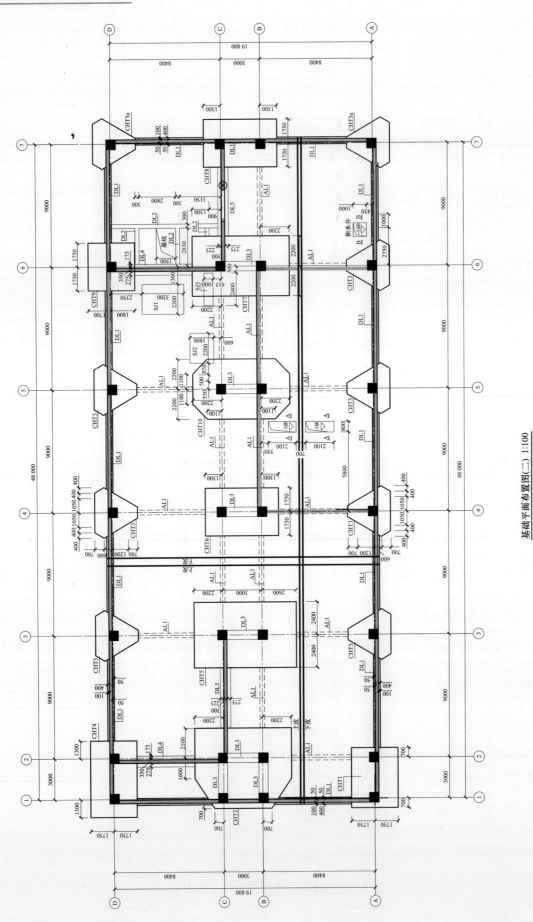

基础平面布置图(二) 1:100

说明：基础底板中上下皮钢筋和CHT承台钢筋相交时锚入承台500。

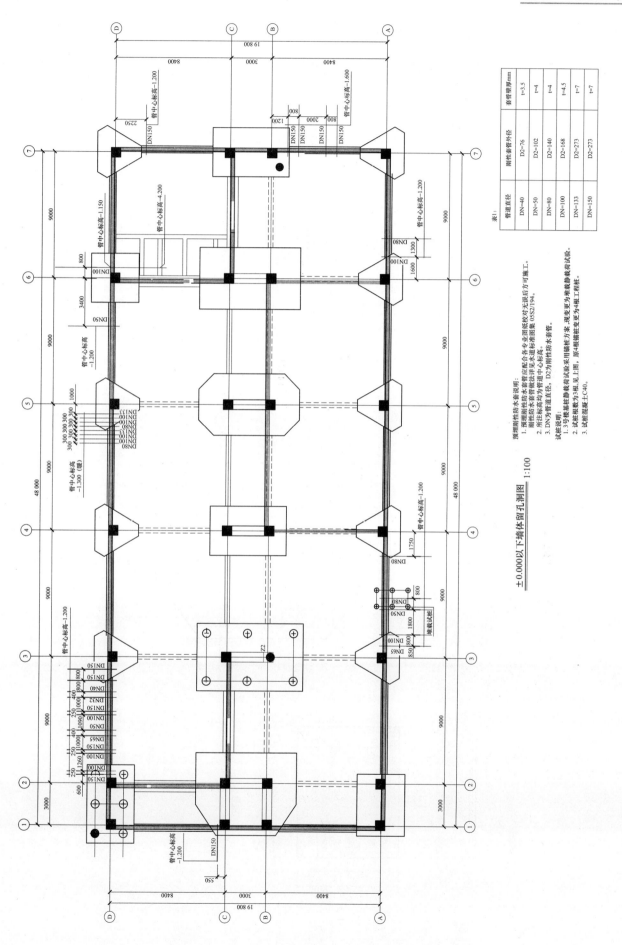

±0.000以下墙体留孔洞图 1:100

预埋刚性防水套管说明：
1. 预埋刚性防水套管应配合各专业图纸校对无误后方可施工。
刚性防水套管做法详见水道标准图集 05S2/194。
2. 所注标高均为管道中心标高。
3. DN为管道直径，D2为刚性防水套管。

试桩说明：
1. 3号楼基桩静载荷试验采用锚桩方案，见上图，试桩及堆载静载荷试验。
2. 试桩根数为3根，原4堆墙桩变更为4根工程桩。
3. 试桩混凝土C40。

表1：

管道直径	刚性套管外径	套管壁厚mm
DN40	D2=76	t=3.5
DN50	D2=102	t=4
DN80	D2=140	t=4
DN100	D2=168	t=4.5
DN133	D2=273	t=7
DN150	D2=273	t=7

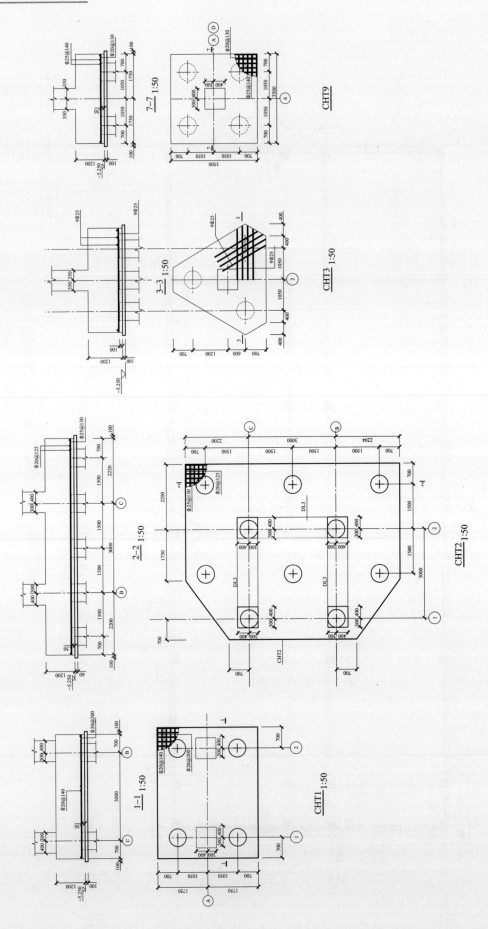

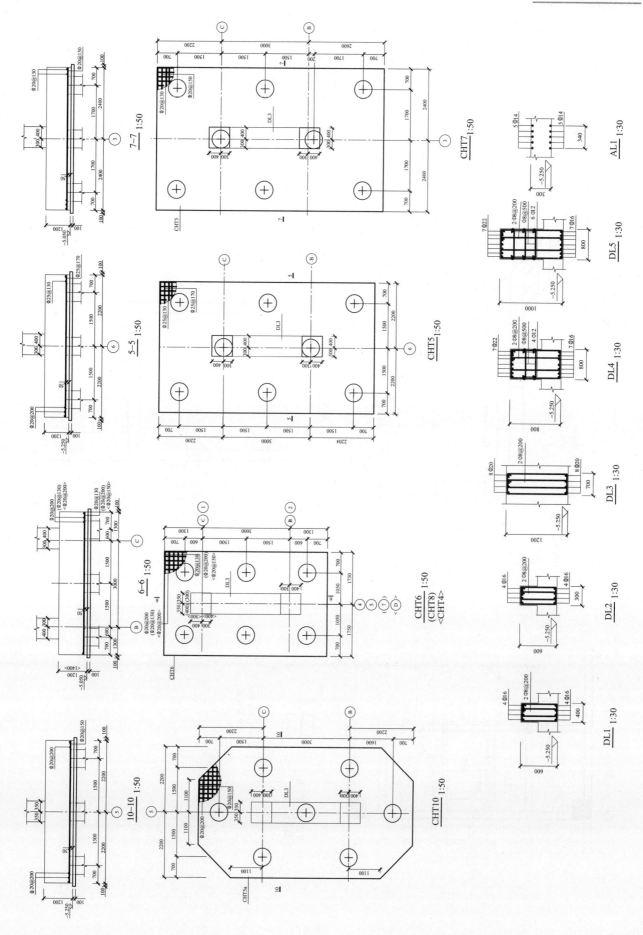

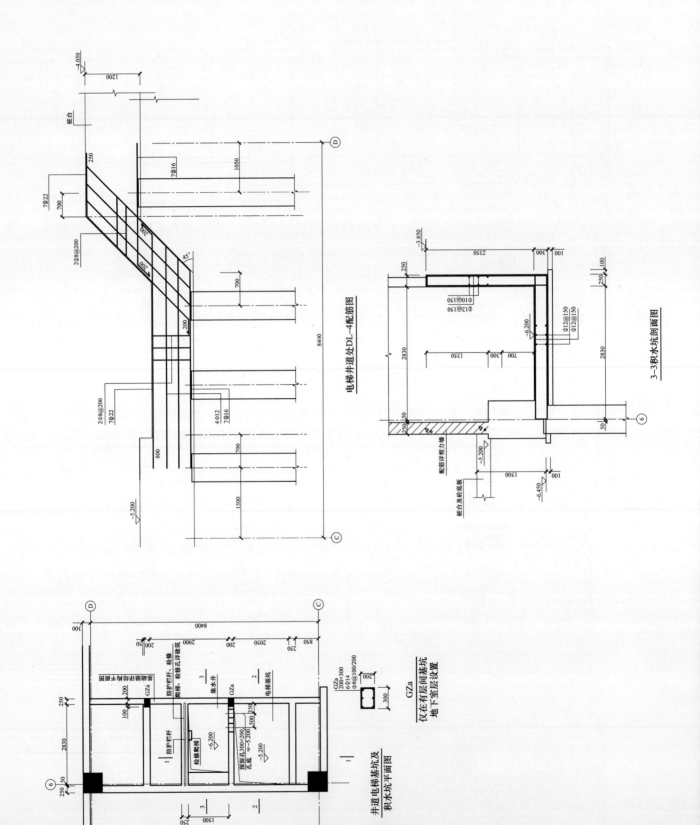

电梯井道处DL-4配筋图

3—3积水坑剖面图

井道电梯基坑及积水坑平面图

GZa
仅在有层间基坑
地下室层设置

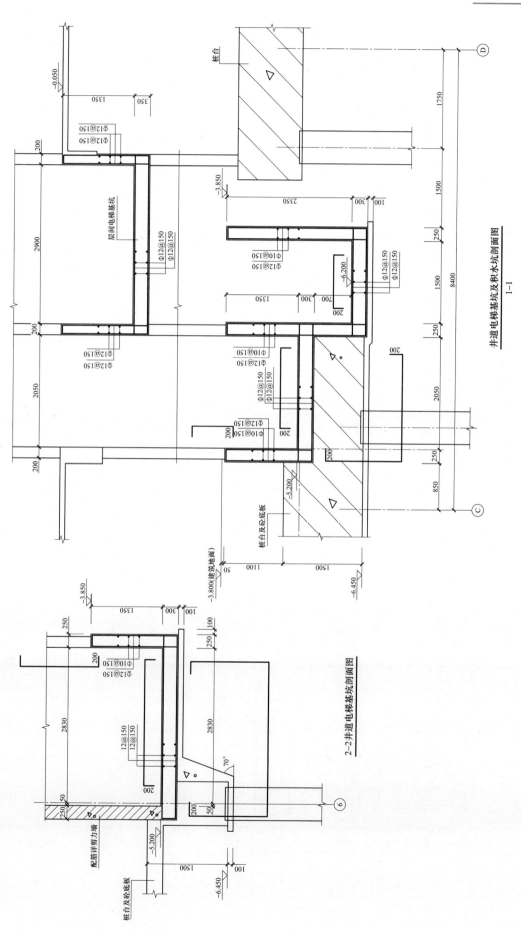

井道电梯基坑及积水坑剖面图
1—1

2—2井道电梯基坑剖面图

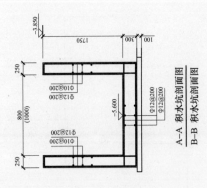

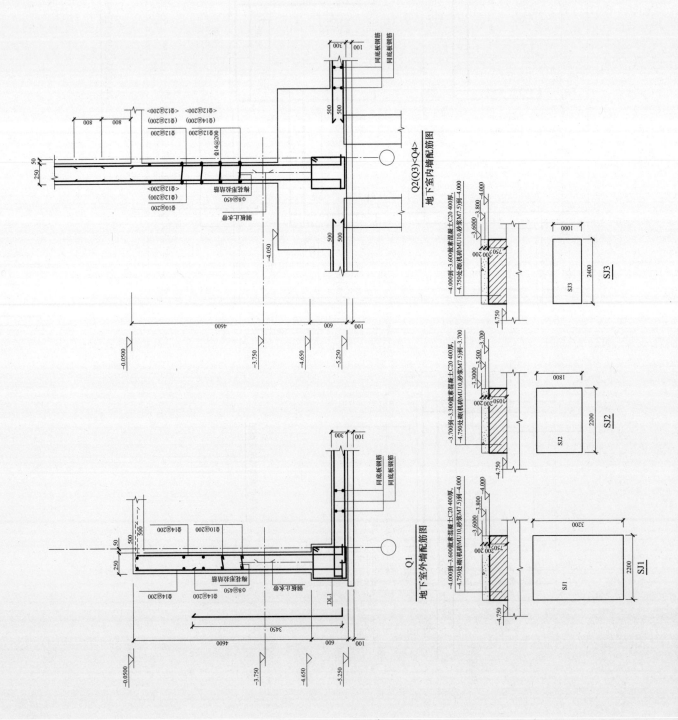

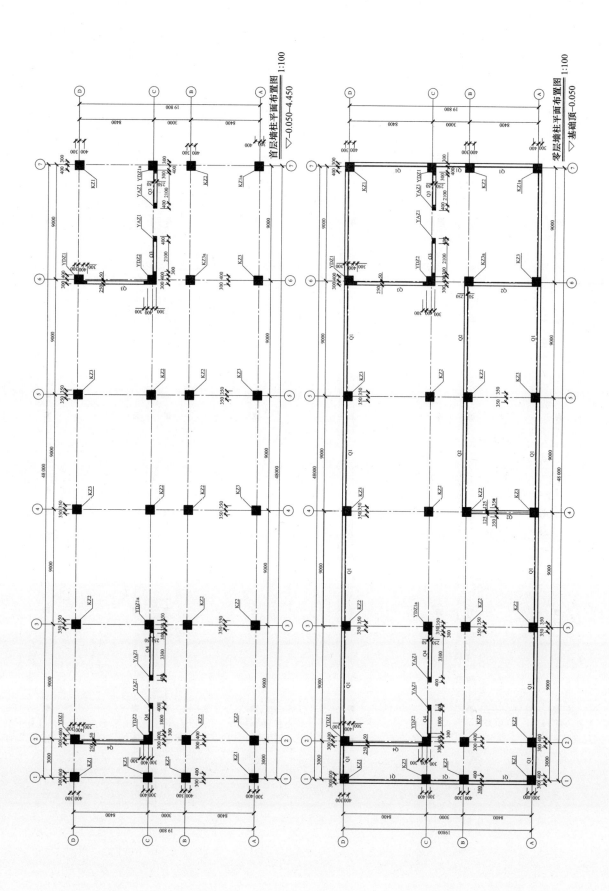

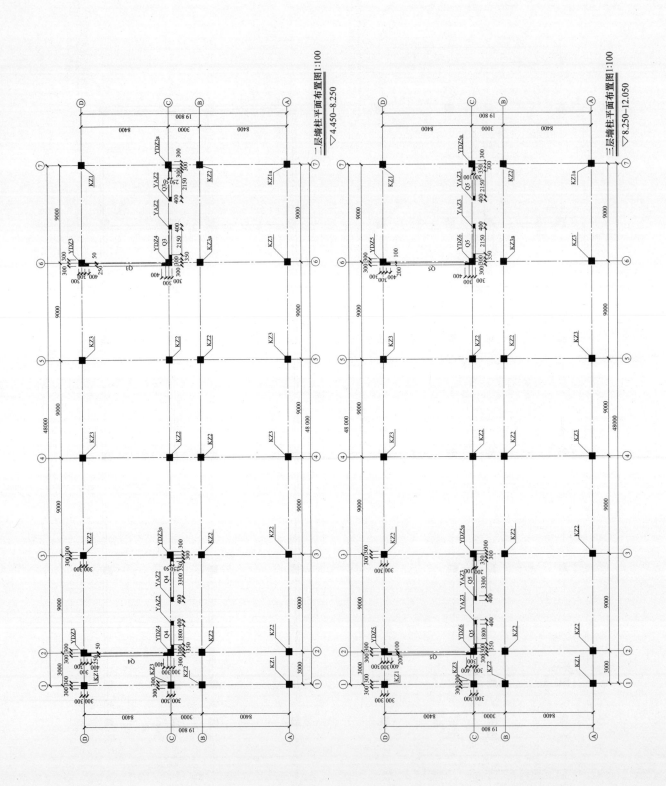

二层墙柱平面布置图 1:100 ▽4.450~8.250

三层墙柱平面布置图 1:100 ▽8.250~12.050

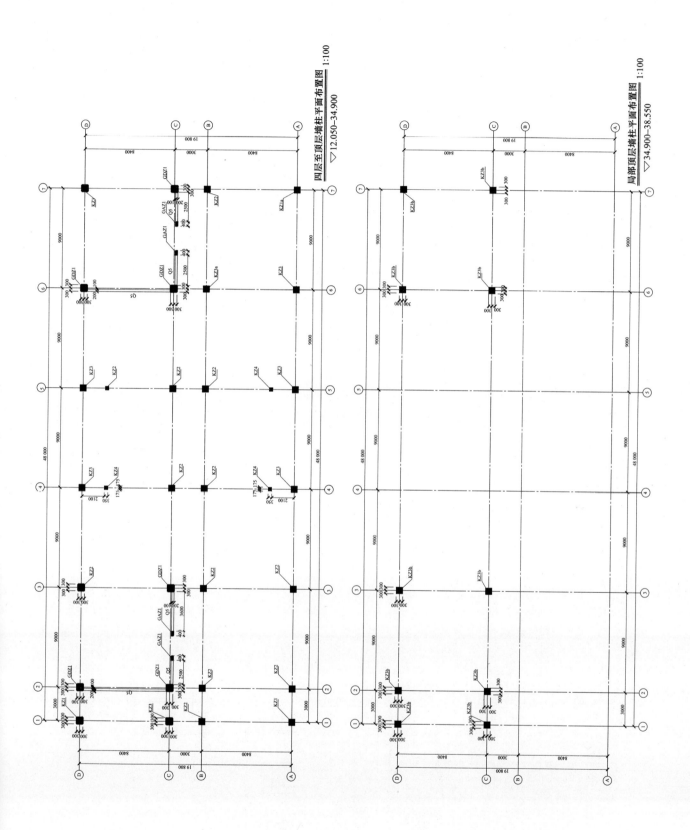

四层至顶层墙柱平面布置图 1:100
▽12.050~34.900

局部顶层墙柱平面布置图 1:100
▽34.900~38.550

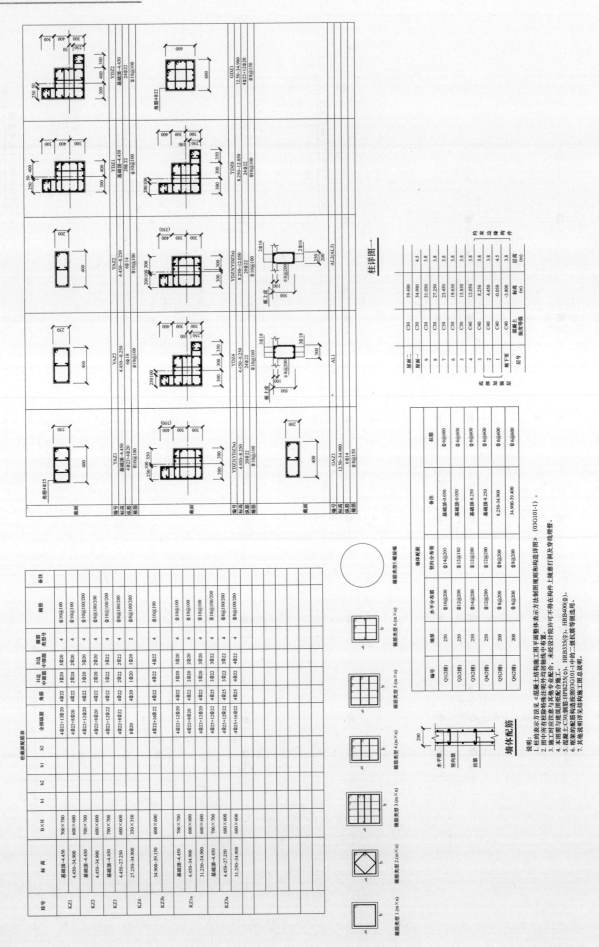

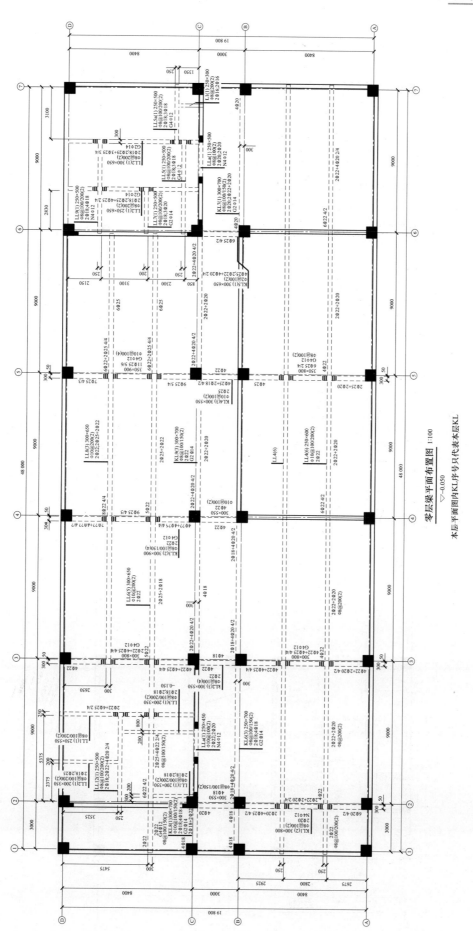

零层梁平面布置图 1:100

▽-0.050

本层平面图内KL序号只代表本层KL

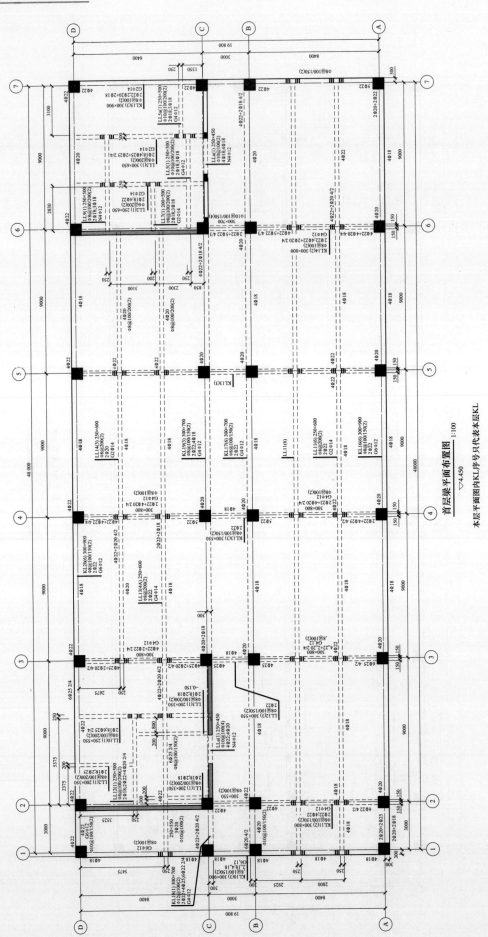

首层梁平面布置图 1:100
▽4.450

本层平面图内KL序号只代表本层KL

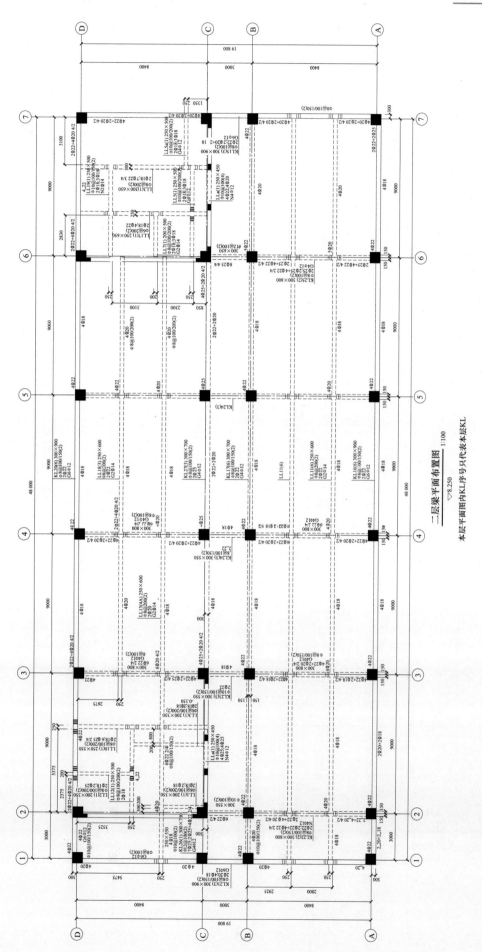

二层梁平面布置图 1:100

∇8.250

本层平面图内KL序号只代表本层KL

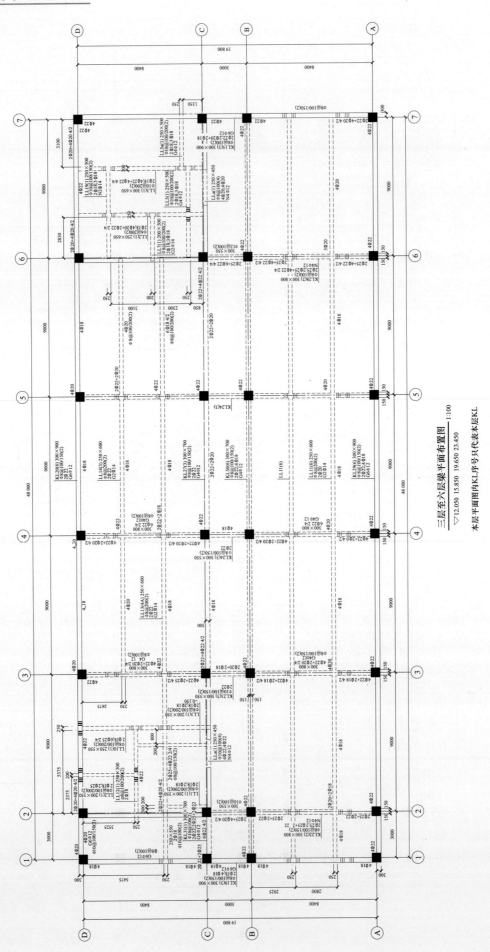

三层至六层梁平面布置图 1:100
▽12.050 15.850 19.650 23.450

本层平面图内KL序号只代表本层KL

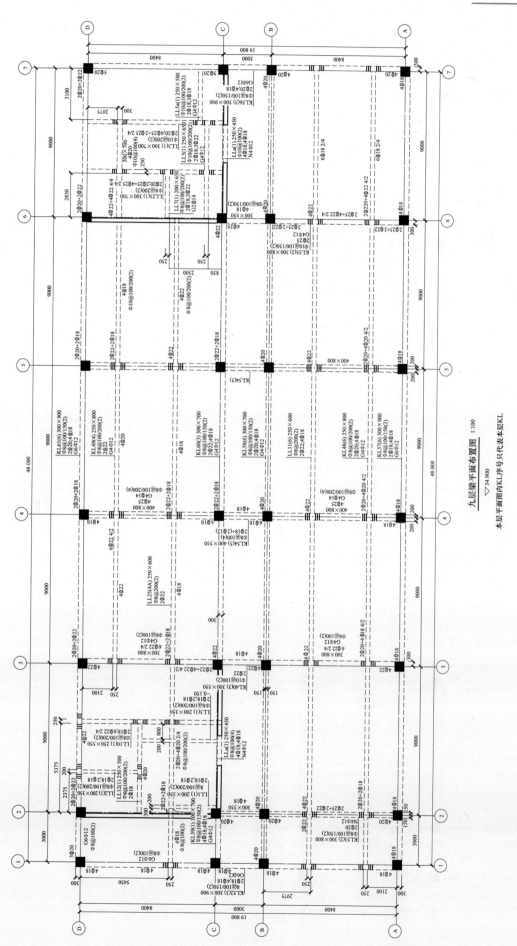

九层梁平面布置图 1:100
▽34.900

本层平面图内KL序号只代表本层KL

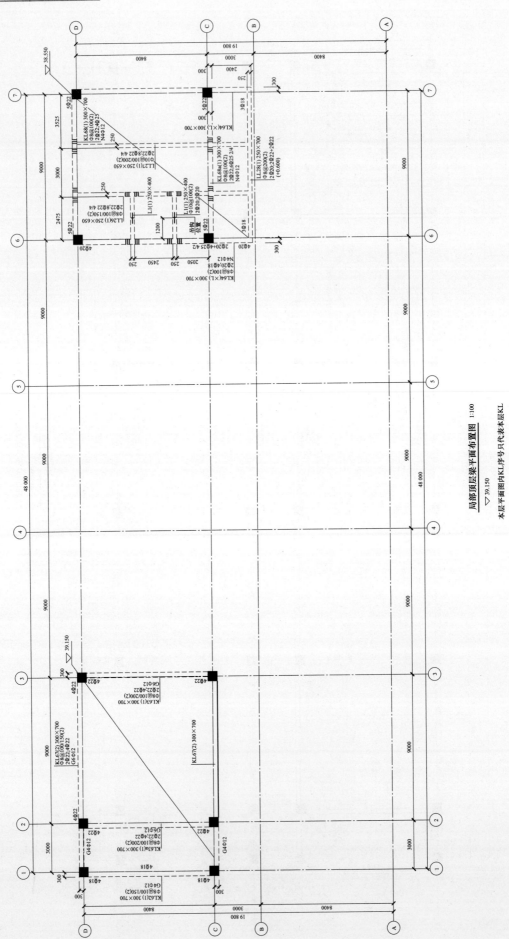

局部顶层梁平面布置图 1:100

▽ 39.150

本层平面图内KL序号只代表本层KL

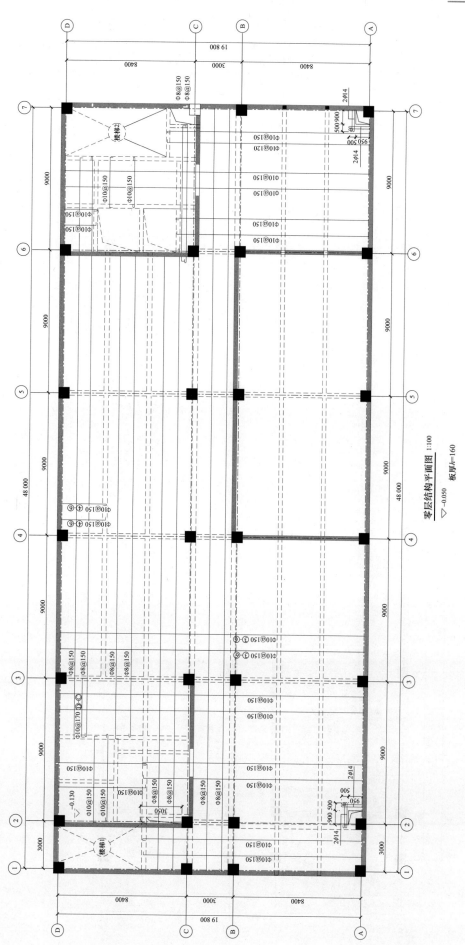

零层结构平面图 1:100
▽ -0.050
板厚h=160

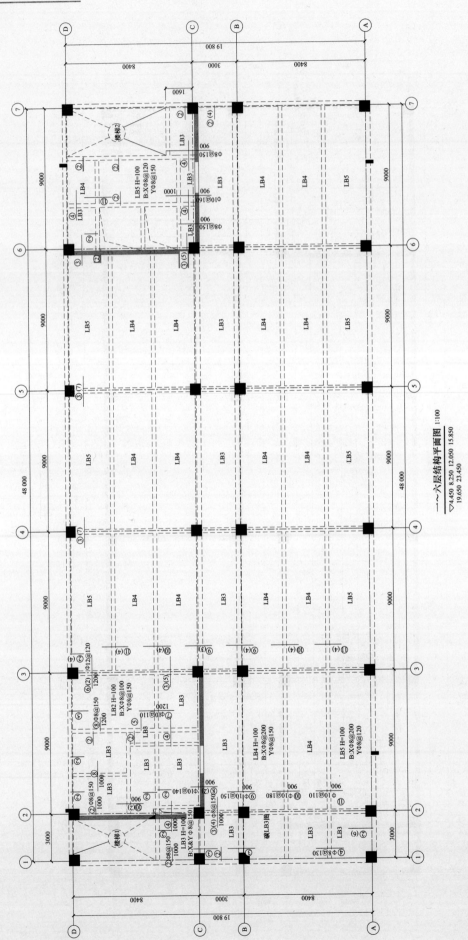

一～六层结构平面图 1:100
▽4.450 8.250 12.050 15.850
19.650 23.450

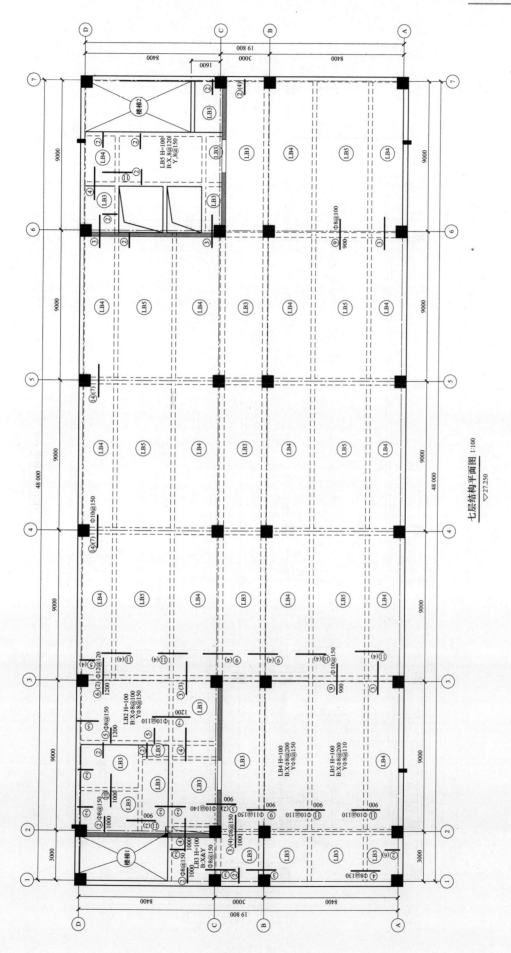

七层结构平面图 1:100
▽27.250

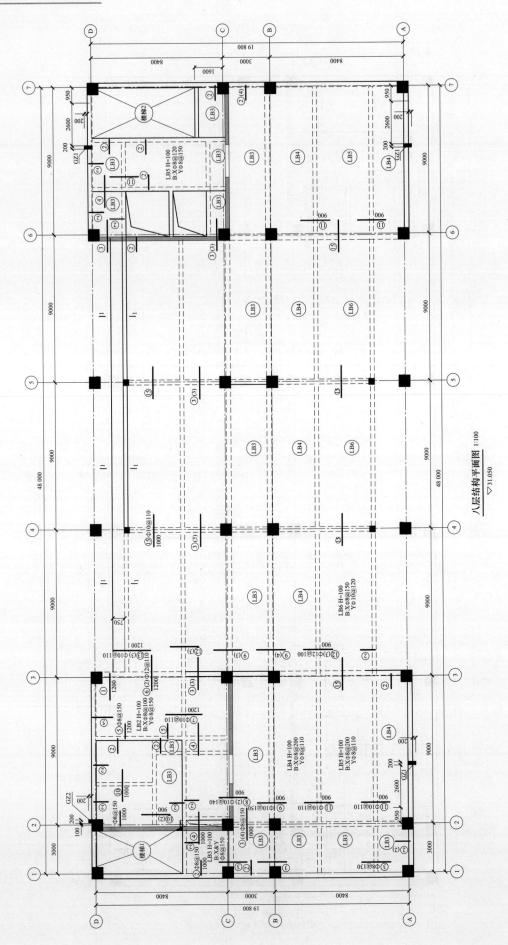

八层结构平面图 1:100
▽31.050

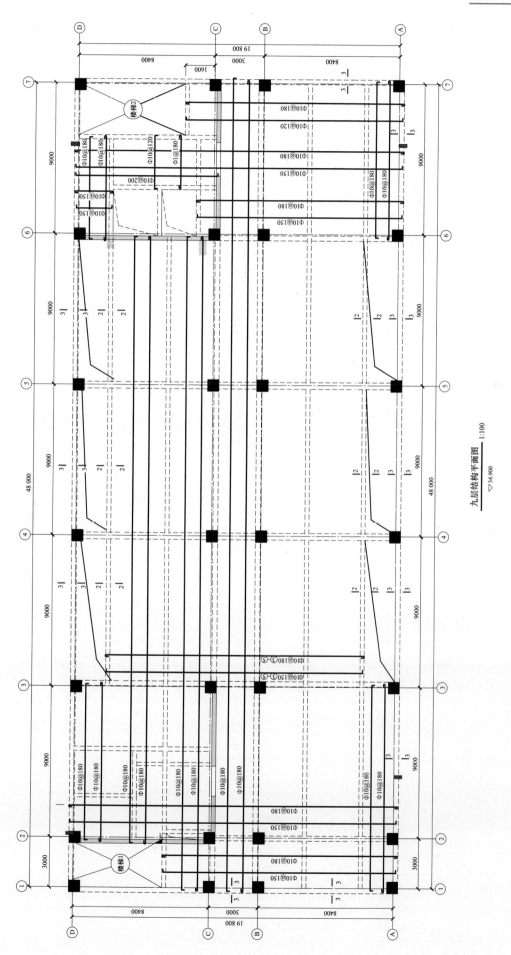

九层结构平面图 1:100
▽34.900

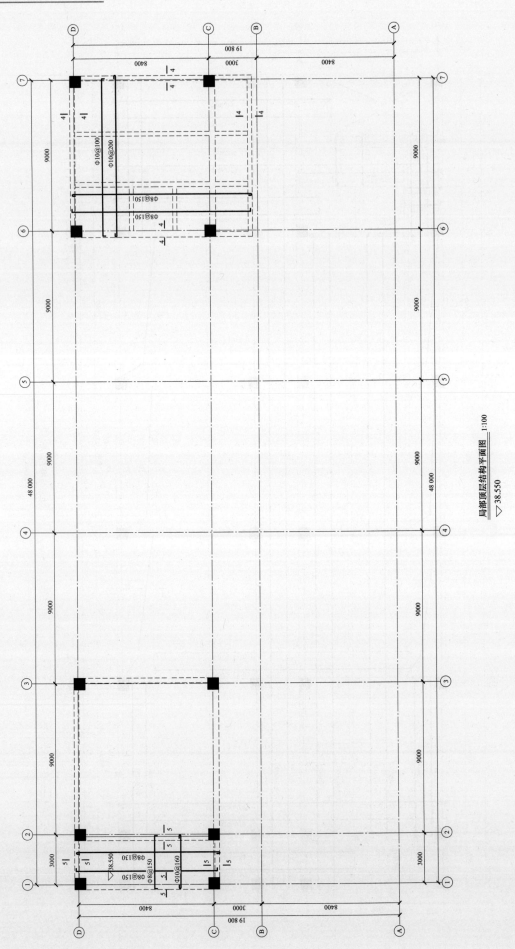

局部顶层结构平面图 1:100
▽38.550

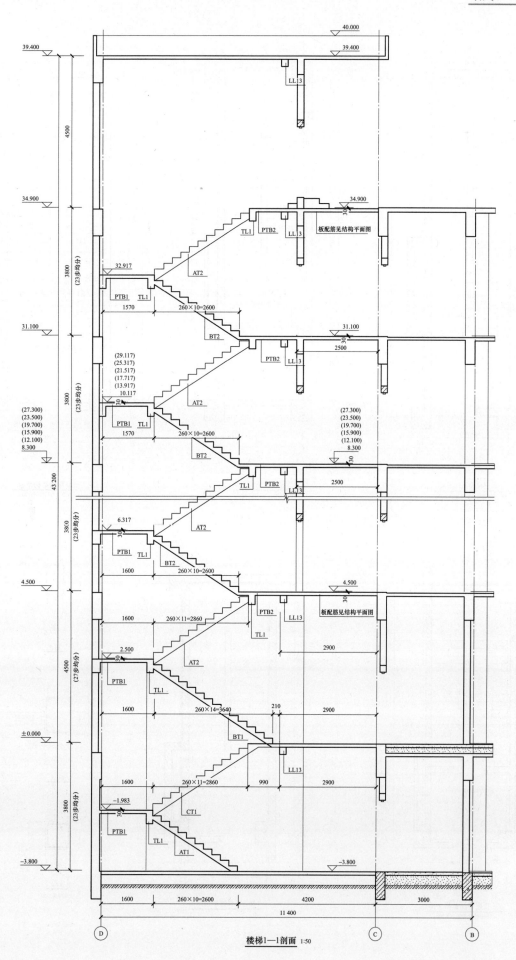

楼梯1—1剖面 1:50

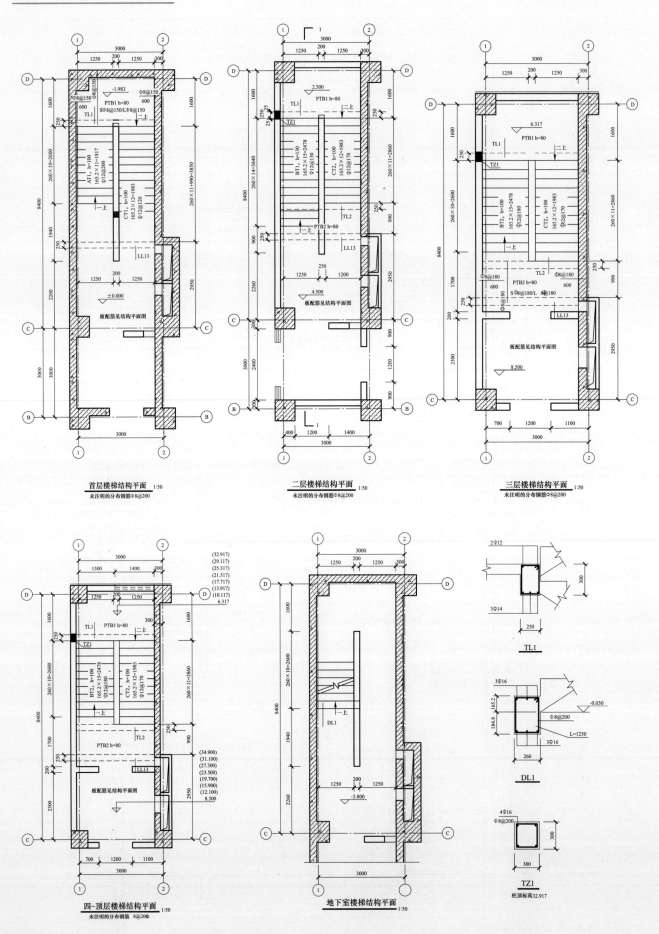

首层楼梯结构平面 1:50
未注明的分布钢筋Φ8@200

二层楼梯结构平面 1:50
未注明的分布钢筋Φ8@200

三层楼梯结构平面 1:50
未注明的分布钢筋Φ8@200

四~顶层楼梯结构平面 1:50
未注明的分布钢筋 8@20Φ

地下室楼梯结构平面 1:50

TL1

DL1

TZ1
柱顶标高32.917

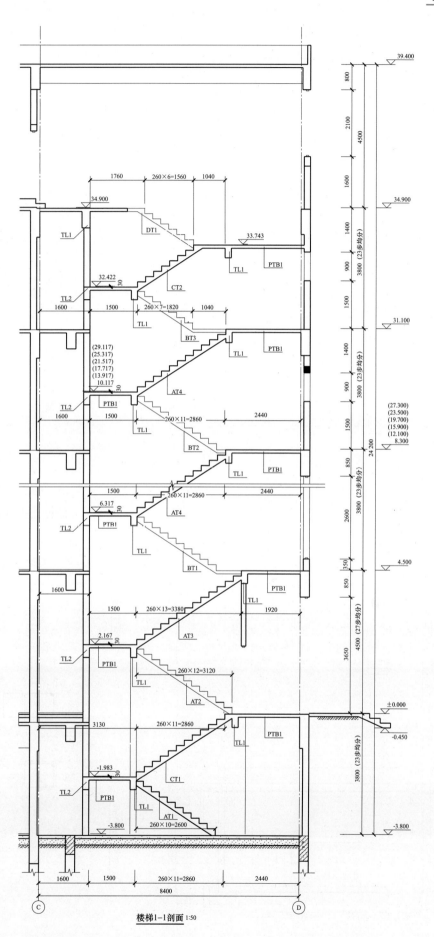

楼梯1-1剖面 1:50

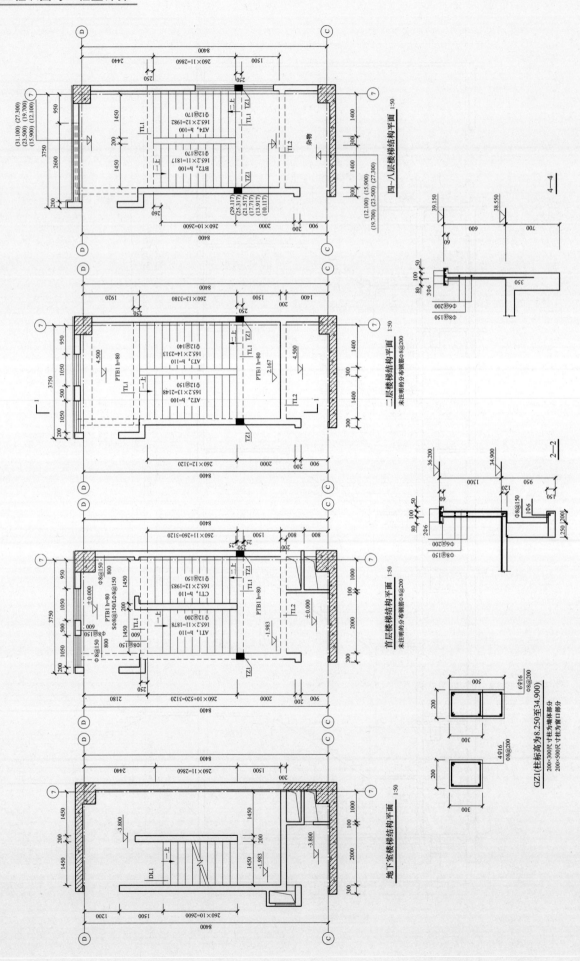

四～八层楼梯结构平面 1:50

二层楼梯结构平面 1:50
未注明的分布钢筋Φ8@200

首层楼梯结构平面 1:50
未注明的分布钢筋Φ8@200

地下室楼梯结构平面 1:50

4—4

2—2

GZ1(柱标高为8.250至34.900)
200×300尺寸柱为墙体部分
200×500尺寸柱为窗口部分

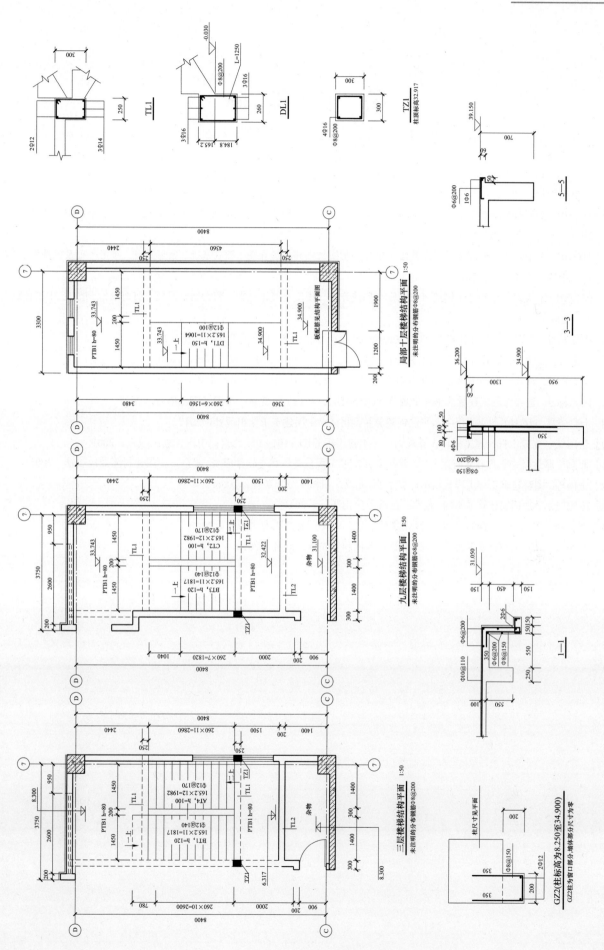

参 考 文 献

[1] 11G101-1 混凝土结构施工图平面整体表示方法制图规则和构造详图（现浇混凝土框架、剪力墙、梁、板）. 北京：中国计划出版社，2011.

[2] 11G101-2 混凝土结构施工图平面整体表示方法制图规则和构造详图（现浇混凝土板式楼梯）. 北京：中国计划出版社，2011.

[3] 11G101-3 混凝土结构施工图平面整体表示方法制图规则和构造详图（独立基础、条形基础、筏形基础及桩基承台）. 北京：中国计划出版社，2011.

[4] 06G901-1 混凝土结构施工钢筋排布规则与构造详图（现浇混凝土框架、剪力墙、框架-剪力墙）. 北京：中国计划出版社，2008.

[5] 国家标准. 混凝土结构设计规范（GB 50010—2010）. 北京：中国建筑工业出版社，2010.

[6] 国家标准. 建筑抗震设计规范（GB 50011—2010）. 北京：中国建筑工业出版社，2010.

[7] 国家标准. 建筑结构制图标准（GB 50105—2010）. 北京：中国建筑工业出版社，2010.

[8] 国家标准. 建设工程工程量清单计价规范（GB 50500—2013）. 北京：中国计划出版社，2013.

[9] 上官子昌. 11G101图集应用——平法钢筋算量. 北京：中国建筑工业出版社，2012.

[10] 全国统一建筑工程预算工程量计算规则——土建工程 GJD-101-95. 北京：中国计划出版社，2001.

[11] 北京广联达慧中软件技术有限公司. 建筑工程钢筋工程量的计算与软件应用. 北京：中国建材工业出版社，2005.

[12] 张国栋. 图解建筑工程工程量清单计算手册. 北京：机械工业出版社，2006.

[13] 陈雪光. 平法钢筋计算与实例. 南京：江苏人民出版社，2011.

[14] 李文渊，彭波. 平法钢筋识图算量基础教程. 北京：中国建筑工业出版社，2009.

[15] 赵小云. 混凝土与钢筋混凝土工程. 郑州：河南科学技术出版社，2010.